적중! 한 권으로 끝내기 최신 출제기준 반영!

일식·복어조리기능사
필기·실기

- **NCS** 학습모듈
- 종목별 평가로 새롭게 변경된
  출제기준 적용
- **부록 : 조리용어 해설**

허이재 · 조병숙 · 김은주 공저

(주)백산출판사

머리말

최근 세계여행이 편리해지면서 맛을 찾아 여행하는 식도락 여행객이 많아지고, 이는 시각, 후각, 미각을 충족시켜 주는 식문화 탐방으로 이어지는 경우가 많습니다. 다양한 나라의 요리를 접할 기회가 많아지면서 특히 가까운 이웃 나라 일본의 '스시'와 '미소시루(된장국)'는 한국인들이 가장 사랑하는 일식 메뉴로 자리 잡았습니다.

이러한 음식문화에 대한 변화로 인해 일식조리기능사 자격증 취득에 대한 관심은 남녀노소를 불문하고 뜨겁습니다.

청년 일자리가 줄고 시간제 일자리가 늘어난 고용상황에서도 고용노동부가 운영하는 공공부문 취업지원 사이트인 '워크넷'의 지난해 구인공고 4건 중 1건은 채용 시 자격증을 요구하거나 우대하는 것으로 집계되었으며, 실제로 외식업체나 단체급식에서는 20~30대의 연령층에서 국가기술자격증을 요구하는 경우 조리기능사를 우대한다는 채용공고 수요가 많았습니다.

국가기술자격이 취업에 도움이 될 수 있도록 국가직무능력표준(NCS) 등을 통해 산업현장 수요를 자격에 반영하여 국가기술자격법 시행규칙 개정에 따라 조리기능사의 필기 및 실기시험 과목은 현장직무 중심으로 개편되었고, 이에 개정된 국가기술자격시험에 철저를 기하기 위해 합격하기 위한 모범적인 답안을 수록하여 이해하기 쉽게 편집하였습니다. 특히 단 한 권만으로도 시험대비가 가능한 조리기능사 필기 · 실기 일식 교재는 저자 3인의 합격비법만을 담아 실수는 줄이고 효율성을 높인 것이 특징입니다.

따라서 국가기술자격은 새로운 일자리를 위한 준비의 시작이라 생각합니다.

이 한 권의 책으로, 노동시장의 변동성에 대처하고 국가기술자격의 현장 대응성을 높여 조리 기능사의 꿈을 가진 더욱 많은 수험생들이 단순한 자격증의 취득을 넘어 수준 높은 기술과 지식, 태도를 함양하여 성장할 수 있기를 소망합니다.

2020년
저자

국가직무능력표준(NCS)의 이해

1) NCS란?

국가직무능력표준(NCS, National Competency Standards)은 산업현장에서 직무를 수행하기 위해 요구되는 지식·기술·태도 등의 내용을 국가가 체계화한 것입니다.

2) NCS 개념도

산업현장의 지식, 기술, 태도를 산업계의 요구에 따라 국가직무능력표준(NCS)으로 체계화, 표준화하였고, 이를 교육훈련, 자격, 경력개발에 활용함으로써 산업현장에 적합한 인적자원 개발을 목표로 합니다.

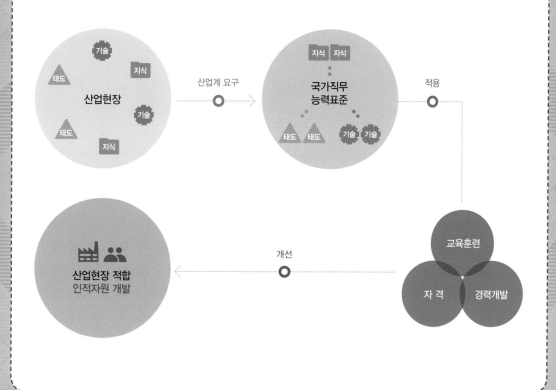

3) 국가직무능력표준(NCS)의 활용

국가직무능력표준은 기업체, 직업교육훈련기관, 자격시험기관에서 활용할 수 있습니다.

기업체 Corporation	교육훈련기관 Education and training	자격시험기관 Qualification
• 현장 수요 기반의 인력채용 및 인사관리 기준 • 근로자 경력개발 • 직무기술서	• 직업교육 훈련과정 개발 • 교수계획 및 매체, 교재 개발 • 훈련기준 개발	• 자격종목의 신설통합 폐지 • 출제기준 개발 및 개정 • 시험문항 및 평가방법

출처 : NCS 홈페이지(https://www.ncs.go.kr)

I 일식 · 복어조리기능사 필기

차 례

II 일식 · 복어조리기능사 실기

III 부록

일식·복어조리기능사
필기

Ⅰ 일식·복어조리기능사 필기

| 필기시험 안내 |

- **관련부처** : 식품의약품안전처
- **시행기관** : 한국산업인력공단
- **응시자격** : 제한없음
- **시험과목** : 일식 재료관리, 음식조리 및 위생관리
- **검정방법** : 객관식 4지 택1형 60문항/ 60분
- **합격기준** : 100점 만점에 60점 이상 취득 시(CBT시험)
- **응시방법** : 큐넷(http://q-net.or.kr) 인터넷 접수
- **응시료** : 14,500원
- **합격자 발표** : 시험종료 즉시 합격여부 확인가능

* 상시시험 원서접수는 한국산업인력공단에서 공고한 접수기간에만 접수가 가능하며, 선착순 방식
으로 접수기간 종료 전에 마감될 수도 있음

| 일식 필기 출제기준 |

주요항목	세부항목	세세항목
1. 일식 위생관리	1. 개인 위생관리	1. 위생관리기준 2. 식품위생에 관련된 질병
	2. 식품 위생관리	1. 미생물의 종류와 특성 2. 식품과 기생충병 3. 살균 및 소독의 종류와 방법 4. 식품의 위생적 취급기준 5. 식품첨가물과 유해물질

주요항목	세부항목	세세항목
	3. 주방 위생관리	1. 주방위생 위해요소 2. 식품안전관리인증기준(HACCP) 3. 작업장 교차오염발생요소
	4. 식중독 관리	1. 세균성 식중독 2. 자연독 식중독 3. 화학적 식중독 4. 곰팡이 독소
	5. 식품위생 관계 법규	1. 식품위생법 및 관계법규 2. 제조물책임법
	6. 공중보건	1. 공중보건의 개념 2. 환경위생 및 환경오염 관리 3. 역학 및 감염병 관리
2. 일식 안전관리	1. 개인안전 관리	1. 개인 안전사고 예방 및 사후 조치 2. 작업 안전관리
	2. 장비 · 도구 안전작업	1. 조리장비 · 도구 안전관리 지침
	3. 작업환경 안전관리	1. 작업장 환경관리 2. 작업장 안전관리 3. 화재예방 및 조치방법
3. 일식 재료관리	1. 식품재료의 성분	1. 수분 2. 탄수화물 3. 지질 4. 단백질 5. 무기질 6. 비타민 7. 식품의 색 8. 식품의 갈변 9. 식품의 맛과 냄새 10. 식품의 물성 11. 식품의 유독성분
	2. 효소	1. 식품과 효소
	3. 식품과 영양	1. 영양소의 기능 및 영양소 섭취기준
4. 일식 구매관리	1. 시장조사 및 구매관리	1. 시장조사 2. 식품구매관리 3. 식품재고관리

주요항목	세부항목	세세항목
	2. 검수 관리	1. 식재료의 품질 확인 및 선별 2. 조리기구 및 설비 특성과 품질 확인 3. 검수를 위한 설비 및 장비 활용 방법
	3. 원가	1. 원가의 의의 및 종류 2. 원가분석 및 계산
5. 양식 기초 조리실무	1. 조리 준비	1. 조리의 정의 및 기본 조리조작 2. 기본조리법 및 대량 조리기술 3. 기본 칼 기술 습득 4. 조리기구의 종류와 용도 5. 식재료 계량방법 6. 조리장의 시설 및 설비 관리
	2. 식품의 조리원리	1. 농산물의 조리 및 가공 · 저장 2. 축산물의 조리 및 가공 · 저장 3. 수산물의 조리 및 가공 · 저장 4. 유지 및 유지 가공품 5. 냉동식품의 조리 6. 조미료와 향신료
6. 일식 무침조리	1. 무침조리	1. 무침재료 준비 2. 무침조리 3. 무침 담기
7. 일식 국물조리	1. 국물조리	1. 국물재료 준비 2. 국물우려내기 3. 국물요리 조리
8. 일식 조림조리	1. 조림조리	1. 조림재료 준비 2. 조림하기 3. 조림 담기
9. 일식 면류조리	1. 면류조리	1. 면 재료 준비 2. 면 조리 3. 면 담기
10. 일식 밥류조리	1. 밥류조리	1. 밥 짓기 2. 녹차 밥조리 3. 덮밥류 조리 4. 죽류 조리
11. 일식 초회조리	1. 초회조리	1. 초회재료 준비 2. 초회조리 3. 초회 담기

주요항목	세부항목	세세항목
12. 일식 찜조리	1. 찜조리	1. 찜재료 준비 2. 찜조리 3. 찜 담기
13. 일식 롤 초밥조리	1. 롤 초밥조리	1. 롤 초밥재료 준비 2. 롤 양념초 조리 3. 롤 초밥 조리 4. 롤 초밥 담기
14. 일식 구이조리	1. 구이조리	1. 구이재료 준비 2. 구이조리 3. 구이 담기

| 복어 필기 출제기준 |

주요항목	세부항목	세세항목
1. 복어 위생관리	1. 개인위생 관리	1. 위생관리기준 2. 식품위생에 관련된 질병
	2. 식품위생 관리	1. 미생물의 종류와 특성 2. 식품과 기생충병 3. 살균 및 소독의 종류와 방법 4. 식품의 위생적 취급기준 5. 식품첨가물과 유해물질
	3. 주방위생 관리	1. 주방위생 위해요소 2. 식품안전관리인증기준(HACCP) 3. 작업장 교차오염발생요소
	4. 식중독 관리	1. 세균성 식중독 2. 자연독 식중독 3. 화학적 식중독 4. 곰팡이 독소
	5. 식품위생 관계 법규	1. 식품위생법 및 관계법규 2. 제조물책임법
	6. 공중보건	1. 공중보건의 개념 2. 환경위생 및 환경오염 관리 3. 역학 및 감염병 관리

주요항목	세부항목	세세항목
2. 복어 안전관리	1. 개인안전 관리	1. 개인 안전사고 예방 및 사후 조치 2. 작업 안전관리
	2. 장비 · 도구 안전작업	1. 조리장비 · 도구 안전관리 지침
	3. 작업환경 안전관리	1. 작업장 환경관리 2. 작업장 안전관리 3. 화재예방 및 조치방법
3. 복어 재료관리	1. 식품재료의 성분	1. 수분 2. 탄수화물 3. 지질 4. 단백질 5. 무기질 6. 비타민 7. 식품의 색 8. 식품의 갈변 9. 식품의 맛과 냄새 10. 식품의 물성 11. 식품의 유독성분
	2. 효소	1. 식품과 효소
	3. 식품과 영양	1. 영양소의 기능 및 영양소 섭취기준
4. 복어 구매관리	1. 시장조사 및 구매관리	1. 시장조사 2. 식품구매관리 3. 식품재고관리
	2. 검수 관리	1. 식재료의 품질 확인 및 선별 2. 조리기구 및 설비 특성과 품질 확인 3. 검수를 위한 설비 및 장비 활용 방법
	3. 원가	1. 원가의 의의 및 종류 2. 원가분석 및 계산
5. 복어 기초 조리실무	1. 조리 준비	1. 조리의 정의 및 기본 조리조작 2. 기본조리법 및 대량조리기술 3. 기본 칼 기술 습득 4. 조리기구의 종류와 용도 5. 식재료 계량방법 6. 조리장의 시설 및 설비 관리
	2. 식품의 조리원리	1. 농산물의 조리 및 가공 저장 2. 축산물의 조리 및 가공 저장 3. 수산물의 조리 및 가공 저장 4. 유지 및 유지 가공품

주요항목	세부항목	세세항목
		5. 냉동식품의 조리
		6. 조미료와 향신료
6. 복어 부재료 손질	1. 복어와 부재료 손질	1. 복어 종류와 품질 판정법
		2. 채소 손질
		3. 복떡 굽기
7. 복어 양념장 준비	1. 복어 양념장 준비	1. 초간장 만들기
		2. 양념 만들기
		3. 조리별 양념장 만들기
8. 복어 껍질초회조리	1. 복어 껍질초회조리	1. 복어껍질 준비
		2. 복어초회 양념 만들기
		3. 복어껍질 무치기
9. 복어 죽조리	1. 복어 죽조리	1. 복어 맛국물 준비
		2. 복어 죽재료 준비
		3. 복어 죽 끓여서 완성
10. 복어 튀김조리	1. 복어 튀김조리	1. 복어 튀김재료 준비
		2. 복어 튀김옷 준비
		3. 복어 튀김조리 완성
11. 복어 회 국화모양조리	1. 국화모양조리	1. 복어살 전처리 작업
		2. 복어 회뜨기
		3. 복어 회 국화모양 접시에 담기

PART **1**

일식 위생관리

Chapter 1 개인위생 관리 --------------------------------

1. 위생관리의 의의

위생관리란 음료수 처리, 쓰레기, 분뇨, 하수와 폐기물 처리, 공중위생, 접객업소와 공중이용시설 및 위생용품의 위생관리, 조리, 식품 및 식품첨가물과 이에 관련된 기구 용기 및 포장의 제조와 가공에 관한 위생 관련 업무를 말한다.

1) 위생관리의 필요성

(1) 식중독 위생사고 예방

(2) 식품위생법 및 행정처분 강화

(3) 안전한 먹거리로 가치 상승

(4) 청결하고 위생적인 점포로 이미지 개선

(5) 고객만족으로 매출 증진

(6) 대외적 브랜드 이미지 관리

2) 손 위생관리

음식을 조리할 때 손의 역할이 가장 중요하기 때문에 음식을 조리하기 전이나 화장실 이용후에는 반드시 손을 씻어야 한다. 손 씻기만 철저히 해도 질병의 60% 정도는 예방할 수 있다.

손 세척 시 무취 무해한 역성비누가 적합하다. 역성비누와 일반비누를 함께 사용하면 손에 대장균이 남을 수 있으므로 비누로 먼저 손의 이물질을 제거 세척한 후 살균력이 있는 역성비누로 다시 세척하는 것이 좋다.

손 씻기 6단계

1. 손바닥 : 손바닥과 손바닥을 마주대고 문지르기
2. 손등 : 손등과 손바닥을 마주대고 문지르기
3. 손가락 사이 : 손바닥을 마주대고 손깍지를 끼고 문지르기
4. 두 손 모아 : 손가락을 마주잡고 문지르기
5. 엄지손가락 : 엄지손가락을 다른편 손바닥으로 돌려주면서 문지르기
6. 손톱밑 : 손가락을 반대편 손바닥에 놓고 문지르며 손톱밑을 깨끗이 하기

---

3) 위생관리기준

(1) 상처 및 질병

① 식품을 취급하고 음식을 조리하는 사람은 자신의 건강상태를 확인하고 개인위생에 주의를 기울인다.

② 음식물을 통해 감염될 수 있는 병원균을 보유하고 있거나 설사, 구토, 황달, 기침, 콧물, 가래, 오한, 발열 등의 증상이 있을 때 일을 하면 안 된다.

③ 위장염 증상, 부상으로 인한 화농성 질환, 피부병, 베인 부위가 있을 때는 즉시 점주, 점장, 실장 등 상급자에게 보고하고 작업하지 않아야 한다.

4) 개인 위생수칙

(1) 모든 종업원은 작업장 입실 전에 지정된 보호구(모자, 작업복, 앞치마, 신발, 장갑, 마스크 등)를 청결한 상태로 착용한다.

(2) 모든 종업원은 작업 전에 손(장갑), 신발을 세척하고 소독한다.

(3) 남자 종업원은 수염을 기르지 말고, 매일 면도를 한다.

(4) 손톱은 짧게 깎고, 매니큐어 및 짙은 화장은 금한다.

(5) 작업장 내에는 음식물, 담배, 장신구 및 기타 불필요한 개인용품의 반입을 금한다.

(6) 작업장 내에서는 흡연행위, 껌 씹기, 음식물 먹기 등의 행위를 금한다.

(7) 작업장 내에서는 지정된 이동경로를 따라 이동한다.

(8) 작업장에의 출입은 반드시 지정된 출입구를 이용해야 하며, 별도의 허가받지 않은 인원은 출입할 수 없다.

(9) 작업장에서 사용하는 모든 설비 및 도구는 항상 청결한 상태로 정리 정돈한다.

(10) 모든 종업원은 작업장 내에서의 교차오염 또는 2차오염의 발생을 방지해야 한다.

5) 개인복장 착용기준

두발	남자 : 머리는 짧고 단정하게, 수염은 깔끔하게 면도한다. 여자 : 머리는 항상 단정하게 묶어 뒤로 넘기고 두건 안으로 넣는다.
손톱	손톱은 항상 짧고 청결하게 한다.
화장	진한 화장이나 향수 등을 쓰지 않는다.
장신구	화려한 귀걸이, 팔찌, 목걸이, 손목시계, 반지 등을 착용하지 않는다.
유니폼	상의는 체형에 맞는 치수보다 약간 큰 것을 선택하여 작업하는 데 불편함이 없도록 하며 하의는 긴바지를 입어야 한다. 항상 청결한 유니폼을 착용한다.
앞치마	흘러내리거나 끈이 풀리지 않도록 매야 한다. 쉽게 더러워지므로 자주 세탁하여 깨끗이 착용한다.
명찰	왼쪽 가슴 정중앙에 잘 보이도록 부착한다.
위생모	머리카락이 외부로 노출되지 않도록 깊숙이 정확하게 착용한다.
안전화	칼이나 조리도구가 떨어졌을 때 보호될 수 있고 방수가 되며 미끄러지지 않는 주방 전용 작업화를 신는다.

개인위생 관리
예상문제

01 위생관리의 필요성과 관련이 <u>없는</u> 것은?

① 식중독사고의 예방
② 식품위생법 및 행정처분을 강화
③ 점포의 이미지 개선
④ 질병의 치료

02 식품영업에 종사할 수 있는 질병은?

① 비감염성 결핵
② 콜레라
③ 화농성 질환
④ 장티푸스

03 개인복장 착용기준 중 연결이 바르지 <u>않은</u> 것은?

① 두발 – 항상 단정하게 묶어 뒤로 넘기고 두 건 안으로 넣는다.
② 화장 – 진한 화장이나 향수 등을 쓰지 않는다.
③ 유니폼 – 세탁된 청결한 유니폼을 착용 한다.
④ 장신구 – 작업에 지장이 없을 정도의 귀걸 이, 반지 등의 착용이 가능하며 손목시계 는 조리시간을 확인하기 위해 필수로 착 용한다.

04 손 위생관리 중 적합하지 <u>않은</u> 것은?

① 화장실을 이용하거나, 신체 일부를 만졌을 때 손을 씻어야 한다.
② 손등, 손바닥, 손톱, 손가락 사이를 깨끗 이 씻는다.
③ 높은 세정력을 위해 역성비누와 일반비누 를 섞어 사용한다.
④ 건조 시에는 종이타월이나 건조기를 이용 한다.

05 개인 위생수칙 중 바른 것은?

① 모든 종업원은 작업장 입실 후 지정된 보 호구를 착용한다.
② 작업장 내에는 음식물, 담배, 장신구의 반 입을 금한다.
③ 급한 연락에 대비하여 핸드폰을 소지한 후 입실한다.
④ 보호구를 착용한 후에는 작업장 내에서 자 유롭게 이동할 수 있다.

✅ 정답

| 01 | ④ | 02 | ① | 03 | ④ | 04 | ③ | 05 | ② |

1. 미생물의 종류와 특성

1) 미생물의 종류

(1) 세균류(bacteria)

- 병원성 미생물의 대부분이 세균이다.
- 구균, 간균, 나선균으로 분류하고 2분법으로 증식한다.

(2) 곰팡이류(mold)

- 균류 중에서 진균류에 속하는 미생물이다.
- 곰팡이는 포자법으로 증식하며 주로 건조식품에 기생한다.

(3) 효모류(yeast)

- 빵, 맥주, 포도주 등을 만드는 데 사용되는 미생물이다. 출아법으로 번식하는 단세포 생물의 총칭이다.

(4) 리케차(rickettsia)

- 세균과 바이러스의 중간 크기에 속하는 미생물로 발진티푸스, 양충병, 발진열(큐열) 등을 일으키는 병원성 미생물을 말한다.

(5) 스피로헤타(spirochaeta)

- 매독균

(6) 바이러스(virus)

- 크기가 가장 작은 미생물로 세균여과기를 통과하는 여과성 병원체이다.
- 살아 있는 세포에만 증식한다.
- 인플루엔자, 일본뇌염 등이나 백혈병을 일으키는 것도 있다.

곰팡이 > 효모 > 스피로헤타 > 세균 > 리케차 > 바이러스

2) 미생물 생육에 필요한 조건

(1) 영양소

탄소원, 질소원, 무기염류, 생육소 등의 영양분이 필요하며 필요량이 공급되어야 한다.

(2) 수분

각 미생물이 증식하는 데 필요로 하는 수분량은 종류에 따라 다르나 보통 40% 이상이어야 한다. 세균은 수분량 15% 이하에서 증식이 억제되며 곰팡이는 13% 이하에서 억제된다.

필요 수분활성도 순서

세균(0.90~0.95) 〉 효모(0.88) 〉 곰팡이(0.65~0.80)

(3) 온도

일반적으로 0℃ 이하이거나 80℃ 이상에서는 잘 발육하지 못한다.

- 저온균 : 발육 최적온도 15~20℃(식품의 부패를 일으키는 균)
- 중온균 : 발육 최적온도 25~37℃(병원균)
- 고온균 : 발육 최적온도 55~60℃(온천물에 서식하는 균)

(4) 수소이온농도(pH)

곰팡이, 효모 최적 pH 4.0~6.0(약산성)

세균 최적 pH 6.5~7.5(중성이나 약알칼리성)

(5) 산소

호기성	증식에 산소를 필요로 하는 균
혐기성	증식에 산소를 필요로 하지 않는 균

혐기성	통성혐기성	산소가 있으나 없으나 증식이 가능한 균
	편성혐기성	산소가 전혀 없어야 증식이 가능한 균

2. 식품과 기생충

1) 채소류에서 감염되는 기생충(중간숙주가 없다)

기생충명	감염형태	특징
회충	경구감염	우리나라에서 감염률이 가장 높음
요충	경구 · 집단감염	항문 주위에 산란, 소양증
구충(십이지장충)	경구 · 경피감염	맨발로 토양을 걸을 때 감염
편충	경구감염	자각증상 없음
동양모양선충	경구감염	

2) 육류에서 감염되는 기생충(중간숙주가 1개)

기생충명	중간숙주
무구조충(민촌충)	소
유구조충(갈고리촌충)	돼지
선모충	돼지, 개
톡소플라스마	고양이, 개
만소니열두조충	뱀, 개구리

3) 어패류에서 감염되는 기생충(중간숙주가 2개)

기생충명	제1중간숙주	제2중간숙주
간흡충(간디스토마)	왜우렁이	민물고기(붕어, 잉어)
폐흡충(폐디스토마)	다슬기류	가재, 민물게
아니사키스충(고래회충)	바다갑각류	해산어류, 오징어, 문어, 고래
요코가와흡충(횡천흡충)	다슬기류	민물고기(은어)
광절열두조충(긴촌충)	물벼룩	민물고기(연어, 송어)
유극악구충	물벼룩	가물치, 메기, 뱀장어, 양서류, 파충류

사람이 중간숙주인 것
말라리아

4) 기생충의 예방법

(1) 채소는 희석시킨 중성세제로 씻은 후 흐르는 물에 씻는다.

(2) 어패류와 육류는 생식을 삼가고 익혀서 먹는다.

(3) 조리기구를 잘 소독한다.

(4) 개인위생을 철저히 한다.

(5) 화학비료를 사용한다.

3. 살균 및 소독의 종류와 방법

1) 살균 및 소독의 정의

멸균	강한 살균력으로 미생물의 세포 및 아포까지 사멸시켜 무균상태로 만드는 것
살균	미생물을 물리적, 화학적으로 완전히 사멸시키는 것
소독	병원성 미생물을 죽이거나 병원성을 약화시켜 감염을 저지하는 것
방부	병원성 미생물의 발육과 그 작용을 저지 또는 정지시켜서 부패나 발효를 방지하는 것

■ 멸균 > 살균 > 소독 > 방부

2) 살균 및 소독방법

물리적방법	무가열	자외선살균	자외선을 조사시켜 살균 단백질이 공존하면 살균효과 떨어짐 예) 물, 공기, 조리기구 등
		방사선살균	코발트60을 식품에 조사시켜 살균 싹이 나는 것을 억제하고, 포장용기에 많이 이용 예) 양파, 마늘, 감자 등

물리적 방법	무가열	세균여과법	여과기를 이용하여 균을 거르는 소독법 바이러스는 걸러지지 않음 예) 음료수, 액체류 등
	가열	화염멸균법	화염을 이용하여 불꽃 속에서 20초 이상 가열하는 방법 예) 유리, 도자기류 등
		건열멸균법	건열멸균기를 이용하여 160~170℃에서 1~2시간 가열 예) 유리, 주사바늘, 실험기구 등
		자비소독법	열탕소독법, 100℃ 끓는 물에서 10~30분 가열 예) 식기, 행주 등
		고압증기멸균법	고압증기 멸균기를 이용하여 121℃에서 15~20분 가열하는 방법 내열성 아포사멸
		유통증기멸균법	100℃의 유통증기에서 30~60분 가열 예) 식기, 조리기구 등
		간헐멸균법	100℃ 유통증기에서 하루에 한번씩 3회 반복하여 가열, 멸균 가능 내열성 아포사멸 예) 실험기구 등
	우유살균	저온장시간살균법	61~65℃에서 30분간 가열 살균 후 냉각
		고온단시간살균법	72~75℃에서 15초간 가열 살균 후 냉각
		초고온순간살균법	130~150℃에서 0.5~5초간 가열 살균 후 냉각
화학적 방법	석탄산(3%)		소독제의 살균력을 나타내는 지표 예) 변소, 하수도, 오물소독
	크레졸(3%)		석탄산의 2배 소독력 예) 변소, 하수도, 오물소독
	역성비누		소독력이 강하고 냄새, 자극성, 독성이 없다. 보통 비누와 혼용하면 효과가 떨어지므로 세제로 씻은 후에 사용 식기, 채소는 0.01%~0.1% 손소독은 10% 사용
	승홍수(0.1%)		살균력이 강하고 부식성이 있으며 비금속기구에 사용
	생석회		공기에 노출되면 소독력이 떨어짐 예) 분변, 하수도, 진개 등의 소독에 적합
	과산화수소(3%)		피부에 자극이 적어 피부 상처소독에 적합
	염소 · 차아염소산나트륨		락스의 주성분으로 표백, 탈취의 용도로도 쓰임 음료수(잔류염소량 : 0.2ppm), 채소, 식기 소독(50~100ppm)에 사용
	표백분		우물, 수영장, 과일, 식기 등의 소독에 사용
	에틸알코올(70%)		초자기구, 금속기구, 손소독에 사용
	포르말린		포름알데히드를 물에 녹여 수용액으로 사용
	포름알데히드		기체 소독제. 병원이나 도서관 소독에 사용

| 에틸렌옥사이드 | 기체이며 식품, 의약품 소독에 사용 |

소독약의 구비조건

- 소독력이 강하고 침투력이 강할 것
- 용해성이 높고 안전성이 있을 것
- 금속부식성, 표백성이 없을 것
- 경제적이며 사용이 간편할 것

4. 식품첨가물과 유해물질

1) 식품첨가물의 정의

식품첨가물이란 식품을 제조 · 가공 · 조리 또는 보존하는 과정에서 감미, 착색, 표백 또는 산화방지 등을 목적으로 식품에 사용되는 물질을 말한다.(기구 · 용기 · 포장을 살균 소독하는 데 사용되어 간접적으로 식품에 옮아갈 수 있는 물질도 포함)

2) 식품첨가물의 사용목적

(1) 식품의 부패와 변질 방지

(2) 식품의 기호성 증진 및 관능 만족

(3) 식품의 품질개량 및 유지

(4) 식품의 제조 및 가공

(5) 식품의 영양 강화 및 상품 가치 향상

식품첨가물 안전성 평가(독성시험)

- **실험동물을 사용하여 독성시험**

  ① 만성독성시험 : 장기간에 걸쳐 실험동물에 화학물질을 투여하여 중독을 알아보는 시험(2년)

  ② 급성독성시험 : 실험동물에게 경구투여하여 단기간에 독성을 알아보는 것으로 LD50(반수치사량) 을 구함(1~2주)

  ③ 1일 섭취허용량(ADI) : 인간이 어떤 첨가물을 일생 동안 매일 섭취해도 어떠한 영향을 받지 않는 1일 섭취량

3) 식품첨가물의 분류

(1) 식품의 부패 및 변질을 방지하기 위한 것

보존료의 구비조건

- 미생물에 대한 증식억제 효과가 클 것

- 미량으로도 효과가 클 것

- 독성이 없거나 극히 적을 것

- 무미, 무취이고, 자극성이 없을 것

- 공기 및 열에 안전하고, pH에 의한 영향을 받지 않을 것

- 사용하기 간편하고, 값이 쌀 것

보존료 (방부제)	식품의 변질 및 부패의 원인이 되는 미생물의 증식을 억제하는 작용을 가진 물질로 보존성을 높이기 위해 사용	데히드로초산 : 치즈, 버터, 마가린 소르빈산 : 어 · 육가공품, 절임식품 등 안식향산, 안식향산나트륨 : 간장, 청량음료 등 프로피온산, 프로피온산나트륨 : 빵, 생과자 등	
살균제 (소독제)	식품의 부패 원인균을 사멸시켜 음식물을 보존하기 위해 사용	표백분, 차아염소산나트륨 : 식기, 과일, 물, 채소 등	
산화 방지제 (항산화제)	유지의 산패로 인한 식품의 품질 저하를 방지하기 위해 사용	인공 산화방지제	부틸히드록시아니솔(BHA) 부틸히드록시톨루엔(BHT) 몰식자산프로필
		천연 산화방지제	비타민 E(토코페롤) 비타민 C(아스코르브산)

(2) 식품의 품질개량 및 유지를 위한 것

소맥분개량제	밀가루의 표백과 숙성시간을 단축시키고 저해물질을 파괴, 살균효과가 있으며 제품의 품질을 향상시키기 위해 사용	이산화염소, 브롬산칼륨 과황산암모늄, 과산화벤조일, 과붕산나트륨
유화제 (계면활성제)	서로 혼합이 잘 되지 않는 두 종류의 액체를 유화시키기 위하여 사용	레시틴 글리세린, 지방산에스테르 카제인나트륨
호료 (증점제 · 안정제)	식품의 점착성을 증가시키고 유화안정성 향상, 식품의 형태 보존 및 입안 촉감을 유지하기 위해 사용	젤라틴, 카제인 한천 알긴산나트륨
품질개량제 (결착제)	연제품 제조 시 식품에 결착성, 탄력성, 보수성을 높이기 위해 사용	인산염류
피막제	과일이나 채소의 표면에 피막을 만들어 호흡작용 및 수분 증발을 억제하여 신선도를 유지시키기 위해 사용	초산비닐수지 몰포린지방산염
팽창제	과자류, 빵류를 제조할 때 부풀게 하여 조직을 연하게 하기 위해 사용	효모(이스트) 명반 탄산수소나트륨

(3) 식품의 기호성 증진 및 관능의 만족을 위한 것

감미료	식품에 단맛을 부여하기 위해 사용	사카린나트륨 자일리톨 아스파탐 만니톨 스테비오사이드	* 사카린나트륨은 김치류, 어육가공품, 뻥튀기, 젓갈류, 음료 등에 제한적으로 사용가능하며 된장, 식빵, 이유식, 물엿, 벌꿀 등에는 사용을 금지한다.
지미료	식품 본연의 맛을 돋우거나 지미(맛난 맛)를 부여하기 위해 사용	글루탐산나트륨 호박산 이노신산 구아닐산	
산미료	식품에 신맛을 부여하기 위해 사용	초산 구연산 주석산	
표백제	식품의 제조과정 중 색소가 갈변, 착색되는 것을 방지하기 위해 사용	과산화수소 차아염소산나트륨 아황산나트륨	

착색료	식품의 색을 부여하거나 제조과정 중 소실된 색을 복원하는 데 사용	타르색소(식용색소 녹색, 황색, 적색 1, 2, 3) β-카로틴 동클로로필린나트륨 철클로로필린나트륨	타르색소를 사용할 수 없는 것 : 면, 김치, 묵, 단무지 등
발색제 (색소 고정제)	식품 중에 색소성분과 반응하여 그 색을 안정시키는 데 사용	아질산나트륨 질산나트륨	식육제품, 어육소시지
		황산 제1철 황산 제2철 명반	과일, 채소류
착향료	식품에 향을 부여하거나, 본래 냄새를 없애거나 강화하기 위하여 사용	멘톨 바닐린 계피알데히드	

(4) 식품의 제조 및 가공을 위한 것

소포제	식품의 제조공정 중 생기는 거품을 제거하기 위해 사용	규소수지(실리콘수지)	
추출제	추출을 용이하게 하기 위해 사용	n-핵산	
용제	각종 첨가물이 식품에 균일하게 혼합되도록 하기 위해 사용	프로필렌글리콜 글리세린	
껌기초제	껌에 점성과 탄성을 주고 풍미를 유지하기 위해 사용	초산비닐수지, 에스테르껌 폴리부텐, 폴리이소부틸렌	
이형제	빵 제조 시 형태를 손상시키지 않고 분리해 내기 위해 사용	유동파라핀	
식품 제조용 (박피제)	식품의 제조가공 공정 시 여러 가지 목적상 필요에 의해서 사용	황산·수산화나트륨	복숭아, 밀감, 통조림

(5) 영양강화에 사용되는 것

강화제	식품에 영양을 강화하기 위해 사용	비타민류 무기질류

(6) 조리가공에서 생기는 유해물질

메탄올 (메틸알코올)	포도주, 사과주 등 과실주 발효과정 중 메탄올 생성 구토, 복통, 설사를 유발하며 다량 섭취 시 실명
N-니트로사민 (N-nitrosamine)	육가공품의 발색제 사용으로 인한 아질산염과 아민이 결합반응하여 생성되는 발암물질
다환방향족 탄화수소	식품에 존재하는 유기물을 고온으로 가열할 때 생성되는 단백질이나 지방이 분해되어 생기는 발암물질 * 벤조피렌(태운 고기, 훈제육)
아크릴아마이드	전분식품을 가열할 때 아미노산과 당이 열에 의해 결합반응을 하여 생성되는 발암물질
헤테로고리아민	방향족질소화합물, 육류나 생선을 300℃ 이상의 고온으로 가열했을 때 생성되는 발암물질
멜라민	열에 반복적으로 노출될 경우 멜라민이 용출 중독 시 방광결석이나 신장결석 유발 영유아 대상 식품에서는 불검출되어야 함

01 안식향산의 용도로 옳은 것은?

① 유지의 산화 방지

② 식품의 부패 방지

③ 식품의 색도 유지

④ 식품의 향기 부여

02 과일의 신선도를 유지하기 위하여 사용되는 첨가물은?

① 표백분

② 소르빈산

③ 승홍수

④ 초산비닐수지

03 숯불구이와 훈제육 등의 열분해물에서 생성되며 발암성 물질로 알려진 다환방향족 탄화수소는?

① 벤조피렌(benzopyrene)

② N-니트로사민(N-nitrosamine)

③ 포름알데히드(formaldehyde)

④ 헤테로고리아민류(heterocyclic amines)

04 소독의 지표가 되는 소독제는?

① 포르말린　　　② 크레졸

③ 석탄산　　　　④ 역성비누

05 다음 중 간디스토마에 감염될 수 있는 경우는?

① 붕어, 잉어를 요리한 도마를 통해서

② 해삼, 멍게를 생식했을 때

③ 다슬기를 생식했을 때

④ 오염된 채소를 생식했을 때

✓ 정답

| 01 | ② | 02 | ④ | 03 | ① | 04 | ③ | 05 | ① |

1. 주방위생 위해요소

1) 식중독을 일으키는 미생물들과 화학물질

– 병원균, 비병원성균, 자연독, 곰팡이독, 알레르기, 중금속, 노로바이러스 등

2) 조리, 서비스 종사자들의 불청결

– 머리카락, 손톱, 상처, 비말감염 등

3) 불합리한 주방설계

– 화장실과의 거리, 주방 내의 온도, 습도, 환기상태, 조명, 배수시설 등

4) 오염된 식재료의 구입

– 식품위생관리가 미흡한 국가의 식재료 수입, 1차오염된 식재료의 구입

5) 테이크아웃, 가정식대체식품(HMR)의 구입 증가

– 각종 패스트푸드와 가정식 배달과성 중 2차 오염 및 부패

6) 병원성 미생물을 성장시키는 기후

– 이상기온, 습도의 증가, 열대야 등

7) 빈약한 위생관리 시스템

– HACCP의 부재 및 식품위생 관리 부재

8) 방충, 방서시설의 미흡

− 파리, 모기, 하루살이, 바퀴벌레 등

2. 식품안전관리인증기준(HACCP)

1) HACCP의 정의

위해요소분석(Hazard Analysis)과 중요관리점(Critical Control Point)의 영문 약자로 "식품안전관리인증기준"을 말한다.

생산 − 제조 − 유통의 전 과정에서 식품위생에 해로운 영향을 미칠 수 있는 위해요소를 분석하고, 이러한 위해요소를 제거하거나 안전성을 확보할 수 있는 단계에 중요관리점을 설정하여 과학적이고 체계적으로 식품의 안전을 관리하는 제도이다.

2) HACCP 관리의 준비 5단계

(1) HACCP팀을 구성한다.

(2) 제품설명서를 작성한다.

(3) 해당식품의 의도된 사용방법 및 소비자를 파악한다.

(4) 공정단계를 파악하고 공정흐름도를 작성한다.

(5) 작성된 공정흐름도와 평면도가 현장과 일치하는지 검증한다.

3) HACCP 관리의 기본 7단계

(1) 식품의 위해요소 분석

(2) 중점관리 요소 결정

(3) 중점관리 요소에 대한 한계기준 설정

(4) 모니터링체계 수립

(5) 개선조치방법 수립

(6) 검증절차 및 방법 수립

(7) 문서화 기록유지방법 설정

4) HACCP 대상 식품(13종, 식품위생법 시행규칙 제62조)

(1) 어육가공품 중 어묵, 어육소시지

(2) 기타 수산물가공품 중 냉동어류, 연체류, 조미가공품

(3) 냉동식품 중 피자류, 만두류, 면류

(4) 과자류, 빵류 또는 떡류 중 과자, 캔디류, 빵류, 떡류

(5) 빙과류 중 빙과

(6) 음료류

(7) 레토르트식품

(8) 김치류 중 배추김치

(9) 코코아 가공품 또는 초콜릿류 중 초콜릿류

(10) 면류 중 국수·유탕면 또는 곡분, 전분, 전분질 원료 등을 주원료로 반죽하여 손이나 기계 등으로 면을 뽑아내거나 자른 국수로서 생면, 숙면, 건면

(11) 특수용도식품

(12) 즉석섭취·편의식품류 중 즉석섭취식품((12)의 2 즉석섭취·편의식품류의 즉석조리식품 중 순대)

(13) 식품제조, 가공업의 영업소 중 전년도 총 매출액이 100억 원 이상인 영업소에서 제조·가공하는 식품

3. 작업장 교차오염 발생요소

1) 교차오염

교차오염은 식재료, 기구, 용수 등에 오염되어 있던 미생물이 오염되지 않은 식재료, 기구, 종사자와의 접촉 또는 작업과정에 혼입됨으로 인하여 오염되지 않아야 하는 식품을 오염시키는 것을 말한다.

2) 교차오염을 일으킬 수 있는 경우

① 생식품과 조리된 식품의 취급장소 미구분 시

② 칼, 도마 혼용 사용 시

③ 불합리한 식품 저장에 의한 오염

④ 손 세척 부적절 시

3) 교차오염 방지 요령

- 교차오염의 방지는 오염된 식재료, 기구, 용수와의 접촉 가능성을 차단함으로써 가능하다.
- 식재료의 전처리는 바닥으로부터 60cm 이상 상부에서 실시한다.

(1) 세정대 : 어 · 육류용, 채소류용 2개로 구분해서 사용하고, 사용 전후에 충분히 세척, 소독
한 후 사용한다. 세정대에서 채소와 어 · 육류를 세척할 때는 채소류 → 육류 → 어류 →
가금류 순으로 처리하며, 세정대 사용 전 또는 식재료가 바뀔 때마다 세척하여 사용한다.

(2) 고무장갑 : 바로 먹을 수 있는 식품취급은 미생물오염을 줄이기 위해 적절하게 소독, 보
관된 조리용 고무장갑 또는 일회용 고무장갑(라텍스)을 사용해야 한다

※ 조리용 고무장갑을 착용하고 냉장고나 출입문 손잡이 접촉, 호스나 양념통 접촉, 기구
기물 운반 등을 하지 않도록 한다.

(3) 칼, 도마(나무 재질 칼 · 도마 사용 금지)

① 식재료용 칼, 도마는 어류, 육류, 채소류로 각각 구분하여 사용해야 한다.

② 소독한 채소라도 미생물이 잔존할 수 있으므로 구분 사용한다.

③ 전처리로 사용되는 용수는 반드시 먹는 물로 사용한다.

주방위생 관리 예상문제

01 HACCP 7원칙 중 1단계에 해당하는 것은?

① 중점관리 요소 결정

② 식품의 위해요소 분석

③ 모니터링 체계 수립

④ 중점관리 요소에 대한 한계기준 설정

02 교차오염을 일으킬 수 있는 경우가 아닌 것은?

① 생식품과 조리된 식품의 취급장소 미구분 시

② 칼, 도마 구분 사용 시

③ 식품 저장에 의한 오염

④ 손 세척 부적절 시

03 생산 – 제조 – 유통의 전 과정에서 해로운 영향을 미칠 수 있는 위해요소를 분석하고, 위해요소를 제거하거나 안전성을 확보하고 중요관리점을 설정하여 식품의 안전을 관리하는 제도의 이름은?

① LOHAS   ② WHO

③ HACCP   ④ CODEX

04 주방위생의 위해요소에 해당하지 않는 것은?

① 방충, 방서시설의 미흡

② 조리, 서비스 종사자들의 불친절한 서비스

③ 병원성 미생물 성장을 촉진시키는 기후

④ 불합리한 주방설계

05 교차오염 방지 요령으로 잘못된 것을 고르시오.

① 세정대에서는 채소류 → 어류 → 가금류 → 육류 순으로 처리하며, 세척하여 사용한다.

② 소독, 보관된 조리용 고무장갑 또는 일회용 고무장갑(라텍스)을 사용해야 한다.

③ 식재료용 칼, 도마는 어류, 육류, 채소류로 각각 구분하여 사용해야 한다.

④ 식재료의 전처리는 바닥으로부터 60cm 이상 상부에서 실시한다.

✓ 정답

| 01 | ② | 02 | ② | 03 | ③ | 04 | ② | 05 | ① |

식중독이란 음식물을 통하여 체내에 들어간 병원미생물, 유독, 유해물질에 의해 일어나는 것으로 급성위장염 증상을 보이는 건강장애이다. 주로 6~9월에 발생한다.

– 식중독 발생 시 보고 및 신고

- **발생보고** : 보건소 → 시·군·구 → 시·도, 식약처
- **발생신고** : 의사·집단급식소(의무신고), 의심환자·음식점(자율신고) → 보건소

【세균성 식중독과 경구감염병의 차이점】

세균성 식중독	소화기계 감염병(경구감염병)
• 식중독균에 오염된 식품을 섭취하여 발생한다. • 대량의 균 또는 독소에 의해 발병한다. • 살모넬라 외에는 2차 감염이 없다. • 잠복기가 비교적 짧다. • 면역이 되지 않는다.	• 감염병균에 오염된 식품과 물의 섭취로 경구감염을 일으킨다. • 소량의 균으로도 발병한다. • 2차 감염이 된다. • 잠복기가 비교적 길다. • 면역이 된다.

1. 세균성 식중독

1) 감염형 식중독

식품과 함께 섭취한 병원체가 체내에서 증식하여 발생한다.

살모넬라 식중독	• **원인균** : 살모넬라균, 아포가 없는 그람음성간균 • **감염원** : 쥐, 파리, 바퀴벌레 등에 의해 식품을 오염시키는 균 • **증 상** : 위장 증상 및 급격한 발열 • **원인식** : 육류 및 가공품, 가금류 및 알, 우유 • **예방법** : 60℃에서 30분 이상 가열섭취 시 안전

장염비브리오 식중독		・**원인균** : 호염성 세균(3~4%)으로 그람음성간균 ・**증 상** : 구토, 복통, 설사, 급성위장염, 약간의 발열 ・**원인식** : 어패류 생식 ・**예방법** : 어패류의 생식 금지, 60℃에서 5분 이상 가열하면 안전
병원성대장균 식중독		・**감염원** : 사람이나 동물의 장관 내에 서식하는 균으로 흙에도 존재 ・분변오염지표로 사용 ・**증 상** : 급성대장염(대표균 : O157, H7) ・**원인식** : 우유가 주원인. 햄, 치즈, 소시지, 다진 고기, 가정에서 제조한 마요네즈 ・**예방법** : 분변 오염이 되지 않도록 주의
중 간 형 식 중 독	클로스트리디움 퍼프리젠스 식중독 (웰치균식중독)	・편성 혐기성균 ・아포를 형성하며 열에 강한 균 ・**원인균** : 웰치균(A~F형 중 A형) ・**원인식** : 육류 및 가공품 재가열 식품 ・**예방법** : 분변의 오염을 막고, 조리된 식품은 저온 · 냉동 보관
	바실러스 세레우스균 식중독	・**원인균** : 바실러스 세레우스균, 내열성 아포를 형성 ・**원인식** : 전분질 식품(곡류, 스파게티), 육류, 수프, 푸딩 등 ・**증상** : 구토, 설사 ・**예방법** : 내열성이 강하므로 조리한 식품은 신속히 섭취

2) 독소형 식중독

식품에 세균이 증식하여 만들어낸 독소에 의하여 발생한다.

황색 포도상구균 식중독	・**원인독소** : 엔테로톡신(장독소) ・화농성 질환의 대표 원인균 ・균은 끓이면 파괴되나, 독소는 끓여두 파괴되지 않음(내열성) ・**증상** : 구토, 복통, 설사 ・**원인식** : 우유, 유제품, 김밥, 노시락, 떡 ・**예방법** : 손이나 몸에 화농이 있는 사람은 식품 취급을 금해야 함 ・**잠복기** : 1~6시간(평균 3시간으로 짧다)
클로스트리디움 보툴리눔 식중독	・**원인독소** : 뉴로톡신(신경독소) ・**원인균** : A~G형 중 A, B, E형, 독소는 80℃에서 30분 가열로 파괴 ・**증상** : 시력감퇴, 신경마비증상, 치사율 40% ・**원인식** : 통조림, 햄, 소시지, 가공품 ・**예방법** : 음식물의 가열처리, 통조림 및 가공품의 위생적 보관 ・**잠복기** : 12~36시간(비교적 길다)

2. 자연독 식중독

동물성 자연독	복어 중독	• **원인독소** : 테트로도톡신(Tetrodotoxine) • **독성이 있는 부위** : 난소〉간〉내장〉피부 순으로 존재. 독성이 강하여 끓여도 파괴되지 않음 • **치사량** : 2mg • **중독증상** : 지각마비, 구토, 감각둔화, 보행곤란, 호흡곤란, 의식불명되어 사망 • **예방책** : 전문조리사만이 요리하도록 한다. 　독이 가장 많은 산란 직전(5~6월)에는 특히 주의
식물성 자연독	조개류 중독	• **섭조개(홍합), 대합 – 원인독소** : 삭시톡신(Saxitoxin) • **모시조개, 굴, 바지락 등 – 원인독소** : 베네루핀(Venerupin)
	독버섯 중독	• **독성물질** : 무스카린, 무스카리딘, 아마니타톡신, 뉴린, 콜린, 팔린 등 • **독버섯 감별법** 　• 버섯의 색이 진하고 화려하다. 　• 고약한 냄새가 난다. 　• 줄기 부분이 거칠다. 　• 은수저의 색이 검게 변한다. 　• 매운맛이나 쓴맛이 난다.
	감자 중독	• **독성물질** : 솔라닌(Solanine) • **독성이 있는 부위** : 감자의 발아한 부분 또는 녹색부분(부패한 감자에는 셉신(Sepsine)이란 독성물질이 생성) • **예방법** : 싹트는 부분과 녹색 부분을 제거해야 하며 특히 저장할 때는 서늘하고 그늘진 곳에 보관
	기타 유독 물질	• **독미나리** : 시큐톡신(Cicutoxin) • **청매, 살구씨, 은행알** : 아미그달린(Amygdalin) • **피마자** : 리신(Ricin) • **목화씨** : 고시폴(Gossypol) • **독보리(독맥)** : 테물린(Temuline) • **미치광이풀** : 아트로핀(Atropine)

3. 화학적 식중독

1) 유해성 중금속에 의한 식중독

납(Pb)	• **경로** : 통조림의 납땜, 농약, 안료, 수도관 • **증상** : 연연, 소변에서 코프로포르피린 검출, 빈혈 등 조혈장애, 중추말초신경계 장애

카드뮴(Cd)	• **경로** : 폐수에 오염된 어패류 및 농작물의 섭취, 용기 및 식기의 도금성분 유출 • **증상** : 이타이이타이병(골연화증), 칼슘대사장애, 단백뇨
수은(Hg)	• **경로** : 폐수에 오염된 어패류의 섭취, 온도계 • **증상** : 미나마타병(중추신경장애, 언어장애, 손의 지각이상, 운동장애, 무기력) • **급성중독** : 경련, 갈증, 구토, 복통, 설사, 허탈로 사망
비소(As)	• **경로** : 농약, 제초제, 방부제, 살충제 • **증상** : 혈액이 녹고, 신경계통 마비, 전신경련, 식도위축
아연(Zn)	• **경로** : 합금(양은 · 놋쇠), 가열에 의한 용출 • **증상** : 오심, 구토, 설사, 경련, 두통, 권태감
주석(Sn)	• **경로** : 통조림(도금된 주석이 산성이 강한 식품에 의해 용출되어 중독) • **증상** : 오심, 구토, 복통, 권태감 • **예방법** : 통조림을 개봉 사용한 후 남은 것은 밀폐 용기에 담을 것
안티몬(Sb)	• **경로** : 염료(법랑, 도자기, 고무관 염료)가 유기산과 결합해 용출 • **증상** : 전신쇠약, 경련, 허탈, 심장마비에 의한 사망
구리(Cu)	• **경로** : 식기에 녹청이 생겨 중독되고 놋쇠, 청동, 양은 등 구리 합금에 의하여 산성에서 쉽게 용출되며 착색제(채소), 농약에 함유 • **증상** : 오심, 구토, 타액 다량 분비, 복통, 현기증, 호흡곤란, 잔열감, 간세포 괴사
크롬(Cr)	• **경로** : 공장 폐수에 오염된 물의 섭취 • **증상** : 비점막 염증, 피부궤양, 비중격천공

2) 농약에 의한 식중독

유기인제	• 파라티온, 말라티온, 다이아지논 – 신경독 • **예방** : 농약 살포 시 흡입주의, 과채류의 산성액 세척, 수확 전 15일 이내엔 농약 살포 금지
유기 염소제	• DDT, BHC – 신경독 • 자연계에서 분해되지 않고 잔류하는 특성 • **예방** : 농약 살포 시 흡입주의, 과채류의 산성액 세척, 수확 전 15일 이내엔 농약 살포 금지
비소 화합물	• 비산칼륨 등의 농약 • **중독증상** : 목구멍과 식도의 수축, 위통, 구토, 설사, 혈변, 소변량 감소 등 • **예방** : 농약 살포 시 흡입주의, 과채류의 산성액 세척, 수확 전 15일 이내엔 농약 살포 금지

3) 불량 첨가물에 의한 식중독

착색제	아우라민, 로다민B, 파라니트로아닐린, 실크 스칼릿
감미료	에틸렌글리콜, 둘신, 사이클라메이트, 메타니트로아닐린, 페릴라틴

표백제	롱가릿, 형광표백제 등
보존료	붕산, 포름알데히드, 불소화합물 등

4. 곰팡이독소

곰팡이 중독	아플라톡신 중독	• 아스퍼질러스 플라버스 곰팡이가 쌀 · 보리 등의 탄수화물이 풍부한 곡류와 땅콩 등의 콩류에 침입하여 아플라톡신 독소를 생성 • **중독증상** : 간장독
	맥각 중독	• 보리, 호밀 등에 맥각균이 번식하여 에르고톡신, 에르고타민 등의 독소를 생성 • **중독증상** : 간장독
	황변미 중독	• 페니실리움속 푸른 곰팡이가 저장 중인 쌀에 번식하여 누렇게 변질시키며 시트리닌, 시트리오비리딘, 아이슬랜디톡신 등의 독소를 생성 • **중독증상** : 신장독, 신경독, 간장독

5. 기타 식중독

알레르기성 식중독	• 꽁치나 고등어와 같은 붉은살 어류 및 가공품을 섭취 • **원인물질** : 히스타민 • **원인균** : 프로테우스 모르가니(Proteus Morganii) • **중독증상** : 몸에 두드러기가 나고, 열이 남 • 항히스타민제를 투여
바이러스성 식중독	• **원인식** : 채소, 전처리된 샐러드, 생어패류, 오염식수 등 • **원인물질** : 노로바이러스 • **중독증상** : 설사, 메스꺼움, 구토, 탈수현상 등 • **예방** : 안전수칙 엄수, 개인위생 등 • **특징** : 바이러스로 전염성이 강함. 겨울에 집중 발생

01 피마자씨에 들어 있는 독성 물질로서 적혈구를 응집시키는 작용을 하는 것은?

① 리신(ricin)

② 둘린(dhurrin)

③ 고시폴(gossypol)

④ 아미그달린(amygdalin)

02 병원성 대장균 O-157에 대한 설명으로 **틀린** 것은?

① 일반 대장균과는 달리 강력한 독소를 낸다.

② 식중독 증세는 용혈성 요독증후군으로 진행된다.

③ 식중독의 원인은 단백질 식품에 한정되어 있다.

④ 열에 대한 저항성이 약하다.

03 식중독을 유발하는 해수세균은?

① 살모넬라균–Salmonella typhimurium

② 웰치균–Clostridium perfringens

③ 장염비브리오균–Vibrio parahaemolyticus

④ 황색포도상구균–Staphylococcus saprophyticus

04 곰팡이 독소가 **아닌** 것은?

① 오크라톡신(ochratoxin)

② 시큐톡신(cicutoxin)

③ 시트리닌(citrinin)

④ 아플라톡신(aflatoxin)

05 열경화성 수지인 페놀수지, 멜라민수지, 요소 수지 등에서 검출될 수 있는 유해물질은?

① 납   ② 메탄올

③ 포름알데히드   ④ 염화비닐단량체

✓ 정답

| 01 | ① | 02 | ③ | 03 | ③ | 04 | ② | 05 | ③ |

1. 식품위생법 및 관계 법규

1) 식품위생법의 목적 및 대상

(1) 목적

식품으로 인한 위생상의 위해를 방지, 식품 영양의 질적 향상 도모, 식품에 관한 올바른 정보를 제공함으로써 국민보건의 증진에 이바지한다.

(2) 식품위생의 대상

식품, 식품첨가물, 기구 및 용기·포장을 대상으로 하는 음식에 관한 위생이다.

2) 식품위생 관련 용어

식품	모든 음식물을 말한다. 다만, 의약으로 섭취하는 것은 제외한다.
식품첨가물	식품을 제조·가공 또는 보존함에 있어 식품에 첨가·혼합 등의 방법으로 사용되는 물질을 말한다.
화학적 합성품	화학적 수단에 의한 원소 또는 화합물 분해 외의 화학반응을 일으켜 얻은 물질을 말한다.
기구	식품 또는 첨가물에 직접 접촉되는 기계·기구, 기타의 물건을 말한다. 다만, 농업 및 수산업에 있어서 식품의 채취에 사용되는 기계·기구나 기타의 물건은 제외한다.
용기·포장	식품 또는 식품첨가물을 넣거나 싸는 물품으로써 식품 또는 첨가물을 수수할 때 함께 인도되는 물품을 말한다.
위해	식품, 식품 첨가물, 기구 또는 용기·포장에 존재하는 위험요소로 인체의 건강을 해치거나 해칠 우려가 있는 것을 말한다.
영업	식품 또는 식품첨가물을 채취·제조·수입·조리·운반 또는 판매하거나 기구 또는 용기·포장을 제조·수입·운반·판매하는 업을 말한다. 다만, 농업 및 수산업에 속하는 식품의 채취업은 제외한다.
식품위생	식품, 식품첨가물, 기구 또는 용기·포장을 대상으로 하는 음식에 관한 위생을 말한다.
집단급식소	영리를 목적으로 하지 아니하고, 특정 다수인에게 지속적으로 음식물을 공급하는 급식시설로 대통령령으로 정한 곳(1회 50인 이상에게 식사를 제공하는 급식소) 기숙사, 학교, 병원, 사회복지사업법 제2조 제4호의 사회복지시설, 산업체, 국가, 지방단체 및 공공기관의 운영에 관한 법률 제4조 제1항에 따른 공공기관, 그 밖의 후생기관 등

식품이력 추적관리	식품을 제조, 가공단계부터 판매단계까지 각 단계별로 정보를 기록, 관리하여 그 식품의 안전성 등에 문제가 발생할 경우 그 식품을 추적하여 원인을 규명하고 필요한 조치를 할 수 있도록 관리하는 것
식중독	식품 섭취로 인하여 인체에 유해한 미생물 또는 유독물질에 의하여 발생하였거나 발생한 것으로 판단되는 감염성 질환 또는 독소형 질환
집단급식소에 서의 식단	급식대상 집단의 영양 섭취 기준에 따라 음식명, 식재료, 영양성분, 조리방법, 조리인력 등을 고려하여 작성한 급식계획서

〈방사선 조사식품〉

〈HACCP인증마크〉

〈유기농산물 인증표시〉

〈식품이력관리시스템〉

3) 식품 등의 취급

① 누구든지 판매(판매 외의 불특정 다수인에 대한 제공을 포함한다)를 목적으로 식품 또는 식품첨가물을 채취 · 제조 · 가공 · 사용 · 조리 · 저장 · 소분 · 운반 또는 진열을 할 때에는 깨끗하고 위생적으로 하여야 한다.

② 영업에 사용하는 기구 및 용기 · 포장은 깨끗하고 위생적으로 다루어야 한다.

③ ① 및 ②에 따른 식품, 식품첨가물, 기구 또는 용기 · 포장(이하 "식품등"이라 한다)의 위생적인 취급에 관한 기준은 총리령으로 정한다.

4) 식품과 식품첨가물

(1) 위해식품등의 판매 등 금지

누구든지 다음 각 호의 어느 하나에 해당하는 식품등을 판매하거나 판매할 목적으로 채취 · 제조 · 수입 · 가공 · 사용 · 조리 · 저장 · 소분 · 운반 또는 진열하여서는 아니 된다.

① 썩거나 상하거나 설익어서 인체의 건강을 해칠 우려가 있는 것

② 유독 · 유해물질이 들어 있거나 묻어 있는 것 또는 그러할 염려가 있는 것. 다만, 식품의 약품안전처장이 인체의 건강을 해칠 우려가 없다고 인정하는 것은 제외한다.

③ 병을 일으키는 미생물에 오염되었거나 그러할 염려가 있어 인체의 건강을 해칠 우려가 있는 것

④ 불결하거나 다른 물질이 섞이거나 첨가(添加)된 것 또는 그 밖의 사유로 인체의 건강을 해칠 우려가 있는 것

⑤ 제18조에 따른 안전성 심사 대상인 농 · 축 · 수산물 등 가운데 안전성 심사를 받지 아니하였거나 안전성 심사에서 식용으로 부적합하다고 인정된 것

⑥ 수입이 금지된 것 또는 「수입식품안전관리 특별법」 제20조제1항에 따른 수입신고를 하지 아니하고 수입한 것

⑦ 영업자가 아닌 자가 제조 · 가공 · 소분한 것

(2) 병든 동물 고기 등의 판매 등 금지

누구든지 총리령으로 정하는 질병에 걸렸거나 걸렸을 염려가 있는 동물이나 그 질병에 걸려 죽은 동물의 고기 · 뼈 · 젖 · 장기 또는 혈액을 식품으로 판매하거나 판매할 목적으로 채취 · 수입 · 가공 · 사용 · 조리 · 저장 · 소분 또는 운반하거나 진열하여서는 아니 된다.

(3) 기준 · 규격이 정하여지지 아니한 화학적 합성품 등의 판매 등 금지

식품의약품안전처장이 제57조에 따른 식품위생심의위원회(이하 "심의위원회"라 한다)의 심의를 거쳐 인체의 건강을 해칠 우려가 없다고 인정하는 경우에는 그러하지 아니하다.

① 누구든지 기준 · 규격이 정하여지지 아니한 화학적 합성품인 첨가물과 이를 함유한 물질을 식품첨가물로 사용하는 행위

② 식품첨가물이 함유된 식품을 판매하거나 판매할 목적으로 제조 · 수입 · 가공 · 사용 · 조리 · 저장 · 소분 · 운반 또는 진열하는 행위

(4) 식품 또는 식품첨가물에 관한 기준 및 규격

① 식품의약품안전처장은 국민보건을 위하여 필요하면 판매를 목적으로 하는 식품 또는 식품첨가물에 관한 다음 각 호의 사항을 정하여 고시한다.

㉮ 제조 · 가공 · 사용 · 조리 · 보존 방법에 관한 기준

④ 성분에 관한 규격

② 식품의약품안전처장은 ①에 따라 기준과 규격이 고시되지 아니한 식품 또는 식품첨가물의 기준과 규격을 인정받으려는 자에게 ①호의 사항을 제출하게 하여 「식품·의약품분야 시험·검사 등에 관한 법률」 제6조제3항제1호에 따라 식품의약품안전처장이 지정한 식품전문 시험·검사기관 또는 같은 조 제4항 단서에 따라 총리령으로 정하는 시험·검사기관의 검토를 거쳐 ①에 따른 기준과 규격이 고시될 때까지 그 식품 또는 식품첨가물의 기준과 규격으로 인정할 수 있다.

③ 수출할 식품 또는 식품첨가물의 기준과 규격은 ① 및 ②에도 불구하고 수입자가 요구하는 기준과 규격을 따를 수 있다.

④ ① 및 ②에 따라 기준과 규격이 정하여진 식품 또는 식품첨가물은 그 기준에 따라 제조·수입·가공·사용·조리·보존하여야 하며, 그 기준과 규격에 맞지 아니하는 식품 또는 식품첨가물은 판매하거나 판매할 목적으로 제조·수입·가공·사용·조리·저장·소분·운반·보존 또는 진열하여서는 아니 된다.

5) 기구와 용기·포장

(1) 유독기구 등의 판매·사용 금지

유독·유해물질이 들어 있거나 묻어 있어 인체의 건강을 해칠 우려가 있는 기구 및 용기·포장과 식품 또는 식품첨가물에 직접 닿으면 해로운 영향을 끼쳐 인체의 건강을 해칠 우려가 있는 기구 및 용기·포장을 판매하거나 판매할 목적으로 제조·수입·저장·운반·진열하거나 영업에 사용하여서는 아니 된다.

(2) 기구 및 용기·포장에 관한 기준 및 규격

식품의약품안전처장은 국민보건을 위하여 필요한 경우에는 판매하거나 영업에 사용하는 기구 및 용기·포장에 관하여 제조 방법에 관한 기준, 기구 및 용기·포장과 그 원재료에 관한 규격을 정하여 고시한다.

6) 식품공전

식품의약품안전처장은 식품, 식품첨가물의 기준, 규격 및 용기·포장의 기준과 규격 등을 실은 식품 등의 공전을 작성하여 보급하여야 한다.

7) 식품위생 감시원

(1) 식품위생 감시원의 직무

① 식품 등의 위생적인 취급에 관한 기준의 이행 지도

② 수입·판매 또는 사용 등이 금지된 식품 등의 취급 여부에 관한 단속

③ 표시기준 또는 과대광고 금지의 위반 여부에 관한 단속

④ 출입·검사 및 검사에 필요한 식품 등의 수거

⑤ 시설기준의 적합 여부의 확인·검사

⑥ 영업자 및 종업원의 건강진단 및 위생교육의 이행 여부의 확인·지도

⑦ 조리사 및 영양사의 법령 준수사항 이행 여부의 확인·지도

⑧ 행정처분의 이행 여부 확인

⑨ 영업소의 폐쇄를 위한 간판 제거 등의 조치

⑩ 그 밖에 영업자의 법령 이행 여부에 관한 확인·지도

8) 검사

(1) 출입·검사·수거(시행규칙 제9조)

① 출입·검사·수거 등은 국민의 보건위생을 위하여 필요하다고 판단되는 경우에는 수시로 실시한다.

② 행정 처분을 받은 업소에 대한 출입·검사·수거 등은 그 처분일로부터 6개월 이내에 1회 이상 실시하여야 한다. 다만, 행정처분을 받은 영업자가 그 처분의 이행 결과를 보고하는 경우에는 그러하지 아니하다.

③ 수거대상은 다음과 같다.

무상 수거대상
– 출입검사의 규정에 의하여 검사에 필요한 식품 등을 수거할 때
– 유통 중인 부정 · 불량식품 등을 수거할 때
– 식품 등을 검사할 목적으로 수거할 때
– 수입식품 등을 검사할 목적으로 수거할 때

9) 영업

(1) 영업신고 · 허가 업종

① 영업신고 업종

특별자치시장 · 특별자치도지사 또는 시장 · 군수 · 구청장에게 신고를 하여야 하는 영업은 다음과 같다.

- 즉석판매제조 · 가공업
- 식품운반업
- 식품소분 · 판매업
- 식품냉동 · 냉장업
- 용기 · 포장류제조업(자신의 제품을 포장하기 위하여 용기 · 포장류를 제조하는 경우는 제외한다.)
- 휴게음식점영업, 일반음식점영업, 위탁급식영업, 제과점영업

② 영업허가 업종

- 특별자치시장 · 특별자치도지사 · 시장 · 군수 · 구청장의 허가
  - 단란주점영업
  - 유흥주점영업
- 식품의약품안전처장 허가
  - 식품조사처리업

(2) 영업에 종사하지 못하는 질병의 종류

① 장티푸스, 콜레라, 파라티푸스, 세균성 이질, 장 출혈성 대장균감염증, A형간염

② 결핵(비감염성인 경우 제외)

③ 피부병, 기타 화농성 질환

④ 후천성면역결핍증

(3) 식품위생교육

구분	교육시간
식품운반업, 식품소분·판매업, 식품보존업, 포장류제조업	4시간
식품접객업, 집단급식소를 설치·운영하려는 자	6시간
식품제조·가공업, 즉석판매제조·가공업, 식품첨가물제조업	8시간

10) 조리사 및 영양사

(1) 조리사

집단급식소 운영자와 대통령령으로 정하는 식품접객업자는 조리사(調理士)를 두어야 한다. 다만, 다음 각 호의 어느 하나에 해당하는 경우에는 조리사를 두지 아니하여도 된다.

① 집단급식소 운영자 또는 식품접객영업자 자신이 조리사로서 직접 음식물을 조리하는 경우

② 1회 급식인원 100명 미만의 산업체인 경우

③ 영양사가 조리사의 면허를 받은 경우

　㉮ 조리사의 면허

　　– 조리사가 되려는 자는 「국가기술자격법」에 따라 해당 기능분야의 자격을 얻은 후 특별 자치시장·특별자치도지사·시장·군수·구청장의 면허를 받아야 한다.

　　– 조리사의 면허 등에 관하여 필요한 사항은 총리령으로 정한다.

　㉯ 결격사유

　다음 각 호의 어느 하나에 해당하는 자는 조리사 면허를 받을 수 없다.

　　– 「정신건강증진 및 정신질환자 복지서비스 지원에 관한 법률」에 따른 정신질환자

　　　다만, 전문의가 조리사로서 적합하다고 인정하는 자는 그러하지 아니하다.

- 「감염병의 예방 및 관리에 관한 법률」에 따른 감염병환자. 다만, B형간염환자는 제외한다.
- 「마약류관리에 관한 법률」에 따른 마약이나 그 밖의 약물 중독자
- 조리사 면허의 취소처분을 받고 그 취소된 날부터 1년이 지나지 아니한 자
- ⒝ 집단급식소에 근무하는 조리사의 직무 수행
- 집단급식소에서의 식단에 따른 조리업무[식재료의 전(前)처리에서부터 조리, 배식 등의 전 과정을 말한다]
- 구매식품의 검수 지원
- 급식설비 및 기구의 위생 · 안전 실무
- 그 밖에 조리 실무에 관한 사항

(2) 영양사

① 집단급식소 운영자는 영양사를 두어야 한다. 다만, 다음 각 호의 어느 하나에 해당하는 경우에는 영양사를 두지 아니하여도 된다.
- 집단급식소 운영자 자신이 영양사로서 직접 영양 지도를 하는 경우
- 1회 급식인원 100명 미만의 산업체인 경우
- 제51조제1항에 따른 조리사가 영양사의 면허를 받은 경우
② 집단급식소에 근무하는 영양사는 다음 각 호의 직무를 수행한다.
- 집단급식소에서의 식단 작성, 검식 및 배식 관리
- 구매식품의 검수 및 관리
- 급식시설의 위생적 관리
- 집단급식소의 운영일지 작성
- 종업원에 대한 영양 지도 및 식품위생교육

(3) 교육

① 식품위생수준 및 자질의 향상을 위하여 필요하다고 인정하는 경우 조리사 및 영양사에게 교육받을 것을 명할 수 있다. 다만, 집단급식소에 종사하는 조리사 및 영양사는 2년마다 교육을 받아야 한다.

② 제1항의 규정에 따른 교육의 대상자, 실시기관, 내용 및 방법 등에 관하여 필요한 사항은 총리령으로 정한다.

(4) 조리사 또는 영양사에 대한 행정처분기준

위반사항	행정처분기준		
	1차 위반	2차 위반	3차 위반
조리사와 영양사가 법 규정에 따른 교육(식품위생 수준 및 자질의 향상을 위함)을 받지 아니한 경우	시정명령	업무정지 15일	업무정지 1개월
식중독이나 그 밖에 위생과 관련한 중대한 사고 발생에 직무상의 책임이 있는 경우	업무정지 1개월	업무정지 2개월	면허취소
면허를 타인에게 대여하여 사용하게 한 경우	업무정지 2개월	업무정지 3개월	면허취소
업무정지 기간 중에 조리사의 업무를 하는 경우	면허취소		

11) 집단급식소

(1) 집단급식소를 설치 · 운영하려는 자는 총리령으로 정하는 바에 따라 특별자치시장 · 특별 자치도지사 · 시장 · 군수 · 구청장에게 신고하여야 한다.

(2) 집단급식소를 설치 · 운영하려는 자는 집단급식소 시설의 유지 · 관리 등 급식을 위생적으로 관리하기 위하여 다음 사항을 지켜야 한다.

① 식중독 환자가 발생하지 않도록 위생관리를 철저히 할 것

② 조리 · 제공한 식품의 매회 1인분 분량을 총리령으로 정하는 바에 따라 −18℃ 이하에서 144시간 이상 보관할 것

③ 영양사를 두고 있는 경우 그 업무를 방해하지 아니할 것

④ 그 밖에 식품 등의 위생적 관리를 위하여 필요하다고 총리령으로 정하는 사항을 지킬 것

12) 자가품질검사

(1) 식품 등을 제조 · 가공하는 영업자가 자신이 제조 · 가공하는 식품 등을 유통 · 판매하기 전에 당해 식품등의 기준과 규격에 적합한지 여부를 확인하는 검사를 말한다.

(2) 해당 영업자가 직접검사를 실시하는 것이 부적합한 경우 자가품질 위탁검사기관에 위탁하여 검사할 수 있다.

(3) 자가품질검사 기록서는 2년간 보관하여야 한다.

(4) 주문자 상표 부착식품등을 수입할 때에도 자가품질검사를 실시하고 그 기록을 2년간 보관하여야 한다.

자가품질검사 대상 영업자

- 식품제조 · 가공업자

- 즉석식품제조 · 가공업자

- 식품첨가물제조업자

- 용기 · 포장류 제조업자

- 주문자상표부착식품등을 수입, 판매하는 영업자

- 기구류 제조 영업자(자율대상)

---

2. 제조물 책임법

1) 목적

이 법은 제조물의 결함으로 발생한 손해에 대한 제조업자 등의 손해배상책임을 규정함으로써 피해자 보호를 도모하고 국민생활의 안전 향상과 국민경제의 건전한 발전에 이바지함을 목적으로 한다.

2) 정의

물품을 제조하거나 가공한 자에게 그 물품의 결함으로 인해 발생한 생명 · 신체의 손상 또는 재산상의 손해에 대하여 무과실책임의 손해배상의무를 가지고 있는 법률이다.

3) 제조물 책임법 용어

(1) 제조물

"제조물"이란 제조되거나 가공된 동산(다른 동산이나 부동산의 일부를 구성하는 경우를 포함한다)을 말한다.

(2) 결함

"결함"이란 해당 제조물에 다음 각 목의 어느 항목에 해당하는 제조상, 설계상 또는 표시상의 결함이 있거나 그 밖에 통상적으로 기대할 수 있는 안전성이 결여되어 있는 것을 말한다.

표시상의 결함	제조업자가 합리적인 설명·지시·경고 또는 그 밖의 표시를 하였더라면 해당 제조물에 의하여 발생할 수 있는 피해나 위험을 줄이거나 피할 수 있었음에도 이를 하지 아니한 경우를 말한다.
제조상의 결함	제조업자가 제조물에 대하여 제조상·가공상의 주의의무를 이행하였는지에 관계없이 제조물이 원래 의도한 설계와 다르게 제조·가공됨으로써 안전하지 못하게 된 경우를 말한다.
설계상의 결함	제조업자가 합리적인 대체설계를 채용하였더라면 피해나 위험을 줄이거나 피할 수 있었음에도 대체설계를 채용하지 아니하여 해당 제조물이 안전하지 못하게 된 경우를 말한다.

01 식중독 환자를 진단한 의사 또는 한의사가 지체 없이 보고해야 하는 대상은?

① 관할 특별자치시장 · 시장 · 군수 · 구청장
② 관할 보건소장
③ 식품의약품안전처장
④ 보건복지부장관

02 식품위생법에서 영업을 하려는 자가 받아야 하는 식품위생에 관한 교육시간은?

① 식품운반업 − 8시간
② 식품제조 · 가공업 − 6시간
③ 집단급식소를 설치 · 운영하려는 자 − 8시간
④ 식품접객업 − 6시간

03 식품위생법에서 허가를 받아야 하는 영업으로 옳은 것은?

① 식품제조 · 가공업, 식품첨가물제조업
② 단란주점영업, 식품조사처리업
③ 휴게음식점영업, 일반음식점영업
④ 식품첨가물제조업, 단란주점영업

04 식품위생법상 허위표시에 해당되지 않는 것은?

① 제조방법에 관하여 연구하여 식품학 · 영양학 등의 분야에서 공인된 사항
② 질병의 치료에 효능이 있다는 내용의 의약품으로 혼동할 우려가 있는 내용의 표시
③ "인증" · "보증" 또는 "추천"을 받았다는 내용
④ 심의받은 내용과 다른 내용의 표시

05 다음 중 영양사를 두지 않아도 되는 집단급식소는?

① 국가 · 지방자치단체
② 학교 · 병원 · 사회복지시설
③ 보건복지가족부장관이 기정 · 고시하는 기관
④ 조리사가 영양사 면허가 있는 급식소

✓ **정답**

| 01 | ① | 02 | ④ | 03 | ② | 04 | ① | 05 | ④ |

1. 공중보건의 개념

1) 공중보건의 정의

공중보건의 정의	질병을 예방하고, 생명을 연장하며 육체적, 정신적 효율을 증진시키는 기술과 과학이다.
WHO 건강(Health)의 정의	"단순한 질병이나 허약의 부재상태만이 아니라, 육체적, 정신적, 사회적 안녕의 완전한 상태"를 말한다. • 주요 기능 국제적인 보건사업의 지휘 및 조정 회원국에 대한 기술지원 및 자료공급 전문가 파견에 의한 기술 자문활동

2) 공중보건의 대상

개인이 아닌 지역사회, 더 나아가 국민 전체를 대상으로 한다.(최소단위 = 시, 군, 구)

(1) 공중보건의 평가지표

세계보건기구(WHO)에서는 한 나라의 보건수준을 나타내는 건강지표로 평균수명, 조사망률, 비례사망지수를 제시하고 있으며, 대표적인 보건수준을 나타내는 지표는 영아사망률이다. 그 외에 모성사망률, 질병이환율, 사인별 사망률 등이 있다.

> **영아의 정의**
>
> 생후 12개월 미만의 아기

2. 환경위생 및 환경오염관리

1) 환경위생의 목표

(1) 환경위생의 목표는 인간을 둘러싸고 있는 환경을 조성, 개선하여 쾌적하고 건강한 생활을 영위할 수 있게 하는 데 있다.

(2) 생활환경

자연환경	기후(기온 · 기습 · 기류 · 일광 · 기압), 공기, 물 등
인위적 환경	채광, 조명, 환기, 냉난방, 상하수도, 오물처리, 곤충의 구제, 공해
사회적 환경	교통, 인구, 종교

2) 자연환경

(1) 일광

자외선	• 파장이 가장 짧다. • 살균력이 250∼280nm(2500∼2800 Å)에서 가장 강함 　(공기, 물, 식기 등 소독, 기생충, 결핵균, 디프테리아균 사멸) • 도르노선(건강선) : 290∼320nm(2900∼3200Å)일 때 사람에게 유익한 작용 • 구루병, 관절염 치료에 효과(비타민 D 형성) • 피부색소 침착, 피부암 등의 유발
가시광선	• 인간에게 색채와 명암을 부여
적외선	• 파장이 가장 길다. • 지상에 열을 주어 기온을 좌우함(열선) • 일사병과 백내장 등 유발

■ **파장의 단파순** : 자외선 > 가시광선 > 적외선

(2) 온열환경

기온(온도)	• 지상 1.5m에서의 건구온도 • 쾌적온도 : 18±2℃
기습(습도)	• 쾌적한 습도 : 40∼70%
기류(공기의 흐름)	• 초당 이동하는 바람의 움직임 • 쾌적기류 : 1m/sec

감각온도의 3요소	• 기온, 기습, 기류
온열조건(인자)	• 기온, 기습, 기류, 복사열
기온역전현상	• 상부기온이 하부기온보다 높을 때를 말하며 대기오염이 심할 때 나타남 • **대기오염 − 스모그** : 매연과 안개가 혼합
불감기류	• 바람이 부는 것을 감지하지 못하는 것을 의미한다.(0.2~0.5m/sec) • **카타온도계** : 체감을 기준으로 더위나 추위를 측정하는 온도계로 불감기류 같은 미풍을 측정하는 데 이용

(3) 공기

공기 조성		• 공기는 물, 음식 등과 함께 인간생명 유지를 위한 기본 요소 • 공기는 질소(N_2) 78%, 산소(O_2) 21%, 아르곤(Ar) 0.9%, 이산화탄소(CO_2) 0.03%, 기타 원소 0.07%가 함유
공기 오염도에 따른 변화	산소(O_2)	• 대기 중 산소의 양이 약 21% • **산소의 양이 10% 이하** : 호흡곤란 • **산소의 양이 7% 이하** : 질식사
	이산화탄소 (CO_2)	• 실내공기 오염의 지표로 이용 • 위생학적 허용한계는 0.1%(= 1,000ppm)
	일산화탄소 (CO)	• 물체의 불완전 연소 시에 발생하는 무색, 무취, 무미, 무자극성 기체로 맹독성 • 혈액 속의 헤모글로빈(Hb)과의 친화력이 산소(O_2)보다 250~300배나 강하여 조직 내 산소 결핍증을 초래
	아황산가스 (SO_2)	• 중유 연소과정에서 다량 발생하는 자극성 가스로 도시 공해의 주범 • 실외 공기오염(대기오염)의 지표
	질소(N_2)	• 고압 환경에서 잠함병, 저압 환경에서는 고산병을 유발

ppm이란?

ppm(part(s) per million) : 100만분의 1(1/1,000,000)을 표시하는 것으로 0.0001% = 1ppm

■ 공기의 자정작용

• 기류에 의한 공기 자체의 희석작용

• 비, 눈에 의한 세정작용

• 산소(O_2), 오존(O_3), 과산화수소(H_2O_2) 등에 의한 산화작용

• 일광(자외선)에 의한 살균작용

• 식물에 의한 탄소동화작용(O_2와 CO_2의 교환작용)

■ 군집독

다수인이 밀집한 곳의 실내공기는 화학적 조성이나 물리적 조성의 변화로 인하여 불쾌감, 두통, 권태, 현기증, 구토 등의 생리적 이상을 일으키는데, 이러한 현상을 군집독이라 한다.

그 원인은 산소부족, 이산화탄소 증가, 고온, 고습, 기류 상태에서 유해가스 및 취기 등에 의해 복합적으로 발생한다.

(4) 물

물은 인체의 주요 구성 성분으로서 체중의 약 2/3(체중의 60~70%)를 차지하고 있다.

성인 하루 필요량은 2~2.5L이며 인체 내 물의 10%를 상실하면 신체기능에 이상이 오고, 20%를 상실하면 생명이 위험하다.

수인성 감염병	• 수인성 감염병은 물을 통해 감염되는 질병 • **질병** : 장티푸스, 파라티푸스, 세균성 이질, 콜레라, 아메바성 이질 • 환자 발생이 폭발적 • 음료수 사용지역과 유행지역이 일치 • 치명률이 낮고, 2차 감염환자의 발생이 거의 없음 • 계절과 관계없이 발생 • 성, 연령, 직업, 생활수준에 따라 발생빈도의 차이가 없음
물과 기타 질병	• **우치** : 불소가 없거나 적게 함유된 물을 장기 음용 시 • **반상치** : 불소가 과다하게 함유된 물을 장기 음용 시 • **청색아(Blue baby)** : 질산염이 함유된 물의 장기 음용 시 소아가 청색증에 걸려 사망

■ 음용수의 수질기준

• 무색, 투명하고 색도 5도, 탁도 2도 이하일 것

• 대장균은 50ml 중에 검출되지 아니할 것

• 일반세균은 1ml 중 100을 넘지 않을 것

• 질산성 질소 10mg/L를 넘지 않을 것

• 불소 : 1.5mg/L를 넘지 아니할 것

• 수소이온농도 : pH 5.8~8.5일 것

■ 물의 소독

- **물리적 소독** : 자비(열탕), 자외선, 오존법(O_3)
- **화학적 소독** : 염소(수도), 표백분(우물)

(5) 채광, 조명

채광	• 태양광선을 이용하는 자연조명 • 창의 방향은 남향으로 하는 것이 좋다. • 창의 면적은 벽 면적의 70% 이상, 바닥 면적의 1/5~1/7 이상이 적당하다. • 창의 높이가 높을수록 좋다.	
조명	• 인공 광을 이용한 것으로 인공조명이라 한다. • 설치방법에 따라 간접조명, 반간접조명, 직접조명으로 구분된다. • 눈 보호를 위해 간접조명이 적당하다.	
	인공조명 시 고려할 점	• 폭발, 화재의 위험이 없어야 한다. • 취급하기 간단하고, 가격이 저렴하여야 한다. • 조명도는 균일한 것이어야 한다. • 조명색은 주광색이어야 한다 • 유해가스가 발생되지 않아야 한다.
	부적당한 조명에 의한 피해	• 조도가 낮을 때 가성근시, 눈부심이 심할 때 안정피로를 일으킨다. • 부적당한 조명에서는 안구진탕증을 일으킨다. • 과도한 조명 시 전광성 안염, 백내장을 일으킨다. • 이 밖의 작업능률 저하 및 재해가 발생한다.

(6) 환기

자연환기	• 출입문, 창 등으로 환기 • 실내외의 온도차 · 풍력 · 기체의 확산에 의해 이루어진다. • 중성대는 천장 가까이 있는 것이 좋다.
인공환기	• 환풍기, 후드장치, 덕트 등을 이용한 환기 • 조리장은 가열조작과 수증기 때문에 고온 다습하므로 1시간에 2~3회 정도의 환기가 필요하다. • 환기창은 5% 이상으로 한다.

(7) 냉난방

냉방	• 실내온도 26℃ 이상 시 필요 • 실내외의 온도차는 5~7℃ 이내로 유지
난방	• 실내온도 10℃ 이하 시 필요

(8) 상하수도

상수도	• **상수처리과정** : 침사 → 침전 → 여과(폭기) → 소독 → 급수 • 염소소독을 사용하며 이때 잔류 염소량은 0.2ppm을 유지 　단 수영장, 제빙용수, 감염병 발생 시는 0.4ppm을 유지 　－ **완속사여과법** : 물을 모래층에 천천히 통과하도록 하여 불순물을 제거시키는 방법 　－ **급속사여과법** : 도시급수에 사용하며 빠른 속도로 응집제(황산알루미늄)를 사용하여 불순물을 　　　　　　　제거시키는 방법
하수도	• **종류** : 합류식, 분류식, 혼합식 　－ **합류식** : 인간용수(가정하수, 공장폐수)와 천수(눈, 비)를 모두 함께 처리하는 방법 　　　　　장점은 수리가 편하며 시설비가 저렴하고 하수관 자연청소가 가능 　－ **분류식** : 천수를 별도로 운반하는 구조 　－ **혼합식** : 천수와 사용수의 일부를 함께 운반하는 구조 • **하수 처리과정** : 예비처리 → 본처리 → 오니처리 　－ **예비처리** : 하수 유입구의 제진망을 설치하여 부유물, 고형물을 제거하고 토사 등을 침전 　－ **본처리** : 호기성 처리에는 활성오니법(활성슬러지법), 살수여상법 등 　　　　　혐기성 처리에는 부패조법, 임호프 탱크법 　－ **오니처리** : 비료화법, 소각법 등

■ 하수의 위생 측정

생물화학적 산소요구량(BOD)의 측정	BOD 수치가 높으면 하수오염도가 높다. BOD요구량은 20ppm 이하여야 한다. BOD측정은 20℃에서 5일간 한다.
용존산소량(DO)의 측정	DO 수치가 높으면 하수 오염도가 낮다. DO 산소량은 4~5ppm 이상이어야 한다.
화학적 산소요구량(COD)의 측정	COD 수치가 높으면 하수오염도가 높다. COD 5ppm 이하여야 한다. 물속에 유기물질이 산화세에 의해 산화될 때 소비되는 산소의 양
부영양화	강이나 호수 및 바다 등으로 생활하수나 가축의 분뇨 등이 유입되어서 물속에 질소나 인과 같은 영양염류가 풍부해진 상태를 의미한다.

(9) 오물처리

－ **분뇨처리** : 감염병이나 기생충 질환을 일으킬 수 있다.

－ **진개(쓰레기)의 처리**

• 진개는 가정에서 나오는 주개(부엌에서 나오는 진개) 및 잡개와 공장 및 공공건물의 진개

• 가정의 진개는 주개와 잡개를 분리·처리하는 2분법 처리가 좋고, 매립법, 비료화법, 소

각법 등이 있다.

매립법	도시에서 많이 사용하는 방법으로 쓰레기를 땅속에 묻고 흙으로 덮는 방법으로 진개의 두께는 2m를 초과하지 말아야 한다.(복토는 60cm~1m가 적당)
소각법	가장 위생적인 방법이지만 대기오염 발생의 원인이 될 우려가 있다. 불완전 연소가 되면 발암물질인 다이옥신이 발생한다.
비료화법	유기물이 많은 쓰레기를 발효시켜 비료로 이용한다.(가장 친환경적인 방법)

(10) 구충, 구서의 일반적인 원칙

- 발생원인, 서식처를 제거한다.(가장 근본적인 대책)
- 구충 · 구서는 발생 초기에 실시한다.
- 구제 대상인 동물의 생태, 습성에 맞추어 실시한다.
- 광범위하게 동시에 실시한다.

■ 위생해충의 종류와 구제방법

파리	• **질병** : 장티푸스, 파라티푸스, 이질, 콜레라, 식중독 • **구제방법** : 진개 및 오물의 완전 처리 　　　　　　화학적 구제법으로 살충제의 분무법
모기	• **질병** : 말라리아(중국얼룩날개모기), 일본뇌염(작은빨간집모기), 사상충증(토고숲모기) 　　　　황열, 뎅기열 • **구제방법** : 발생근원지나 장기간 고여 있는 물 정체를 방지
이 · 벼룩	• **질병** : 페스트, 발진티푸스, 재귀열 • **구제방법** : 의복, 침실, 침구류 일광소독, 쥐의 구제, 살충제나 훈증소독법
바퀴	• **질병** : 이질, 콜레라, 장티푸스, 살모넬라, 소아마비 • **구제방법** : 청결, 각종 살충제 및 붕산에 의한 독이법 • **습성** : 잡식성, 야간활동성, 군서성(집단서식)
진드기	• **질병** : 쯔쯔가무시병, 재귀열, 양충병, 옴 • **구제방법** : 냉장, 방습, 밀봉포장, 살충제
쥐	• **질병** : 세균성 질병(페스트, 와일씨병, 서교증, 살모넬라 등), 리케차성 질병(발진열), 바이러스 질병(유행성 출혈열) 등 • **구제방법** : 방충망, 방서망, 훈증법, 서식처 제거

(11) 공해

대기오염	• **대기오염물질** : 아황산가스, 일산화탄소, 질소산화물, 옥시탄트, 분진 • **대기오염에 의한 피해** : 호흡기계 질병 유발, 식물의 고사, 물질의 변질과 부식, 자연환경의 악화, 경제적 손실
수질오염	• **수질오염원** : 농업, 공업, 광업, 도시 하수 등 • **수질오염물질** : 카드뮴, 유기수은, 시안, 농약, PCB(폴리염화비닐) • **수질오염에 의한 피해** : 카드뮴중독, 수은중독, 미강유(PCB)중독, 식물의 고사, 어류의 사멸, 상수원의 오염
소음	• **소음에 의한 장애** : 수면방해, 불안증, 두통, 작업방해, 식욕감퇴, 정신적 불안정 • **소음 측정단위** : 데시벨(dB) – 1일 8시간 기준 90dB 넘으면 안 된다. • 산업현장에서 직업성 난청을 조기 발견할 수 있는 주파수 4,000~6,000Hz • **소음 측정기준** : 음압(음의 강도)

(12) 직업병의 원인별 분류

고열환경	열중증(열경련증, 열허탈증, 열쇠약증)
고압환경	잠함병(잠수병)
저압환경	고산병, 항공병
저온환경	참호족염, 동상, 동창
분진	진폐증(먼지), 석면폐증(석면), 규폐증(유리규산), 활석폐증(활석)
진동	레이노드병
방사선	조혈기능장애, 백내장, 백혈병, 암 발생, 불임

3. 역학 및 감염병 관리

1) 역학의 정의

인간집단 내에서 일어나는 질병의 원인을 관찰하고, 그와 관련된 원인을 규명하여 그 질병을 관리 예방하는 것을 목적으로 하는 학문이다.

2) 역학의 목적

(1) 질병의 예방을 위해 질병발생의 병인 및 요인 규명

(2) 질병의 측정과 유행발생의 감시역할

(3) 질병의 자연사 연구

(4) 보건의료의 기획과 평가를 위한 자료제공

(5) 임상연구에서의 활용

3) 감염병 발생의 3대 요인

병원체 (전염원)	• 질적 · 양적으로 질병을 일으킬 수 있는 직접원인 • 세균, 바이러스, 리케차, 기생충 등
환경 (전염경로)	• 감염원으로부터 병원체가 전파되는 과정 • 직접 · 간접 전파
숙주 (감수성)	• 병원체의 새로운 숙주에의 침입 • 숙주의 감수성과 면역성

4) 감염병의 종류

(1) 병원체에 따른 감염병의 분류

① **바이러스** : 홍역, 급성회백수염(소아마비, 폴리오), 인플루엔자, 천연두, 간염, 뇌염, 풍진, 광견병(공수병), 유행성이하선염

② **리케차** : 발진티푸스, 발진열, 양충병

③ **세균** : 콜레라, 장티푸스, 파라티푸스, 이질, 결핵, 백일해, 성홍열, 디프테리아, 페스트, 유행성뇌척수막염, 파상풍, 폐렴, 나병

(2) 인체 침입구에 따른 감염병의 분류

① **호흡기계 침입** : 환자나 보균자의 객담, 콧물 등으로 감염, 공기전파 및 진애에 의한 감염
  예) 디프테리아, 백일해, 결핵, 폐렴, 인플루엔자, 두창, 홍역, 수두, 풍진 등

② **소화기계 침입** : 병원체가 환자나 병원체 보유자의 분변으로 배설되어 일정조건하에 외부에서 생존하여 음식물이나 식수에 오염되어 경구 침입됨
  예) 콜레라, 이질(세균성, 아메바성), 장티푸스, 파라티푸스, 폴리오, 유행성간염 등

③ **경피 침입** : 병원체의 피부접촉에 의해 체내에 침입, 상처를 통한 감염, 동물에 쏘이거나

물려서 병원체 침입

(3) 감염병의 감염경로

직접접촉감염		매독, 임질
간접접촉감염	비말 감염	환자, 보균자의 기침, 재채기, 담화 시 튀어나오는 비말에 병원균이 함유되어 감염 예) 인플루엔자, 성홍열, 디프테리아
	진애 감염	병원체가 붙어 있는 먼지를 흡입하여 감염 예) 결핵, 천연두, 디프테리아
개달물감염		결핵, 트리코마, 천연두

■ 법정감염병

분류	정의 및 종류
제1급 감염병	생물 테러 감염병 또는 치명률이 높거나 집단 발생 우려가 커서 발생 또는 유행 즉시 신고하고 음압격리가 필요한 감염병
	에볼라바이러스병, 마버그열, 라싸열, 크리미안콩고 출혈열, 남아메리카 출혈열, 리프트밸리열, 두창, 페스트, 탄저, 보툴리눔독소증, 야토병, 신종감염병증후군, 중증급성호흡기증후군(SARS), 중동호흡기증후군, 동물인플루엔자, 인체감염증, 신종인플루엔자, 디프테리아
제2급 감염병	전파가능성을 고려하여 발생 또는 유행 시 24시간 이내에 신고하고 격리가 필요한 감염병
	결핵, 수두, 홍역, 콜레라, 장티푸스, 파라티푸스, 세균성이질, 장출혈성대장균 감염증, A형간염, 백일해, 유행성이하선염, 풍진, 폴리오, 수막구균 감염증, b형헤모필루스, 인플루엔자, 폐렴구균 감염증, 한센병, 성홍열, 반코마이신내성황색포도알균(VRSA)감염증, 카바페넴내성장내세균속 균종(CRE)감염증
제3급 감염병	발생 또는 유행 시 24시간 이내에 신고하고 발생을 계속 감시할 필요가 있는 감염병
	파상풍, B형간염, 일본뇌염, C형간염, 말라리아, 레지오넬라증, 비브리오패혈증, 발진티푸스, 발진열, 쯔쯔가무시증, 렙토스피라증, 브루셀라증, 공수병, 신증후군출혈열, 후천성면역결핍증(AIDS), 크로이츠펠트-야콥병(CJD) 및 변종크로이츠펠트-야콥병, 황열, 뎅기열, 큐열, 웨스트나일열, 라임병, 진드기매개뇌염, 유비저, 치쿤구니야열, 중증열성혈소판감소증후군(SFTS), 지카바이러스 감염증
제4급 감염병	제1급~제3급 감염병 외에 유행 여부를 조사하기 위해 표본감시활동이 필요한 감염병
제4급 감염병	인플루엔자, 매독, 회충증, 편충증, 요충증, 간흡충증, 폐흡충증, 장흡충증, 수족구병, 임질, 클라미디아감염증, 연성하감, 성기단순포진, 첨규콘딜롬, 반코마이신내성장알균(VRE) 감염증, 메티실린내성황색포도알균(MRSA) 감염증, 다제내성녹농균(MRPA) 감염증, 다제내성아시네토박터바우마니균(MRAB) 감염증, 장관감염증, 급성호흡기감염증, 해외유입기생충감염증, 엔테로바이러스감염증, 사람유두종바이러스감염증

5) 우리나라 검역감염병의 종류

콜레라, 페스트, 황열, 중증급성호흡기증후군, 조류인플레인자 인체 감염증, 신종인플루엔자 감염증 등 외국에서 발생하여 국내로 들어올 우려가 있거나 우리나라에서 발생하여 외국으로 번질 우려가 있어서 보건복지부장관이 긴급 검역조치가 필요하다고 인정하여 고시하는 감염병

6) 감염병의 예방대책

(1) 환자, 보균자 대책

환자, 보균자 조기 발견 격리 및 치료로 감염병 전파 차단

(2) 역학조사

발생규모 파악, 감염원 추적관리, 원인규명 파악

(3) 면역의 종류

선천면역			종속면역, 인종면역, 개인차 특이성
후천면역	능동면역	자연능동면역	질병 감염 후 획득된 면역 예) 홍역, 폴리오, 수두, 유행성이하선염
		인공능동면역	예방접종으로 획득한 면역 예) 결핵, 폴리오, 파상풍
	수동면역	자연수동면역	모체로부터 얻는 면역
		인공수동면역	혈청제제의 접종으로 획득되는 면역

(4) 감수성대책

– 면역증강 및 예방접종으로 저항력을 증진시킨다.

	연령	정의 및 종류
기본접종	4주 이내	BCG
	2, 4, 6개월	경구용소아마비, DPT
	15개월	홍역, 볼거리, 풍진
	3~15세	일본뇌염
추가접종	18개월, 4~6세, 11~13세	경구용소아마비, DPT
	매년	유행 전 접종(독감)

– 면역이 형성되지 않는 질병 : 이질, 매독 등

7) 인수공통감염병

병명	매개동물	병명	매개동물
결핵	소	탄저	양, 소, 말
살모넬라. 돈단독, 선모충, Q열	돼지	공수병(광견병)	개
페스트	쥐	야토병	쥐, 토끼, 다람쥐
브루셀라	소, 양, 돼지		

01 국가 간 혹은 지역사회 간의 보건수준을 비교하는 데 사용되는 지표로 **틀린** 것은?

① 영아사망률   ② 조사망률

③ 질병이환율   ④ 출산율

02 백신예방 접종을 통하여 얻어지는 면역은?

① 인공수동면역   ② 인공능동면역

③ 자연능동면역   ④ 자연수동면역

03 수질오염의 지표 중 수치가 높을 때 좋은 수질을 나타내는 것은?

① 용존산소(DO)

② 화학적산소요구량(COD)

③ 부유물질(SS)

④ 용해성 물질(SM)

04 군집독에 대한 설명으로 **틀린** 것은?

① 다수인이 밀집한 실내공기의 물리적 · 화학적 조성의 변화이다.

② CO_2와 O_2는 감소하고 악취는 증가한다.

③ 불쾌감, 두통, 현기증, 구토를 유발한다.

④ 군집독의 예방으로 가장 중요한 것은 환기이다.

05 병원체가 바이러스에 의한 감염병이 **아닌** 것은?

① 홍역   ② 일본뇌염

③ 장티푸스   ④ 유행성간염

✓ 정답

| 01 | ④ | 02 | ② | 03 | ① | 04 | ② | 05 | ③ |

PART 2

일식 안전관리

Chapter 1 **개인 안전관리** ┄┄┄┄┄┄┄┄┄┄┄┄┄┄┄┄┄┄┄┄┄┄

1. 개인 안전사고 예방 및 사후조치

1) 안전사고 예방을 위한 개인 안전관리대책

(1) 위험도 경감의 원칙

① 사고발생 예방과 피해 심각도의 억제에 있다.

② 핵심요소는 위험요인 제거, 위험 발생 경감, 사고피해 경감을 염두에 둔다.

③ 위험도 경감은 사람, 절차, 장비의 3가지 시스템의 구성요소를 고려한다.

(2) 안전사고 예방과정

① **위험요인 제거**

② **위험요인 차단** : 안전방벽을 설치한다.

③ **예방 · 교정** : 안전사고를 초래할 수 있는 오류(인적 · 기술적 · 조직적)를 예방하고 교정한다.

④ **제한(심각도)** : 재발방지를 위하여 대응 및 개선 조치를 취한다.

(3) 재난의 원인 및 개인 안전관리 점검

재난의 원인요소 : 인간(man), 기계(machine), 매체(media), 관리(management) 등

구분	점검내용(재난의 원인)	
인간(Man)	심리적 원인	망각, 걱정거리, 무의식행동, 위험감각, 억측판단, 착오 등
	생리적 원인	피로, 수면부족, 신체기능, 알코올, 질병, 나이 먹는 것 등
	직장적 원인	직장의 인간관계, 리더십, 팀워크, 커뮤니케이션 등
기계(Machine)	– 기계 · 설비의 설계상의 결함 – 안전의식의 부족 – 점검정비의 부족	– 위험방호의 불량 – 표준화의 부족
매체(Media)	– 작업정보의 부적절 – 작업방법의 부적절 – 작업환경 조건의 불량	– 작업자세, 작업동작의 결함 – 작업공간의 불량
관리 (Management)	– 관리조직의 결함 – 안전관리 계획의 불량 – 부하에 대한 지도 · 감독 부족 – 건강관리의 불량 등	– 규정 · 매뉴얼의 구비 미비 – 교육 · 훈련 부족 – 적성배치의 불충분

2) 개인안전사고 예방

(1) 사고의 원인이 되는 물적 결함상태 조사

(2) 개인의 불안전한 행동 조사

(3) 안전교육

– **목적** : 인간의 존엄성에 대한 인식, 안전한 생활습관 형성, 불의의 사고 예방

(4) 응급조치 교육계획의 수립

– 응급상황 발생 시 5분이 매우 중요하고, 심각한 외상 발생 시 최초 1시간이 생명과 직결되기 때문에 응급상황이 발생한 현장에서 응급조치자가 어떠한 판단을 하고 행동하는가는 더욱 중요하다. 현장에서의 응급조치는 환자의 사망률을 현저하게 감소시킨다.

① 행동하기 전에 마음을 평안하게 하고 내가 할 수 있는 것과 도울 수 있는 행동계획을 세운다.

② 응급상황이 발생하면 현장상황이 먼저 안전한가를 확인한다.

③ 무엇을 해야 하고 무엇을 하지 말아야 할 것인지 인지한다.

④ 현장상황을 파악한 후 전문 의료기관(119)에 전화하여 응급상황을 알린다.

⑤ 신고 후 응급환자에게 응급처치를 시행하고 전문 의료원이 도착할 때까지 환자를 지속적으로 돌본다.

응급처치 시 꼭 지켜야 할 사항

- 응급처치 현장에서 자신의 안전을 확인한다.

- 환자에게 자신의 신분을 밝힌다.

- 최초로 응급환자를 발견하고 응급처치를 시행하기 전 환자의 생사유무를 판정하지 않는다.

- 응급환자를 처치할 때 원칙적으로 의약품을 사용하지 않는다.

- 응급환자에 대한 처치는 어디까지나 응급처치로 그치고 전문 의료요원의 처치에 맡긴다.

---

2. 작업 안전관리

1) 주방 내 안전사고 유형

구분	점검내용(재난의 원인)
인적 요인	정서적 요인　예) 신경질, 지식 및 기능부족, 시력 또는 청력, 각종 질환 등 행동적 요인　예) 무모한 행동, 미숙한 작업방법, 점검소홀 등 생리적 요인　예) 피로로 인한 심적 태도, 신체동작 통제불능 등의 생리현상
물적 요인	각종 기계, 장비 또는 시설물에서 오는 요인 예) 자재불량, 결함, 안전장치 미비, 시설물의 노후화 등
환경적 요인	불안전한 환경적 요인 예) 부적절한 설계, 불안전한 복장, 고열, 가스누출, 누전 등

2) 주방 내 재해 유형

(1) 절단, 찔림과 베임

(2) 화상과 데임

(3) 미끄러짐

(4) 끼임

(5) 전기감전 및 누전

3) 재해 발생의 원인

재해사고는 시간적 경로상에서 나타나는 것이기 때문에 시간적인 과정에서 본다면 구성요소의 연쇄반응현상이라고도 말한다.

(1) 구성요소의 연쇄반응

① 사회적 환경과 유전적 요소

② 개인적인 성격의 결함

③ 불안전한 행위와 불안전한 환경 및 조건

(2) 재해 발생의 원인

① 부적합한 지식

② 부적절한 태도의 습관

③ 불안전한 행동

④ 불충분한 기술

⑤ 위험한 환경

01 다음 위험도 경감의 원칙 중 <u>틀린</u> 것은?

① 사고발생 예방과 피해 심각도의 억제

② 위험도 경감전략의 핵심요소는 위험요인 제거, 위험 발생 경감, 사고피해 경감이다.

③ 사람, 절차 및 장비의 3가지 시스템 구성 요소를 통한 다양한 위험도 경감 접근법을 검토

④ 사고피해 치료의 원칙

02 재난의 원인요소가 <u>아닌</u> 것을 고르시오.

① 인간(man)　　② 기계(machine)

③ 매체(media)　　④ 재료(material)

03 재해 발생의 원인이 <u>아닌</u> 것은 무엇인가?

① 부적합한 지식

② 부적절한 태도의 습관

③ 불안전한 행동

④ 종업원의 건강

04 안전교육의 목적으로 옳지 <u>않은</u> 것은?

① 불의의 사고가 발생했을 경우 사후조치를 위해

② 인간생명의 존엄성을 인식시키기 위해

③ 개인과 집단의 안전성을 발달시키기 위해

④ 안전한 생활 습관을 형성하기 위해

05 응급처치 시 꼭 지켜야 할 사항이 <u>아닌</u> 것은?

① 응급처치 현장에서의 자신의 안전을 확인한다.

② 환자에게 자신의 신분을 밝힌다.

③ 최초로 응급환자를 발견하고 응급처치를 시행하기 전 환자의 생사유무를 판정하지 않는다.

④ 응급환자를 처치할 때 필요한 의약품을 사용하여 상태악화를 방지한다.

✓ 정답

| 01 | ④ | 02 | ④ | 03 | ④ | 04 | ① | 05 | ④ |

1. 조리장비·도구 안전관리 지침

1) 조리장비·도구의 관리원칙

(1) 조리장비와 도구는 사용방법과 기능을 충분히 숙지하고 전문가의 지시에 따라 정확히 사용한다.

(2) 장비의 사용용도 이외에는 사용하지 않도록 유의한다.

(3) 장비나 도구에 무리가 가지 않도록 유의한다.

(4) 장비나 도구에 이상이 있을 경우 즉시 사용을 중지하고 적절히 조치한다.

(5) 전기를 사용하는 장비나 도구의 경우 전기 사용량과 사용법을 확인한 후 사용한다.(수분의 접촉 여부)

(6) 사용 도중 모터에 물이나 이물질 등이 들어가지 않도록 항상 유의한다.

2) 안전장비류의 취급관리

(1) 일상점검

– 주방관리자가 매일 조리기구 및 장비를 사용하기 전에 주방 내에서 취급하는 기계, 기구, 전기, 가스 등의 이상 여부와 보호구의 관리실태 등을 점검하고 그 결과를 기록·유지하도록 하는 것을 말한다.

(2) 정기점검

– 안전관리책임자는 조리작업에 사용되는 기계, 기구, 전기, 가스 등의 설비기능 이상 여부와 보호구의 성능유지 여부 등에 대해 매년 1회 이상 정기적으로 점검을 실시하고 그 결과를 기록·유지하여야 한다.

(3) 긴급점검

– 관리주체가 필요하다고 판단될 때 실시하는 정밀점검 수준의 안전점검이다.

① **손상점검** : 재해나 사고에 의해 비롯된 구조적 손상 등에 대하여 긴급히 시행하는 점검으로, 필요한 경우 안전성 평가를 실시하여야 한다.

② **특별점검** : 특별점검은 결함이 의심되는 경우나, 사용제한 중인 시설물의 사용 여부 등을 판단하기 위해 실시하는 점검으로, 점검시기는 결함의 심각성을 고려하여 결정한다.

3) 조리 장비·도구 이상 유무 점검방법

장비명	용도	점검방법
식품절단기	각종 식재료를 필요한 형태로 썰 수 있는 장비	• 전원 차단 후 기계를 분해하여 중성세제와 미온수로 세척 확인 • 건조 후 조립 및 작동 이상 여부 확인
튀김기	튀김 조리에 이용	• 기름을 식힌 후 다른 용기에 기름을 받은 뒤 세제로 세척 • 온수로 깨끗이 씻어낸 후 마른걸레로 물기 제거 • 받아둔 기름 유조에 붓고 전원 넣어 사용
제빙기	얼음을 만들어내는 기계	• 전원을 차단하고 뜨거운 물로 제빙기 내부를 녹였는지 확인 • 중성세제로 세척 후 마른걸레로 닦아 20분 정도 지난 후 작동
식기세척기	각종 기물을 짧은 시간 안에 대량 세척	• 탱크의 물을 빼고 세척제를 사용하여 브러시로 세척 확인
그리들	두꺼운 철판으로 만들어졌으며 볶음 조리에 사용	• 중성세제로 세척 후 마른걸레로 닦아 20분 정도 지난 후 작동

01 주방관리자가 매일 조리기구 및 장비를 사용하기 전에 주방 내에서 취급하는 기계·기구·전기·가스 등의 이상 여부와 보호구의 관리실태 등을 점검하는 점검방법은?

① 일상점검   ② 정기점검

③ 긴급점검   ④ 특별점검

02 조리장비·도구의 관리원칙 중 바르지 <u>않은</u> 것은?

① 조리장비와 도구는 사용방법과 기능을 충분히 숙지하고 전문가의 지시에 따라 정확히 사용

② 장비나 도구의 이상여부는 사고발생 시 철저히 검사한다.

③ 장비의 사용용도 외에 사용하지 않도록 유의

④ 사용 도중 모터에 물이나 이물질 등이 들어가지 않도록 항상 유의

03 조리 장비·도구 이상 유무 점검방법 중 바르지 <u>않은</u> 것을 고르시오.

① 식품절단기 – 전원 차단 후 기계를 분해하여 중성세제와 미온수로 세척 확인

② 육절기 – 전원을 끄고 칼날과 회전봉을 분해하여 중성세제와 미온수로 세척 확인

③ 식기세척기 – 탱크의 물을 채우고 세척제를 사용하여 브러시로 세척 확인

④ 그리들 – 중성세제로 세척 후 마른걸레로 닦아 20분 정도 지난 후 작동

04 조리작업에 사용되는 설비기능 이상 여부와 보호구의 성능유지 여부 등에 대해 실시하는 정기점검은 매년 몇 회 이상 실시해야 하는가?

① 1회   ② 2회

③ 3회   ④ 4회

05 조리용 칼을 사용할 때 위험요소로부터 예방하는 방법으로 맞지 <u>않은</u> 것은?

① 작업용도에 맞게 사용한다.

② 사용이 끝나거나 운반할 때에는 칼집에 넣는다.

③ 칼날을 몸쪽으로 한다.

④ 작업 전 충분한 스트레칭을 한다.

✓ 정답

| 01 | ① | 02 | ② | 03 | ③ | 04 | ① | 05 | ③ |

1. 작업장 환경관리

구분	내용
주방의 작업환경	작업환경 요인은 작업자의 피로, 건강 및 작업태도 등에 영향을 주어 제품과 서비스의 품질 및 생산성을 떨어뜨릴 수 있음 예) 열, 온도, 습도, 광선, 소음 등
주방의 조리환경	주방 내의 조리종사원에게 직간접적으로 영향을 미치는 환경적 요인으로 조리종사원의 근무 의욕과 건강 등에 영향을 끼침 예) 주방의 크기와 규모, 임금 및 후생복지시설 등
주방의 물리적 환경	인적 환경을 제외한 대부분의 시설과 설비를 포함한 주방의 환경 예) 조명시설, 주방 내부의 색깔, 주방의 소음 등

1) 작업환경 안전관리 수행

수행순서	내용
안전관리 지침서를 작성한다.	• 작업환경 안전관리 지침 내용을 구성 (재해 방지를 위한 대책은 직간접적으로 구분된다.)
작업장 주변의 정리정돈을 점검한다.	• 작업장 주위의 통로나 작업장은 항상 청소한 후 작업
	• 사용한 장비 · 도구는 적합한 보관장소에 정리
	• 소도구는 가능한 묶어서 적재 또는 보관
	• 적재물은 사용시기, 용도별로 구분 정리하고, 사용할 것은 하부에 보관
	• 부식 및 발화 가연제 또는 위험물질은 구분하여 보관
작업장의 온 · 습도 관리를 실시한다.	• 주방종사자들은 온도에 민감 (작업장 온도는 겨울에 18~21℃, 여름에 20~22℃ 사이를 유지)
	• 방열에 의한 영향을 방지하기 위해 고열발생 기계 근처의 온도 관리 철저
	• 적정한 상대습도는 40~60% 정도
조명 유지와 미끄럼 및 오염이 발생되지 않도록 한다.	• 조리작업장의 권장 조도는 145~220Lux • 대부분의 작업장은 백열등이나 색깔이 향상된 형광등 사용 • 스테인리스로 된 작업테이블 및 기계와 같은 경우 빛이 반사되어 눈부심 등의 문제를 일으키는 주요인

	• 바닥에 수분이 많거나 정리정돈이 잘 되지 않아 발에 걸려서 미끄러지거나 넘어질 수 있음
	• 합성세제나 부적합한 식품 첨가물로 인한 알러지 등을 조심

2. 작업장 안전관리

1) 작업장의 안전관리 목적

안전관리 인증의 궁극적 목적은 서비스의 품질향상에 있으며, 시설물에 대한 사후 유지관리를 통한 안전관리가 무엇보다 중요하다.

2) 작업장의 안전 및 유지 관리에 대한 기본방향 설정

(1) 작업장 안전 및 유지 관리기준의 정립

안전 점검 및 객관적인 시설물 상태에 대한 평가기준 등

(2) 작업장 안전 및 유지 관리체계의 개선

주방시설의 설계단계부터 안전 및 유지 관리를 위한 기준 등

(3) 작업장 안전 및 유지 관리실행 기반의 조성

주방시설의 설계단계부터 안전 및 유지 관리를 위한 기준 등

3) 주방 내 안전사고 발생 시 대처방법

(1) 작업을 중단하고 관리자에게 즉시 보고한다.

(2) 출혈이 있는 경우 상처부위를 눌러 지혈시키고 출혈부위를 심장보다 높게 한다.

(3) 환자가 움직일 수 있으면, 사고가 발생한 장소로부터 격리한다.

3. 화재예방 및 조치방법

1) 주방 화재예방

(1) 주방은 조리와 관련된 각종 화기와 함께 전기의 사용이 많은 곳이다.

(2) 가스의 이상 유무를 상시 확인한다.

(3) 배기관 주변, 후드 등의 청소상태나 안전상태를 항상 점검한다.

(4) 화기 주변에는 지정된 장소에 소화기가 있는지 확인하고 정기적으로 점검한다.

2) 화재예방의 점검

(1) 화재 위험성이 있는 설비 주변은 정기적으로 점검한다.

(2) 지속적, 정기적으로 화재예방에 대한 교육을 실시한다.(소화기 사용법 등)

(3) 기계 및 기기를 점검 및 수리한다.

(4) 전기 사용지역에서 전선이나 물의 접촉이 없도록 한다.

3) 화재의 종류

(1) A급 : 가연성 물질에 발생하는 화재. 연소 후 재가 남는다.

(2) B급 : 가연성 액체와 기체에 발생하는 화재. 연소 후 재가 남지 않는다.

(3) C급 : 전선 · 전기기구 등에 발생하는 전기 화재이다.

(4) D급 : 가연성 금속 및 금속합금 화재이다.

(5) K급 : 주방화재(동식물성 기름)이다.

4) 소화기

화재가 발생하는 등의 비상사태에 사용되며 분사하면 불을 쉽게 끌 수 있는 화학물질이 채워져 있다. 손으로 들고 사용할 수 있으며 조작이 쉬워 화재 초기단계에 사용한다.

물 소화기	• 물을 소화약재로 하는 소화기 • 일반화재(A급) 진화용으로 사용
이산화탄소 소화기	• 이산화탄소를 압축·액화하여 소화약재로 사용하는 소화기 • 대부분의 화재에 모두 사용 가능하나, 질식의 우려가 있어 지하 및 일반 가정에는 비치 및 사용이 금지
분말 소화기	• 분말형태의 소화약재를 사용하는 소화기 • 대부분의 화재에 모두 사용 가능하며 가격이 저렴하여 가장 널리 보급

소화기 사용방법 및 화재예방

- 소화기는 화재 발생장소에서 바람을 등지고 자리를 잡는다.
- 안전핀을 뺀다.
- 호스를 들어 끝을 가연물 쪽을 향해 잡는다.
- 손잡이를 잡아 누른다.
- 가연물을 비로 쓸 듯이 좌우로 흔들어가며 방사한다.
- 소화되면 손잡이를 놓고 확인한다.

소화기 보관 및 점검사항

- 소화기는 가장 잘 보이는 곳에 누구나 쉽게 사용할 수 있도록 보관하는 것이 가장 중요하다.
- 직사광선을 피하고 가스의 압력이 있기 때문에 높은 온도에 보관하는 것은 좋지 않다.
- 물을 자주 사용하는 장소나 습기가 있는 곳을 피해 보관하는 것이 좋다.
- 소화기 내부의 약재가 굳지 않도록 월 1회 정도 뒤집어서 흔들어주면 좋다.
- 축압식 소화기는 압력계 게이지가 초록색에 있는지 수시로 확인한다.

5) 유도등

유도등과 유도표지는 화재 발생 시 해당 소방대상물 내에 있는 수용인원을 안전한 장소로 피난시키기 위하여 설치하는 것으로, 정상상태에서는 상용전원으로 점등되고 정전되었을 때는 비상전원으로 자동 전환되며 다음과 같은 종류가 있다.

【소방대상물별 유도등 및 유도표지의 종류】

구분	내용
무도유흥음식점 · 관람집회 및 운동시설	대형 피난유도등, 통로유도등, 객석유도등
위락시설(무도유흥음식점을 제외한다) 판매 시설 · 관광숙박시설 · 의료시설 · 통신촬영시설 · 전시시설 · 여객자동차터미널 및 화물터미널 · 철도역사 · 공항시설 · 항만시설 및 종합여객시설 · 지하상가	대형 피난구유도등, 통로유도등
다방 · 호텔 · 여관 · 모텔 · 오피스텔 또는 가목 및 나목 외의 지하층 · 무창층 및 11층 이상의 부분	중형 피난구유도등, 통로유도등
다과점 · 여인숙 · 의원 · 노약자시설 · 업무시설 · 종교시설 · 교정시설 · 교육원 · 직업훈련원 · 학원 · 슈퍼마켓 · 대중음식점 · 기원 · 일반목욕장 · 기숙사	소형 피난구유도등, 통로유도등
그 밖의 것	피난구 축광유도표지, 통로 축광유도표지

6) 완강기 사용법

완강기는 고층건물에서 불이 났을 때 몸에 밧줄을 매고 높은 층에서 땅으로 천천히 내려올 수 있게 만든 비상용 기구이다.

(1) 완강기함을 개봉한 후 구성품이 모두 있는지 확인한다.

(2) 완강기의 최대 하중이 얼마인지 숙지해야 한다.

(3) 완강기함에서 속도조절기와 벨트를 꺼낸다.

(4) 지지대를 바깥쪽으로 돌린 후 완강기 후크를 지지대에 걸어준다.

(5) 조임버클을 끝까지 돌려 절대 빠지지 않도록 고정한다.

(6) 밑에 사람이 있는지 확인하고 지지대를 밖으로 향하게 한 후 릴을 던진다.

(7) 패드를 잡고 안전고리를 밖으로 밀어준 다음 몸이 들어갈 수 있게 넓혀준다.

(8) 안전벨트를 위에서 아래로 착용한 다음 안전고리를 안쪽으로 당겨서 조여준다.

(9) 두 팔을 수평으로 벌린 후 하강한다.

7) 가스 안전관리

(1) 가스사고의 원인

폭발성 가스	폭발성 가스의 누출, 착화로 인하여 폭발사고 발생 (아세틸렌, 수소, LPG, LNG 등)
독성가스	독성가스의 누출로 인한 중독 등의 사고 발생 (염소, 염화수소, 암모니아 등)
질식가스	질식가스의 누출로 인한 산소 결핍으로 호흡곤란 사고 발생 (염소 등)

(2) 고압가스 안전관리요령

① 항상 40℃ 이하에서 보관하고 환기를 시킨다.

② 가스 누출을 방지하기 위하여 보관 시 밸브 보호용 캡을 씌운다.

③ 가연성 가스 사용 시 가압설비와 사용설비의 배관에 역화 방지장치를 설치한다.

④ 용기 전도를 방지하기 위하여 전도방지장치를 설치한다.

⑤ 누출에 대비하여 반드시 가스누출감지경보기를 설치한다.

⑥ 가연성 가스와 조연성 가스는 함께 보관하지 말고 가연성 가스 저장소에는 유효한 소화기(분말, CO_2, 할론)를 비치한다.

⑦ 가연성 가스 사용 시 절연 호스나 고무 호스 등을 사용하지 않는다.

⑧ 독성가스의 경우 잔가스를 독자적으로 처리하지 말고 판매업체나 한국가스안전공사 산업가스안전기술지원센터에 의뢰하여 처리한다.

01 작업장 환경관리 중 물리적 환경요인에 해당하지 **않는** 것은?

① 조명시설

② 주방 내부의 색깔

③ 주방의 소음 등

④ 임금

02 작업환경 안전관리 수행순서로 바르지 **않은** 것은?

① 작업장 주위의 위해요소를 분석한다.

② 작업장 주변의 정리정돈을 점검한다.

③ 작업장의 온습도 관리를 실시한다.

④ 조명유지와 미끄럼 및 오염이 발생되지 않도록 한다.

03 다음 중 화재의 종류가 바르게 연결된 것은?

① A급 : 가연성 액체와 기체에 발생하는 화재. 연소 후 재가 남지 않는다.

② K급 : 주방화재(동식물성 기름)

③ C급 : 가연성 금속 및 금속합금 화재

④ D급 : 전선 · 전기기구 등에 발생하는 전기 화재

04 대중음식점의 유도등 설치기준으로 바른 것은?

① 소형 피난구유도등, 통로유도등

② 대형 피난유도등, 통로유도등, 객석유도등

③ 대형 피난구유도등, 통로유도등

④ 중형 피난구유도등, 통로유도등

05 완강기 사용방법 중 **잘못된** 것은?

① 완강기함을 개봉한 후 구성품이 모두 있는지 확인한다.

② 완강기의 최대 하중이 얼마인지 숙지해야 한다.

③ 밑에 사람이 있는지 확인하고 지지대를 밖으로 향하게 한 후 릴을 던진다.

④ 두 손으로 줄을 잡고 하강한다.

✓ 정답

| 01 | ④ | 02 | ① | 03 | ② | 04 | ① | 05 | ④ |

PART **3**

일식 재료관리

Chapter 1 **식품재료의 성분** --------------------------------

영양소
3대 영양소 : 탄수화물, 단백질, 지방
5대 영양소 : 탄수화물, 단백질, 지방, 비타민, 무기질
6대 영양소 : 탄수화물, 단백질, 지방, 비타민, 무기질, 물

1. 수분

종류	• **자유수(유리수)** : 식품 중에 유리상태로 존재하는 물 • **결합수** : 식품 중의 탄수화물이나 단백질 분자의 일부분을 형성하는 물	
자유수와 결합수의 차이점	**자유수(유리수)**	**결합수**
	• 용매로 작용한다. • 미생물 생육이 가능하다. • 건조로 쉽게 분리할 수 있다. • 0℃ 이하에서 동결된다. • 비점과 융점이 높다.	• 용매로 작용하지 않는다. • 미생물 생육이 불가능하다. • 쉽게 건조되지 않는다. • 0℃ 이하에서도 동결되지 않는다. • 유리수보다 밀도가 크다.
기능	영양소의 운반, 노폐물의 제거 및 배설, 체온 · 체액 유지, pH 조절, 삼투압조절을 한다.	

수분활성도 (Aw)	식품이 나타내는 수증기압(P)을 순수한 물의 최대 수증기압(P_0)으로 나눈 것이다. 순수한 물의 수분활성도는 1이다.(Aw = 1) 일반식품은 1보다 작다.(Aw < 1) 예) 곡류(0.60∼0.64), 육류(0.92∼0.97), 어패류, 채소류, 과일(0.98∼0.99) 　　수분활성도가 낮으면 미생물의 증식을 억제할 수 있다. $$수분활성도(Aw) = \frac{식품이\ 나타내는\ 수증기압}{순수한\ 물의\ 최대\ 수증기압} = \frac{P}{P_0}$$

2. 탄수화물

1) 탄수화물의 특성

구분	내용	구분	내용
구성요소	탄소(C), 수소(H), 산소(O)	일일 섭취량	약 65%
1g당 열량	4kcal	최종분해산물	포도당
소화효소	아밀라아제, 말타아제		
탄수화물 기능	• 에너지의 공급원 • 단백질의 절약작용 • 지방의 완전연소에 관여		
과잉 · 결핍증	• **과잉** : 소화불량, 비만증 • **결핍** : 체중감소, 발육불량, 산중독증(케토시스)		

- **감미도** : 과당 > 전화당 > 자당(설탕) > 포도당 > 맥아당 > 갈락토오스 > 유당(젖당)

2) 탄수화물의 분류

(1) 단당류 : 더 이상 가수분해되지 않는 당

5탄당(다섯 개의 탄소를 가진 단당류)	
리보오스(ribose)	• 신체 DNA 합성과 에너지 생성에 필수적인 단당류
자일로스(xylose)	• 나무에서 처음 분리된 당(목재당), 설탕의 60% 정도의 감미도
아라비노스(arabinose)	• 아라비아껌에 존재하고 점질성이 강하여 접착제로 이용
6탄당(여섯 개의 탄소를 가진 단당류)	
포도당(glucose)	• 탄수화물 최종 분해산물(가장 작은 단위) • 혈액 속에 0.1% 함유

과당(fructose)	• 당류 중 감미도가 가장 높음 • 벌꿀, 과일, 꽃 등에 유리상태로 존재
갈락토오스(galactose)	• 포유동물의 유즙에 존재
만노스(mannose)	• 곤약, 감자, 백합뿌리 등에 존재

(2) 이당류 : 단당류가 2개 결합된 당

자당(sucrose)	• 포도당과 과당이 결합한 당(설탕, 서당) • 표준 감미료이고 비환원성 당
맥아당(maltose)	• 포도당과 포도당이 결합한 당(엿당)
유당(lactose)	• 포도당과 갈락토오스가 결합한 당(젖당)
전화당	• 포도당과 과당이 동량으로 혼합되어 있는 당

(3) 다당류 : 단당류가 3개 이상 결합된 당

전분	• 식물성 전분, 아밀로오스와 아밀로펙틴으로 구성 • 요오드화 반응에 아밀로오스는 청색, 아밀로펙틴은 적자색
글리코겐	• 동물성 전분(간이나 근육에 탄수화물 형태로 저장)
펙틴	• 과일류 껍질에 함유
키틴	• 갑각류 껍질에 함유
한천	• 우뭇가사리의 추출물이며 체내에서 소화·흡수되지는 않으나 정장작용을 좋게 함 • 양갱 원료와 미생물 배지로 이용
섬유소	• 셀룰로오스(cellulose)라고도 하며, 전분과 마찬가지로 포도당의 화합물 • 영양적 가치는 없으나, 정장작용을 좋게 하여 변비를 예방하는 효과

3. 지질

1) 지질의 특성

구분	내용	구분	내용
구성요소	탄소(C), 수소(H), 산소(O)	일일 섭취량	약 20%
1g당 열량	9kcal	최종분해산물	지방산, 글리세롤

소화효소	리파아제, 스테압신
지질의 기능	• 체온조절 및 장기보호 기능 • 에너지 저장 및 농축된 에너지 급원 • 지용성 비타민 흡수촉진
과잉 · 결핍증	• 과잉 : 비만증, 심장기능 약화, 동맥경화증 • 결핍 : 신체쇠약, 성장부진

2) 지질의 분류

지질의 화학적 분류	
단순지질	• 글리세롤과 지방산의 결합체(중성지방, 왁스)
복합지질	• 단순지질과 다른 성분의 결합체(인지질, 당지질)
유도지질	• 콜레스테롤 및 지질 분해산물(콜레스테롤, 글리세롤)
지방산의 분류	
포화지방산	• 실온에서 고체상태(동물성 지방) • 안정되며 단일결합상태(팔미트산, 스테아르산)
불포화지방산	• 실온에서 액체상태(식물성 유지, 어류) • 불안정하며 이중결합 상태(리놀레산, 리놀렌산, 올레산)
필수지방산	• 신체 성장에 반드시 필요한 지방으로 체내에서 합성되지 않기 때문에 식사를 통해 공급받아야 하는 지방(식물성유-대두유, 옥수수유) • 리놀레산, 리놀렌산, 아라키돈산

3) 지질의 기능적 성질

(1) 유화(에멀전화)

① **수중유적형(O/W)** : 물속에 기름이 분산되어 있는 상태

(우유, 아이스크림, 마요네즈, 생크림 등)

② **유중수적형(W/O)** : 기름 속에 물이 분산되어 있는 상태

(버터, 마가린 등)

(2) 가수소화(경화유)

액체기름에 수소(H_2)와 니켈(Ni), 백금(Pt)을 첨가하여 고체상태의 포화지방산으로 만든 기름(마가린, 쇼트닝)을 말한다.

(3) 연화(쇼트닝)

밀가루 반죽 시 글루텐 형성을 방해하여 연화(쇼트닝)작용을 한다.

(4) 검화(비누화)

유지를 알칼리로 가수분해하면 글리세롤과 지방산의 알칼리염(비누)으로 분해되어 물에 녹게 되는 상태이다.

(5) 요오드가(불포화도)

유지에 첨가되는 요오드의 양으로 유지의 불포화도를 측정한다.

유지 100g에 결합되는 요오드의 g수

분류	요오드가	내용
건성유	130 이상	• 불포화도가 높고, 쉽게 산패되는 기름 • 아마인유, 들기름, 호두기름, 잣기름 등
반건성유	100~130	• 건성유와 불건성유의 중간성질을 가진 기름 • 참기름, 면실유, 콩기름(대두유), 옥수수유 등
불건성유	100 이하	• 산패가 느린 기름 • 올리브유, 동백기름, 피마자유, 땅콩기름(낙화생유) 등

(6) 산가

유지 1g에 함유되어 있는 유리지방산을 중화하는 데 필요한 KOH의 mg수로 유지의 산패도를 알아내는 방법

4. 단백질

1) 단백질의 특성

구분	내용	구분	내용
구성요소	탄소(C), 수소(H), 산소(O), 질소(N)	일일 섭취량	약 15%
1g당 열량	4kcal	최종분해산물	아미노산
소화효소	펩신, 트립신, 에렙신		

단백질 기능	• 에너지 공급원 • 성장 및 체조직의 구성성분 • 효소나 호르몬 구성 • 삼투압력 유지(체내 수분함량 조절)
결핍증	• 카시오카(kwashiorkor), 성장장애, 빈혈, 부종
필수아미노산	• 반드시 음식으로부터 공급 • 트립토판, 발린, 트레오닌, 이소루신, 루신, 리신, 페닐알라닌, 메티오닌 • **성장기 어린이** : 아르기닌, 히스티딘

2) 단백질 분류

화학적 분류	
단순단백질	• 아미노산 외 다른 화학성분을 함유하지 않은 단백질 • 알부민(달걀 흰자, 우유), 글로불린(대두), 글루테닌(밀)
복합단백질	• 단백질 이외의 물질과 단백질이 결합된 단백질 • 인단백질, 당단백질, 지단백질
유도단백질	• 단백질이 산, 알칼리, 효소, 열 등의 작용으로 변성된 단백질 • 콜라겐 → 젤라틴
영양학적 분류	
완전단백질	• 필수아미노산이 충분히 함유되어 있어 정상적인 성장을 돕는 단백질 • 달걀(알부민), 우유(카제인), 대두(글로불린)
부분적 불완전단백질	• 성장에 도움은 되지 않으나 생명을 유지시키는 데 필요한 단백질 • 곡류(리신), 밀(글리아딘)
불완전단백질	• 성장이 지연되고 몸이 쇠약해지는 단백질 • 옥수수(제인)

5. 무기질

– 탄수화물, 단백질, 지방 등의 유기화합물이 연소되어 공기 중에 제거되고 재로 남는 것이 무기질(회분)이다.

– 무기질은 우리 몸을 구성하는 중요성분이며, 생체 내에서 pH 및 삼투압을 조절하여 생체 내의 물리, 화학적 작용이 정상으로 유지되도록 한다.

1) 무기질의 종류

구분	기능	결핍/과잉	급원식품
칼슘(Ca)	• 골격과 치아를 구성 • 혈액응고 • **흡수촉진** : 비타민 D • **흡수방해** : 수산	• **결핍** : 골다공증, 발육불량	• 우유, 유제품, 멸치 등
인(P)	• 골격과 치아 구성 • ca : p=1:1로 섭취	• **결핍** : 골격, 치아 발육불량	• 유제품, 육류, 어패류 등
마그네슘 (Mg)	• 신경자극 전달	• **결핍** : 눈밑 경련, 신경 불안	• 견과, 대두, 시금치 등
칼륨(K)	• 근육의 수축과 이완	• **결핍** : 근육경련, 심장 부정맥	• 채소, 과일 등
나트륨(Na)	• 수분균형 유지 • 근육수축 관여 • 산과 염기 평형 유지	• **결핍** : 식욕부진, 탈수, 근육경련 • **과잉** : 고혈압, 심장병	• 소금, 가공식품 등
요오드(I)	• 갑상선호르몬 구성	• **결핍** : 갑상선종 • **과잉** : 바세도우씨병	• 미역, 다시마(갈조류) 등
철분(Fe)	• 헤모글로빈 구성	• **결핍** : 빈혈	• 간, 난황, 육류, 녹황색 채소류 등
불소(F)	• 충치 예방	• **결핍** : 우치 • **과잉** : 반상치	• 해조류, 차 등

2) 무기질의 기능

• 산과 알칼리의 평형을 유지하는 데 관여한다.

• 신경의 자극전달과 근육의 수축 및 이완을 조절한다.

• 생리적 반응을 위한 촉매제로 이용된다.

• 수분의 평형유지에 관여한다.

3) 산성식품과 알칼리식품

(1) 산성식품

– 무기질 중 P, S, Cl 등을 많이 함유한 식품이다.

– 곡류, 육류, 어류 등

(2) 알칼리 식품

- 무기질 중 Ca, Na, K, Mg, Fe, Cu, Mn 등을 많이 함유한 식품이다.

- 과일, 채소, 해조류 등

6. 비타민

비타민은 크게 지방에 녹는 지용성과 물에 녹는 수용성으로 구별될 수 있다. 지방에 녹는 것은 비타민 A · D · E · F · K 등이고, 물에 녹는 것으로는 비타민 B_1 · B_2 · B_6 · B_{12} · C · P · 니아신 등이 있다.

1) 비타민의 성질

구분	지용성 비타민	수용성 비타민
종류	비타민 A, D, E, F, K	비타민 B_1, B_2, B_3, B_6, B_9, B_{12}, 비타민 C, P
용해	기름과 유지용매에 용해	물에 용해
저장	섭취량이 필요 이상이 되면 체내에 저장됨	필요량만 체내에 보유
결핍	결핍증세가 서서히 나타남	결핍증세가 빨리 나타남
공급방법	필요량을 매일 공급하지 않아도 됨	필요량을 매일 공급

2) 비타민의 기능과 특성

• 유기물질로 되어 있다.

• 필수물질이나 미량이 필요하다.

• 에너지나 신체구성 물질로 사용되지 않는다.

• 대사작용 조절물질, 즉 보조효소의 역할을 한다.

• 여러 가지 결핍증을 예방 또는 방지한다.

• 대부분 체내에서 합성되지 않으므로 음식물을 통해서 공급되어야 한다.

■ **비타민 열 안정도** : E > D > A > B > C

3) 비타민의 분류

(1) 지용성 비타민

종류	결핍증	급원식품	특징
비타민 A (레티놀)	• 야맹증 • 안구건조증	• 간, 난황, 장어 등	• 기름을 사용한 조리가 흡수율을 촉진
비타민 D (칼시페롤)	• 구루병 • 골연화증	• 건조식품(말린 생선, 버섯류)	• 자외선에 의해 인체 내에 형성 • 칼슘과 단백질을 함께 섭취 시 흡수 촉진
비타민 E (토코페롤)	• 항산화제 역할 불임증	• 식물성유, 곡물의 배아	• 불포화지방산에 대한 항산화제로서의 역할을 하고 인체 내에서는 노화를 방지
비타민 K (필로퀴논)	• 혈액응고 지연	• 녹황색 채소 • 콩류, 달걀	• 장내 세균에 의해 체내에 합성

(2) 수용성 비타민

종류	결핍증	급원식품	특징
비타민 B$_1$ (티아민)	• 각기병	• 돼지고기, 곡류의 배아, 콩류, 보리 등	• 마늘(알리신)에 의해 흡수율 촉진
비타민 B$_2$ (리보플라빈)	• 구순염, 구각염	• 우유 및 유제품, 난류	• 성장촉진과 피부점막 보호작용
비타민 B$_3$ (니아신)	• 펠라그라 (체중 감소,구토, 설사)	• 육류, 어류, 곡류, 간	• 옥수수가 주식인 나라에서 결핍증이 많이 나타남
비타민 B$_6$ (피리독신)	• 피부염	• 간, 생선, 콩류, 시금치	• 항피부염 인자로서 단백질 대사작용과 지방합성에 관여
비타민 B$_9$ (엽산)	• 빈혈	• 녹색채소, 간, 곡류, 달걀	• 적혈구 등 세포 생성에 도움 • 항빈혈작용
비타민 B$_{12}$ (코발라민)	• 악성빈혈	• 간, 육류, 유제품, 생선	• 비타민 중 유일하게 무기질인 코발트(Co)를 분자구조로 포함 • 동물성 식품에 함유
비타민 C (아스코르브산)	• 괴혈병 • 면역력 감소	• 과채류	• 물에 잘 녹고 열에 의해 쉽게 파괴되므로 조리 시 가장 많이 손실
비타민 P	• 피하출혈	• 메밀, 감귤	• 모세혈관을 튼튼하게 함 • 혈압 강하작용

■ **아스코르비나아제** : 당근, 오이, 무 등에 함유되어 있으며 식품과 함께 섞어 방치하면 비타민 C가 파괴된다.

7. 식품의 색

1) 식물성 색소

클로로필(엽록소)	• 식품의 녹색 색소로 지용성 색소 • Mg(마그네슘)을 함유 • **산에 불안정** : 산 → 페오피틴(녹갈색) • **알칼리에 안정** : 알칼리 → 클로로필린(선명한 초록색) 형성
안토시안	• 채소, 과일 등의 적색, 자색, 청색의 수용성 색소 • 산성(적색), 중성(자색), 알칼리성(청색)
플라보노이드	• 색이 엷은 채소로 우엉, 연근, 밀가루, 양파 등이며 수용성 색소 • 산성에서 흰색, 알칼리성에서 황색
카로티노이드	• 식물계에 널리 분포되어 있으며, 동물성 식품에도 일부 분포 • β-카로틴(당근, 황색 채소), 라이코펜(토마토, 수박), 캡산틴(홍고추) 등 • 지용성 색소 • 산이나 알칼리에 변화되지 않으나 빛에 약함

2) 동물성 색소

미오글로빈(육색소)	• 육류의 근육 속에 함유되어 있는 색소로 시간이 지남에 따라 색이 변함
헤모글로빈(혈색소)	• 육류의 혈액 속에 함유되어 있는 적색(철 함유)
아스타잔틴	• 새우, 게, 가재 등에 포함되어 있는 색소 아스타잔틴(회녹색) ──가열──▶ 아스타신(홍색)
카로티노이드	• 달걀 노른자, 연어, 송어 등
헤모시안	• 오징어, 문어 등
멜라닌	• 오징어 먹물

8. 식품의 갈변

식품을 가열 조리하거나 저장할 때 식품성분의 효소반응, 산화 등의 이유로 식품의 색이 변하는 현상을 말한다.

효소적 갈변	종류	• 폴리페놀옥시다아제(polyphenol oxydase) – 채소나 과일을 자르거나 껍질을 벗길 때 : 사과, 배, 홍차 등 • 티로시나아제(tyrosinase) : 감자
	갈변 방지법	• **열처리** : 고온에서 식품을 열처리하여 효소를 불활성화 • **산을 이용** : pH 3 이하로 낮추어 산의 효소작용을 억제 • **당, 염류 첨가** : 배나 사과를 설탕물이나 소금물에 침지 • **산소의 제거** : 공기를 제거하고 이산화탄소, 질소가스를 주입 • **효소의 작용 억제** : 온도를 −10℃ 이하로 낮춤 • 구리 또는 철로 된 용기나 기구의 사용을 금지
비효소적 갈변		• **아미노–카르보닐반응(마이야르)** 카르보닐기를 가진 당 화합물과 아미노기를 가진 질소화합물이 관여하는 반응 예) 된장, 간장, 식빵 등의 반응 • **캐러멜화 반응** 당류를 160~180℃로 가열하였을 때 산화, 분해되어 생산된 물질이 중합, 축합하는 반응 갈색의 캐러멜 색소를 형성 예) 간장, 약식, 과자류 등 • **아스코르브산 산화반응** 감귤류의 가공품인 오렌지주스나 가공품 등에서 일어나는 갈변현상 예) 오렌지주스

9. 식품의 맛과 냄새

1) 식품의 맛

(1) 기본적인 맛

헤닝의 4원미로 표시하며 음식의 맛을 가장 잘 감지하는 온도는 25~30℃이다.

단맛	• 포도당, 과당, 맥아당 등의 단당류, 이당류 • 혀의 앞쪽 부분에서 예민하게 느낌 • 아스파탐, 만니톨, 자일로스
짠맛	• 중성에 염이 해리되어 생긴 이온의 맛으로 주로 NaCl(염화나트륨) 맛 • 혀 전체에서 예민하게 느낌
신맛	• 산이 해리되어 생긴 수소이온의 맛 • 초산(식초), 젖산(요구르트, 김치), 구연산(과일류), 주석산(포도) 등 • 혀의 양쪽 옆부분에서 예민하게 느낌

쓴맛	• 단독으로는 불쾌감을 주지만 다른 맛과 조화되면 식품의 맛을 증가시키고, 혀 안쪽 부분에서 예민하게 느낌 • **맥주** : 후물론(humulone) • **참외, 오이 꼭지** : 쿠쿠르비타신(cucurbitacin) • **양파껍질** : 케르세틴(quercetin) • **밀감 · 자몽** : 나린진(naringin) • **커피** : 카페인(caffeine) • **코코아** : 테오브로민(theobromine) • **녹차** : 카테킨(catechin)

(2) 기타 보조적인 맛

맛난 맛 (감칠맛)	• 식품의 향미를 증진시켜 식욕을 북돋워주는 맛으로 "지미"라고도 함 • 시스테인(육류, 어류), 글루탐산(간장, 다시마, 된장), 이노신산(가다랑어포, 멸치), 타우린(오징어, 문어), 호박산(조개류), 구아닐산(표고), 글루타민산나트륨(MSG) 등
매운맛	• 미각신경을 강하게 자극할 때 느껴지는 맛으로 미각이라기보다는 통각 • 60℃ 정도에서 가장 강하게 느껴짐 • **마늘** : 알리신(allicin) • **고추** : 캡사이신(capsaicin) • **생강** : 진저롤(gingerol) · 쇼가올 • **후추** : 캬비신(chavicine) · 피페린(piperine) • **겨자** : 시니그린(sinigrin) • **무, 와사비** : 아릴이소티오시아네이트(allylisothiocyanate) • **산초** : 산쇼올(sanshool) • **강황** : 커쿠민(curcumin)
떫은맛	• 미숙한 과일에서 느껴지는 불쾌한 맛으로 단백질의 응고작용에서 일어남 • **탄닌성분** : 미숙한 과일에 포함되어 있는 떫은맛. 폴리페놀성분의 일종 변비를 유발
아린 맛	• 쓴맛과 떫은맛의 혼합된 맛 • 죽순, 고사리, 토란, 우엉 등 • 물에 담가 아린 맛 제거

(3) 맛의 변화

맛의 대비(강화)	• 서로 다른 두 가지 맛이 작용하여 주된 맛성분이 강해지는 현상 (예 : 단팥죽에 약간의 소금을 첨가하면 단맛이 증가한다)
맛의 변조현상	• 한 가지 맛을 느낀 직후 다른 맛을 보면 원래의 맛이 다르게 느껴지는 현상 (예 : 쓴 약을 먹고 난 후 물을 마시면 물맛이 달게 느껴지는 것)

미맹현상	• PTC라는 화합물에 대하여 쓴맛을 느끼지 못하는 현상
맛의 상쇄현상	• 두 종류의 정미성분이 혼합돼 있을 경우 각각의 맛을 느낄 수 없고 조화된 맛을 느끼는 경우 (예 : 간장 제조 시 많은 소금을 첨가하지만 감칠맛에 상쇄되어 짠맛을 강하게 느끼지 못 하는 경우)
맛의 억제현상	• 서로 다른 정미성분이 혼합되었을 때 주된 정미성분의 맛이 약화되는 현상 (예 : 커피에 설탕을 첨가하면 쓴맛이 약해짐. 신맛에 설탕을 첨가하면 신맛이 약해짐)
맛의 상승	• 같은 맛성분을 혼합하여 원래의 맛보다 더 강한 맛이 나게 되는 현상 (예 : 설탕에 포도당을 넣으면 단맛이 더 강해지는 것)

2) 식품의 냄새

식품의 냄새가 쾌감을 주면 향(香)이라 하고, 불쾌감을 주면 취(臭)라고 한다.

	알코올 및 알데히드류	주류, 감자, 복숭아, 오이, 계피 등
식물성 식품의 냄새	테르펜류	녹차, 찻잎 등
	에스테르류	과일, 꽃향 등
	황화합물	마늘, 양파, 파, 무 등
동물성 식품의 냄새	아민류 및 암모니아류	육류, 어류 등
	카르보닐 화합물 및 지방산류	치즈, 버터 등의 유제품 등
식품의 특수성분	트리메틸아민(Trimethylamin)	생선 비린내 성분
	피페리딘	민물고기 비린내 성분
	세사몰(Sesamol)	참기름

10. 식품의 물성

용해	물질이 다른 물질에 녹아 두 물질이 균일하게 섞이는 현상 • **용매** : 다른 물질을 녹이는 물질 • **용질** : 녹는 물질 • **용액** : 용질과 용매가 고르게 섞여 있는 물질
용해도	어떤 온도에서 용매 100g에 최대로 녹을 수 있는 용질의 g수
탄성	외력에 의해 변형된 물체가 외력을 제거하면 원래의 상태로 돌아가려는 성질
가소성	외력에 의해 형태가 변한 물체가 외력이 없어져도 원래의 형태로 돌아오지 않는 물질의 성질

점성	액체의 끈끈한 성질
연성	부드러운 성질
융점	고체물질이 그 액체와 평형이 되어 존재할 때의 온도로서 녹는점
비점	액체를 어떠한 압력으로 가열시켰을 때 도달하는 최고온도
응고성	엉겨서 뭉쳐 딱딱하게 굳어지는 성질
기포성	액체를 흔들면 거품이 일어나는데 그때 일어나는 점도에 관한 성질
보수력	식품에 물리적 처리를 할 때 식품이 함유하고 있는 수분을 그대로 보유할 수 있는 능력
접착성	접착을 용이하게 해주는 성질(전 부칠 때 밀가루의 역할)
대류	액체나 기체가 부분적으로 가열될 때 데워진 것이 위로 올라가고 차가운 것이 아래로 내려오면서 전체적으로 데워지는 현상
복사열	열복사로 방출된 전자기파가 물체에 흡수되어 그 물체를 뜨겁게 하는 에너지
열응착성	어류 가열 시 석쇠나 프라이팬에 달라붙는 현상 (어류의 열응착성은 온도가 높아질수록 강해짐)

콜로이드 (colloid, 교질)	졸 (sol)	액체상태로 유동성이 있고, 특히 온도가 높을수록 고체의 농도가 낮을수록 유동성이 큼 (된장국, 우유 등)
	겔 (gel)	졸(sol)이 냉각이나 가열조리 등에 의해 유동성을 잃어 반고체상태가 됨(묵, 푸딩, 젤리 등)

11. 식품의 유독성분

1) 혼입경로에 따른 식품 독성물질의 분류

내인성 유독물질	• 식품의 원료가 여러 가지 생육조건에 따라 합성되어 함유하는 물질	식물성 자연독 동물성 자연독
외인성 유독물질	• 식품에 의도적 또는 비의도적으로 잔존하여 나타나는 물질로 환경으로부터 식품원료에 혼입된 물질 • 혼입된 물질의 대사산물 또는 조리가공 중 식품에서 생성된 독성물질	잔류농약, 유해성 금속물질, 용기포장으로부터 용출된 물질, 식품 내의 환경오염물질, 미생물이 생산하는 유독물질

2) 내인성 유독물질

식물성	콩류	트립신
	피마자(아주까리)	리신(ricin) – 적혈구 응집
	독버섯	무스카린, 무스카리딘, 아마니타톡신, 필지오린, 팔린, 뉴린
	감자	솔라닌
	목화씨	고시폴
	청매, 살구·복숭아씨, 은행	아미그달린
	독보리	테물린
	맥각	에르고톡신
동물성	복어(알, 난소, 간)	테트로도톡신
	섭조개(검은 조개), 대합	삭시톡신
	모시조개, 바지락, 굴	베네루핀

3) 외인성 독성물질의 종류

세균성	엔테로톡신	황색포도상구균
	보툴리눔 독소	클로스트리디움 보툴리누스균
	웰치 독소	클로스트리디움 웰치균
곰팡이성	아플라톡신	땅콩, 곡류
	오크라톡신	옥수수, 밀
	시트리닌	황변미
유해금속	수은중독	미나마타병
	카드뮴중독	이타이이타이병
환경호르몬	내분비계 장애물질	다이옥신, 비스페놀A, 프탈레이트, 벤조피렌, 스티렌다이머

식품재료의 성분
예상문제

01 다음 당류 중 단맛이 거의 느껴지지 <u>않는</u> 당은?

① 전화당　　　　② 포도당

③ 갈락토오스　　④ 과당

02 무기질의 기능과 <u>무관한</u> 것은?

① 체액의 pH 조절

② 열량 급원

③ 체액의 삼투압 조절

④ 효소작용의 촉진

03 토마토나 수박의 붉은색 색소명과 색소의 분류가 맞는 것은?

① 루테인(lutein) − 카로티노이드

② 라이코펜(lycopene) − 카로티노이드

③ 푸코크산틴(fucoxanthin) − 안토시아닌

④ 크립토크산틴(cryptoxanthin) − 안토시아닌

04 유지의 오오드가에 대한 설명으로 옳은 것은?

① 동물성 유지는 요오드가가 높다.

② 지방산의 불포화 정도를 나타내는 값이다.

③ 유지 100g 중에 흡수되는 요오드의 mg수이다.

④ 유지에 수소를 첨가하는 경화유의 제조 시 그 값은 증가한다.

05 다음 중 유중수적(W/O)형 유화식품은?

① 마요네즈　　　② 생크림

③ 우유　　　　　④ 버터

1. 식품과 효소

1) 효소

(1) 효소란 체내에서 생산하는 단백질로 생체 내의 각종 화학반응을 촉진 또는 지연시켜서 정상적인 생활이 가능하도록 한다.

(2) 효소는 단백질이므로 열, 산, 염기 등에 의해 변성될 수 있으며 활성을 상실하게 된다.

2) 효소의 특성

(1) 자기 자신은 변하지 않고 생체 내의 반응속도를 빠르게 한다.

(2) 특성기질의 특정반응에만 선택적으로 작용한다.

3) 소화효소

침에 있는 효소	• **프티알린** : 전분 → 맥아당 • **말타아제** : 맥아당 → 포도당
위액에 있는 효소	• **펩신** : 단백질 → 펩톤 • **레닌** : 우유 단백질(카제인) → 응고 • **리파제** : 지방 → 지방산과 글리세롤
췌액에 있는 효소	• **아밀롭신** : 전분 → 맥아당 • **트립신** : 단백질과 펩톤 → 아미노산 • **스테압신** : 지방 → 지방산과 글리세롤
장액에 있는 효소	• **수크라아제(Sucrase)** : 자당 → 포도당+과당 • **말타아제(Maltase)** : 맥아당 → 포도당+포도당 • **락타아제(Lactase)** : 유당 → 포도당+갈락토오스 • **리파아제(Lipase)** : 지방 → 지방산과 글리세롤

- **담즙** : 소화효소는 아니지만 산의 중화작용, 유화작용, 약물 및 독소 배설작용 등을 한다.
- **흡수작용** : 소화된 영양소들은 소장에서 인체 내로 흡수되고 대장에서 물 흡수가 일어난다.

01 지방의 분해에 관여하는 효소는?

① 레닌(rennin)
② 아밀라아제(amylase)
③ 리파아제(lipase)
④ 펩티다아제(peptidase)

02 효소에 대한 일반적인 설명으로 틀린 것은?

① 살아 있는 생물체에서 만들어지며 화학반
응을 촉매한다.
② 일종의 단백질로서 가열하면 변성되어 불
활성화된다.
③ 한 가지 효소는 두 가지 이상의 반응을 촉
매하는 반응특이성이 있다.
④ 활성을 나타내는 최적온도는 30~40℃ 정
도이다.

03 식혜 제조에서 전분의 당화작용을 일으키는 효
소는?

① 사카라아제(saccharase)
② 베타아밀라제(β−amylase)
③ 글루코아밀라제(glucoamylase)
④ 치마아제(zymase)

04 다음 중 효소가 아닌 것은?

① 유당(lactose)
② 말타아제(maltase)
③ 펩신(pepsin)
④ 레닌(rennin)

05 담즙의 기능을 설명한 것 중 틀린 것은?

① 유화작용
② 약물 및 독소 등의 배설작용
③ 당질의 소화
④ 산의 중화작용

✅ 정답

| 01 | ③ | 02 | ③ | 03 | ② | 04 | ① | 05 | ③ |

1. 영양소의 기능 및 영양소 섭취기준

1) 영양소

식품을 구성하는 물질 중 우리 몸에 에너지를 공급하고 성장 및 다양한 생리기능을 하며 건강을 유지하는 데 필요한 필수적인 성분을 말한다.

2) 기능에 따른 분류

열량영양소	노동하는 힘과 체온 즉 몸의 활동에 필요한 에너지를 만든다.	당질, 지방, 단백질
구성영양소	근육, 혈액, 뼈, 모발, 장기 등 몸의 조직을 만든다.	단백질, 무기질, 물
조절영양소	몸의 생리작용을 조절한다.	무기질, 비타민, 물

3) 기초대사량

– 무의식적인 활동(호흡 · 심장박동 · 혈액운반 · 소화 등)에 필요한 열량

– 평상시보다 수면 시에는 10% 정도 감소

– 기초대사량에 영향을 주는 인자

   (1) 체표면적이 클수록 소요 열량이 크다.

   (2) 여자보다 남자가 소요 열량이 크다.

   (3) 근육질인 사람이 지방질인 사람에 비해 소요 열량이 크다.

   (4) 발열하는 사람이 소요 열량이 크다.

   (5) 기온이 낮을 때 소요 열량이 커진다.

4) 영양섭취기준

한국인의 질병을 예방하고 건강을 최적의 상태로 유지하기 위해 섭취해야 하는 영양소의 기준을 제시한 것이다.

평균필요량	대상집단을 구성하는 건강한 사람들의 절반에 해당하는 사람들에게 1일 필요량을 충족시키는 섭취수준
권장섭취량	대부분의 사람들에 대해 필요량을 충족시키는 섭취수준의 평균필요량
충분섭취량	영양소 필요량에 대한 자료가 부족하여 권장섭취량을 설정할 수 없을 때 제시되는 섭취수준
상한섭취량	사람의 건강에 유해영향이 나타나지 않는 최대영양소의 섭취수준

01 하루 필요 열량이 2500kcal일 때 20%를 단백질로 얻으려면 단백질은 몇 g 섭취하여야 하나?

① 125g   ② 130g
③ 135g   ④ 140g

02 다음 영양소 중 열량을 내는 영양소가 <u>아닌</u> 것은?

① 당질   ② 단백질
③ 무기질   ④ 지방

03 우리 몸의 근육, 혈액, 뼈, 모발, 장기 등 조직을 만드는 구성영양소가 <u>아닌</u> 것은?

① 단백질   ② 당질
③ 무기질   ④ 물

04 기초대사량에 영향을 주는 인자가 <u>아닌</u> 것은?

① 체표면적이 적을수록 소요 열량이 크다.
② 남자가 여자보다 소요 열량이 크다.
③ 근육질인 사람이 지방질인 사람에 비해 소요 열량이 크다.
④ 발열하는 사람은 소요 열량이 크다.

05 단백질, 지방, 탄수화물의 열량표기로 바른 것은?

① 4kcal − 4kcal − 4kcal
② 4kcal − 4kcal − 9kcal
③ 4kcal − 9kcal − 4kcal
④ 9kcal − 4kcal − 4kcal

✓ 정답

| 01 | ① | 02 | ③ | 03 | ② | 04 | ① | 05 | ③ |

PART **4**

일식 구매관리

Chapter 1 **시장조사 및 구매관리**

1. 시장조사

1) 시장조사의 의의

구매활동에 필요한 자료를 수집하고 이를 분석 검토하여 구매에 적용, 비용절감 및 이익증대를 도모하기 위한 조사로 장래의 구매시장을 예측하기 위해 실시한다.

2) 시장조사의 목적

(1) 구매예정가격의 결정

원가계산가격과 시장가격을 기초로 이루어진다.

(2) 합리적인 구매계획의 수립

구매 예상품목의 품질, 구매거래처, 구매시기, 구매수량 등에 관한 계획을 수립한다.

(3) 신제품의 설계

상품의 종류와 경제성, 구입 용이성, 구입시기 등을 조사한다.

(4) 제품개량

새로운 판로를 개척하거나 원가절감을 목적으로 조사한다.

3) 시장조사의 내용

(1) 품목

제조회사, 대체품을 고려(구매하고자 하는 품목)한다.

(2) 품질

어떠한 품질과 가격대비의 물품 가치를 확인한다.

(3) 수량

예비구매량, 대량구매에 따른 원가절감, 보존성을 고려한다.

(4) 가격

물품의 가치와 거래조건 변경 등에 의한 가격인하 고려 여부를 확인한다.

(5) 시기

사용시기와 시장시세를 확인한다.

(6) 구매거래처

시장가격조사를 통해 가격을 확인한다.

(7) 거래조건

인수, 지불 조건, 계약사항의 조건을 확인한다.

4) 시장조사의 종류

(1) 기본 시장조사

구매정책을 결정하기 위해 시행한다.

(관련업계의 동향, 기초자재의 시세, 관련업체의 수급변동상황, 구입처의 대금결제조건 등)

(2) 품목별 시장조사

구매물품의 가격선정 및 구매수량 결정을 위한 자료로 활용된다.

(현재 구매하는 물품의 수급 및 가격 변동에 대한 조사)

(3) 구매거래처별 시장조사

계속 거래인 경우 안정적인 거래를 유지하기 위해 주거래 업체의 업무조사를 실시한다. (기업의 특색, 금융상황, 판매상황, 노무상황, 생산상황, 품질관리, 제조원가 등)

(4) 유통체계별 시장조사

구매가격에 직접적인 영향을 줄 수 있는 유통경로를 조사한다.

5) 시장조사의 원칙

(1) 비용 경제성의 원칙

소요비용과 구매의 효율성이 조화롭게 진행되어야 한다.

(2) 조사 적시성의 원칙

필요한 시기가 적절하게 이루어져야 한다.

(3) 조사 탄력성의 원칙

식품은 구매에 변동이 크므로 시장 변동상황에 탄력적으로 대응할 수 있어야 한다.

(4) 조사 계획성의 원칙

구체적인 사전계획을 수립해야 한다.

(5) 조사 정확성의 원칙

정확한 시장조사의 정보가 필요하다.

2. 식품 구매관리

1) 구매관리의 정의 및 목적

구매관리는 구매자가 물품을 구입하기 위하여 계약을 체결하고 그 계약조건에 따라 물품을 인수하고 대금을 지불하는 전반적인 과정을 의미한다. 즉 구입하고자 하는 물품에 대하여 적정거래처로부터 원하는 수량만큼 적정시기에 최소의 가격으로 최적의 품질을 구입할 목적으로 하는 구매활동을 의미한다.

2) 구매절차

품목의 종류 및 수량 결정 → 구매 명세서 작성→ 업체 선정 및 계약 → 발주 → 납품 → 검수 → 대금지급 → 물품입고 → 구매기록 보관

- **발주** : 구매할 식재료를 공급업체에 주문하는 것을 말한다.(식단표에 따라 7~10일 단위로 발주)
- **검수** : 납품 시 품질, 형태, 수량 등 내역서와 일치하는지 검수한다.
- **구매명세서 내용** : 품명, 상표, 품질, 크기, 형태, 원산지, 숙성 정도, 전처리 및 가공 정도, 보관온도, 폐기율을 기재한다.

$$총\ 발주량 = \frac{정미량}{100 - 폐기율(\%)} \times 100 \times 인원수$$

$$대체식품 = \frac{원래\ 식품의\ 영양소량}{대체식품의\ 영양소량} \times 원래\ 식품의\ 양$$

$$필요비용 = \frac{100}{가식부율} \times 필요량 \times 1kg\ 단가$$

3) 공급업체 선정방법

경쟁입찰	• 공식적 구매 • 공급업체의 견적서를 받고 가격을 검토한 후 낙찰자를 정하여 계약을 체결 • 공평하고 경제적 • 저장성이 높은 식품 구매 시 적합(건어물, 쌀 등)
수의계약	• 비공식적 구매 • 공급업자들과 경쟁시키지 않고 계약을 이행할 수 있는 업체와 체결 • 절차가 간편하고 경비 감소 • 저장성이 낮고 가격 변동이 많은 식품 구매 시 적합(채소, 생선, 과일 등)

3. 식품 재고관리

1) 재고관리의 의의

재고를 최적으로 유지하고 관리하는 총체적인 과정으로 물품의 수요가 발생했을 때 신속하고 경제적으로 적응할 수 있도록 관리하는 절차를 의미한다.(단체급식은 월 1회 이상 조사한다.)

2) 재고의 중요성

(1) 물품 부족으로 인한 생산계획의 차질을 방지한다.

(2) 적정재고 수준을 유지함으로써 재고관리의 유지비용을 감소시킨다.

(3) 최소의 가격으로 최상의 품질과 품목을 구매한다.

(4) 정확한 재고수량을 파악함으로써 적정주문량 결정을 통해 구매비용을 절감한다.

(5) 도난과 부주의 및 부패에 의한 손실을 최소화할 수 있다.

(6) 경제적인 재고관리로 원가절감 및 관리의 효율화를 제고한다.

01 다음 중 시장조사의 목적으로 바르지 **않은** 것은?

① 구매예정가격의 결정
② 합리적인 구매계획의 수립
③ 신제품의 매출증진
④ 제품개량

02 시장조사의 원칙이 **아닌** 것은?

① 비용 경제성의 원칙
② 조사 적시성의 원칙
③ 조사 탄력성의 원칙
④ 조사 개량성의 원칙

03 다음 중 재고의 중요성이 **아닌** 것은?

① 물품 부족으로 인한 생산계획의 차질을 방지한다.
② 재고가 생기지 않게 함으로서 재고관리의 유지비용을 감소시킬 수 있다.
③ 최소의 가격으로 최상 품질품목을 구매한다.
④ 정확한 재고수량을 파악함으로써 적정주문량 결정을 통해 구매비용을 절감한다.

04 어느 식당의 한 달간 통조림 구입 내역이 아래와 같을 때, 월말에 재고조사를 한 결과 19개가 남았다면 선입선출법에 의한 재고금액은?

일자	수량(개)	개당가격
1일	20	1100
5일	15	1250
8일	10	1150
15일	9	1100

① 11500원
② 22000원
③ 9900원
④ 21400원

05 꽁치 구이를 할 때 정미중량 75g을 조리하고자 한다. 1인당 구매량은 얼마로 하여야 하는가?(단, 꽁치의 폐기율 : 35%)

① 약 115g
② 약 123g
③ 약 133g
④ 약 192g

✓ 정답

| 01 | ③ | 02 | ④ | 03 | ② | 04 | ④ | 05 | ① |

1. 식재료의 품질 확인 및 선별

1) 검수관리

검수관리란 배달된 물품이 주문내용과 일치하는가를 확인하는 절차이다. 즉, 구매 청구서에 의해 주문되어 배달된 물품의 품질, 규격, 수량, 중량, 크기, 가격 등이 구매하려는 해당 식재료와 일치하는가를 검사하고 납품받는 데 따른 모든 관리활동이다.

2) 검수방법

(1) 전수검수법

납품된 식자재를 일일이 전부 검수하는 방법으로 품목이 다양하거나 고가일 때 사용하는 방법이다. 정확성은 있으나 시간과 경비가 많이 소요되는 단점이 있다.(소량 구매일 때)

(2) 샘플링(발췌) 검수법

납품된 물품(식자재) 중 일부를 무작위로 뽑아서 검사하는 방법으로 시간을 단축시킬 수 있어 일반적으로 많이 사용하나 저품질 물품이 섞여 있을 수 있는 단점이 있다.(대량 구매일 때)

3) 식품 검수방법

(1) 생화학적 방법 : 효소반응, 효소의 활성도, 수소이온농도 등을 측정하는 방법이다.

(2) 화학적 방법 : 영양소 분석, 유해성분, 첨가물 등을 검출하는 방법이다.

(3) 물리학적 방법 : 식품의 비중, 경도, 비점 등을 측정하는 방법이다.

(4) 검경적 방법 : 현미경을 이용하여 식품의 세포나 조직의 모양이나 불순물 등을 검사하는 방법이다.

4) 식재료 검수절차

식품별 검수 순서 : 냉장식품 → 냉동식품 → 채소, 과일(신선식품) → 공산품

검수절차 : 납품 물품 발주서 → 납품서 대조 → 품질검사 → 물품 인수 또는 반품 → 물품인수 입고 → 검수 기록 및 문서정리

5) 식재료 유통기한 관리 및 용어

(1) **품질유지기한** : 최상의 품질로 유지 가능한 기한으로 기한이 지나도 일정 기간 소비할 수 있다.

(2) **유통기한** : 식품의 특성을 고려한 가장 종합적인 의미의 유통기간으로 ○○년 ○○월 ○○일까지로 표기한다.

(3) **제조일자** : 제조일로부터 ○○일까지/ ○○월까지/ ○○년까지/로 표기하고, 도시락류는 제조일로부터 ○○시까지로 표기한다.

(4) **소비기한** : 정해진 조건하에 보관했을 때 위생상 안전이 보장된 최종기한으로 소비기한이 지난 식품은 소비할 수 없다.

6) 바코드(bar code)

상품의 포장이나 꼬리표에 표시된 검고 흰 줄무늬 표시로 제품의 가격, 종류, 제조회사, 제조업체 등의 정보를 나타낸 것으로 판매량과 재고량까지 확인할 수 있다.

13자리 수로, 앞 880(우리나라 고유 국가코드) 다음 4자리(제조업체코드) 다음 5자리 (제품가격과 종류) 마지막 1자리(바코드의 이상 유무를 확인하는 검증코드)

【식품감별】

쌀	• 광택이 나는 것 • 잘 건조된 것 • 굵고 입자가 정리되어 있는 것 • 냄새가 없고 이물질이 들어 있지 않은 것
밀가루	• 잘 건조되어 냄새가 없는 것 • 뭉치거나 이물질이 없는 것 • 색이 희고 밀기울이 없는 것

어류	• 껍질색에 선명한 광택이 있으며, 윤택이 나는 비늘이 고르게 밀착되어 있으면 신선한 것 • 고기가 연하고 탄력성이 있는 것이 신선한 것 • 눈은 투명하고 튀어나온 듯 긴장되어 있고 싱싱하며, 아가미는 선홍색이고 생선 특유의 냄새가 나는 것이 신선한 것 • 생선살이 뼈로부터 잘 떨어지면 신선하지 않은 것
어육연제품	• 표면에 점액이 나오는 것은 오래된 것 • 손으로 비벼서 벗겨지는 것은 부패된 것
육류	• 고유의 색을 가지고 탄력성이 있는 것이 신선한 것 • 색이 선명하고 습기가 있는 것이 신선한 것 • 암갈색을 띠고 탄력성이 없는 것은 오래된 것 • 병이 든 고기는 피를 많이 함유하고 냄새가 나는 것은 오래된 것 • 고기를 얇게 잘라 투명하게 비춰봤을 때 얼룩반점이 있는 것은 기생충이 있는 것
달걀	• 깨뜨렸을 때 노른자가 그대로 있고 흰자가 퍼지지 않는 것이 신선한 것(농후난백) • 난황계수가 0.36 이상으로 높으면 신선한 것 • 달걀의 비중이 1.08~1.09이면 신선한 것 • 빛을 쬐었을 때 난백부가 밝게 보이는 것은 신선한 것 • 혀를 대어보아서 둥근 부분은 따뜻하고, 뾰족하게 된 부분은 찬 느낌이 있는 것이 신선한 것 • 흔들어보아서 소리가 나면 기실이 커진 것이며 오래된 것 • 표면이 거칠고 두껍고 강한 것이 품질이 좋으며, 매끄럽고 광택이 있는 것은 오래된 것 • 6%의 식염수에 넣어서 떠오르면 오래된 것
우유	• 용기나 뚜껑이 위생적으로 처리되어 있고 제조일자가 오래되지 않은 것이 신선한 것 • 물에 우유 한 방울을 떨어뜨릴 때 구름같이 퍼지면서 강하하는 것이 신선한 것 • 우유를 냄비에 넣고 직화로 서서히 가열할 때 응고하는 것은 발효하여 산도가 높아진 것이므로 먹지 않는 것이 좋음 • 비중이 1.028 이하인 것은 물을 섞은 의심이 가는 우유임
서류	• 병충해, 발아, 외상, 부패 등이 없는 것이 좋음
과채류	• 색이 선명하고, 윤기가 흐르며 상처가 없는 것이 신선한 것 • 형태를 잘 갖추고 건조되지 않은 것이 신선한 것
통조림	• 외관이 녹슬지 않고, 찌그러지지 않은 것 • 개봉했을 때 식품의 형태, 색, 맛, 냄새 등에 이상이 없는 것이 좋은 것
유지류	• 각각 특유의 색깔과 향미를 지니고 있어야 하며, 변색되었거나 착색되지 않은 것 • 액체인 것은 투명하고 점도가 낮은 것이 좋은 것

2. 조리기구 및 설비 특성과 품질 확인

1) 개수대(씽크)

- 1조, 2조, 3조 씽크

- 육류용, 생선용, 채소용으로 구분 사용한다.

2) 작업대

높이는 신장의(52%) 82~90cm 정도, 작업대 다리 높이 또는 도마의 높이를 고려한다.

3. 검수를 위한 설비 및 장비 활용방법

1) 검수를 위한 설비 및 기기류

검수대	• 소독 및 세척으로 위생적으로 깨끗하고 안전한 상태 • 조도는 540Lux 이상을 유지 • 사람과 장비, 물품이동 공간을 확보 • 급배수시설, 방충, 방서 시설
검수기	• **전자저울, 플랫폼형 전자저울** : 중량을 측정 • **온도계(탐침식)** : 식품 내부온도 측정 시 사용 • **적외선(비접촉) 온도계** : 식품표면 온도만 측정하는 온도계로 식품 검수 시 가장 많이 사용하며 비접촉이므로 제품이 손상되지 않는 것이 장점 • **운반용 카트(L형)** : 입고된 식재료와 물품을 운반 • 염도계, 당도계, 통조림따개 등

01 식재료의 검수절차 중 제일 먼저 검수해야 할 것은 무엇인가?

① 냉장식품

② 냉동식품

③ 채소, 과일(신선식품)

④ 공산품

02 식품 검수방법 중 바르지 <u>않은</u> 것은?

① 생화학적 방법

② 화학적 방법

③ 관능적 방법

④ 검경적 방법

03 식품의 감별법 중 <u>틀린</u> 것은?

① 쌀알은 투명하고 광택이 있는 것이 좋다.

② 어류는 살에 탄력이 있고 눈이 돌출되어 있어야 한다.

③ 달걀은 까칠하고 광택이 없는 것이 좋다.

④ 우유는 pH 5 정도가 좋다.

04 식품 절단의 종류가 <u>아닌</u> 것은?

① 슬라이서   ② 베지터블 커터

③ 필러   ④ 민서

05 검수를 위해 필요한 주요 기기로 맞지 <u>않는</u> 것은?

① 저울

② 샐러맨더

③ 비접촉식 온도계

④ 염도계

✅ 정답

| 01 | ① | 02 | ③ | 03 | ④ | 04 | ③ | 05 | ② |

1. 원가의 의의와 종류

1) 원가의 의의

(1) 원가의 개념

원가란 기업이 제품을 생산하는 데 소비한 경제가치를 화폐액수로 표시한 것을 말한다.

즉, 특정한 제품의 제조 · 판매 · 서비스의 제공을 위하여 소비된 경제가치라고 할 수 있다.

(2) 원가계산의 목적

① 가격결정의 목적

② 원가관리의 목적

③ 예산편성의 목적

④ 재무제표의 작성목적

2. 원가분석 및 계산

1) 원가의 3요소

(1) **재료비** : 제품의 제조를 위하여 소비되는 물품의 원가로 원료 및 재료의 구입에 소요되는 비용을 말한다.

(2) **노무비** : 제품의 제조를 위하여 소비되는 노동의 가치를 말하며 임금 · 급료 · 잡급 등으로 구분한다.

(3) **경비** : 제품의 제조를 위하여 소비되는 재료비 · 노무비 이외의 가치로 수도비 · 광열비 · 전력비 · 보험료 · 감가상각비 등을 말한다.

			이익
		판매관리비	
	간접재료비		
	간접노무비	제조원가	총원가
	간접경비		
직접재료비			
직접노무비	직접원가		
직접경비			
직접원가	**제조원가**	**총원가**	**판매원가**

2) 원가계산의 구조

1단계 요소별 원가계산	• 재료비, 노무비, 경비를 분류방법에 따라 세분하여 각 원가요소별로 계산하는 것 • **직접재료비** : 주요 재료비 • **직접노무비** : 임금 등 • **직접경비** : 외주가공비, 특허권사용료 등
2단계 부문별 원가계산	• 전 단계에서 파악된 원가요소를 원가 부분별로 분류, 집계하는 계산절차
3단계 제품별 원가계산	• 최종적으로 각 제품의 제조원가를 계산하는 절차

3) 재료비의 계산

(1) 재료비의 개념

제품의 제조과정에서 실제로 소비되는 재료의 가치를 화폐액수로 표시한 금액을 재료비라 하는데, 소비한 재료의 수량에 단가를 곱하여 일정한 기간에 소비된 재료의 금액을 계산하는 것이다.

- **재료비** : 재료 소비량×재료 소비단가

(2) 재료 소비량의 계산

계속기록법, 재고조사법, 역계산법

(3) 재료 소비가격의 계산

- **선입선출법(FIFO : First-in, First-out)** : 먼저 구입한 재료를 먼저 소비하는 것이다.
- **후입선출법(LIFO : Last-in, First-out)** : 나중에 구입한 것을 먼저 사용하는 것이다.
- 개별법, 단순평균법, 이동평균법

4) 감가상각

(1) 감가상각의 개념

기업의 자산은 고정자산(토지 · 건물 · 기계 등) · 유동자산(현금 · 예금 · 원재료 등) 및 기타 자산으로 구분된다. 이 중에서 고정자산은 대부분 그 사용과 시일의 경과에 따라서 그 가치가 감가된다. 감가상각이란, 이 같은 고정자산의 감가를 일정한 내용연수에 일정한 비율로 할당하여 비용으로 계산하는 절차를 말하며, 이때 감가된 비용을 감가상각비라 한다.

(2) 감가상각의 계산요소

감가상각은 기초가격 · 내용연수 · 잔존가격(기초가격의 10%) 요소로 결정한다.

- **매년의 감가상각액** : 기초가격 − 잔존가격 / 내용연수

01 원가계산의 목적으로 바르지 <u>않은</u> 것을 고르시오.

① 가격결정의 목적

② 원가관리의 목적

③ 예산편성의 목적

④ 재고관리의 목적

02 원가의 3요소에 해당하지 <u>않는</u> 것은?

① 경비   ② 관리비

③ 노무비   ④ 재료비

03 다음 자료로 계산한 제조원가는 얼마인가?

- 직접재료비 180000   • 간접재료비 50000
- 직접노무비 100000   • 간접노무비 30000
- 직접경비 10000   • 간접경비 100000
- 판매관리비 120000

① 590,000   ② 470,000

③ 410,000   ④ 290,000

04 고정자산의 감가를 일정한 내용연수에 일정한 비율로 할당하여 비용으로 계산하는 것을 무엇이라 하는가?

① 재고자산

② 손익분기점

③ 감가상각비

④ 한계이익점

05 식품의 재고관리 시 적용되는 방법 중 하나로 최근에 구입한 식품부터 사용하는 것으로 가장 오래된 물품이 재고로 남게 되는 것은 무엇인가?

① 선입선출법

② 후입선출법

③ 정률법

④ 총평균법

✓정답

| 01 | ④ | 02 | ② | 03 | ② | 04 | ③ | 05 | ② |

PART **5**

일식 기초 조리실무

Chapter 1 **조리 준비** ---

1. 조리의 정의 및 기본 조리조작

1) 조리의 정의

식품에 물리적, 화학적 조작을 가하여 위생적으로 적합한 처리를 한 후 먹기 좋고 소화가 용이하며 식욕이 나도록 하는 과정을 말한다.

2) 조리의 목적

(1) 기호성 : 식품의 외관을 좋게 하며 맛있게 하기 위하여 행한다.
(2) 영양성 : 소화를 용이하게 하며 식품의 영양효율을 높이기 위하여 행한다.
(3) 안전성 : 위생상 안전한 음식으로 만들기 위하여 행한다.
(4) 저장성 : 저장성을 높이기 위하여 행한다.

3) 기본 조리조작

(1) 기계적 조리조작

저울에 달기 · 씻기 · 담그기 · 갈기 · 치대기 · 섞기 · 내리기 · 무치기 · 담기 등

(2) 가열적 조리조작

- **습열에 의한 조리** : 삶기 · 끓이기 · 찌기 등
- **건열에 의한 조리** : 굽기 · 석쇠구이 · 볶기 · 튀기기
- **전자레인지에 의한 조리** : 초단파(전자파) 이용

식품의 적온

대개 음식의 적온은 체온을 중심으로 25~30℃ 전후가 적당하다.

식품	적온	식품	적온
청량음료	0~5℃	식혜당화	55~65℃
맥주	4~10℃	커피, 차, 국	70~75℃
이스트발효	25~30℃	찌개	95℃
겨자 · 청국장발효	40~45℃	전골	98℃

(3) 화학적 조리조작

효소(분해) · 알칼리물질(연화 · 표백) · 알코올(탈취 · 방부) · 금속염(응고) 등

2. 기본 조리법 및 대량 조리기술

1) 조리방법

	끓이기 (boiling, 보일링)	100℃의 물속에서 재료를 가열하는 방법
습열	삶기 (poaching, 포칭)	목적에 따라 찬물에서부터 식품을 넣어주거나 끓는 물에 넣어주는 방법
	데치기 (blanching, 블랜칭)	효소를 불활성화시키기 위하여 다량의 끓는 물에 짧은 시간에 처리하는 방법
	찌기 (steaming, 스티밍)	수증기가 갖고 있는 잠재열을 이용하여 식품을 가열하는 방법

	은근히 끓이기 (simmering, 시머링)	약한 불에서 식지 않을 정도로 조리하는 방법
건열	튀기기 (deep-frying, 딥프라잉)	다량의 기름 속에서 식품을 가열하는 조작. 식품을 고온의 기름 속에서 단시간 처리하면 영양소나 맛의 손실이 적음
	지지기 (pan-frying, 팬프라잉)	팬에 기름을 두르고 지져서 식품을 익히는 방법
	굽기 (broiling, 브로일링)	재료를 직화로 굽는 방법
	볶음 (sauteing, 소테)	기름을 사용하여 단시간에 조리하는 방법

2) 대량조리기술

국	• 건더기와 국물의 비율 1:3 정도 • 멸치, 다시마, 육류 등을 이용하여 국물의 맛을 냄
찌개	• 건더기와 국물의 비율 2:3 정도 • 센 불에서 끓이다가 어느 정도 끓으면 약하게 하여 끓임
조림	• 국물 맛보다 재료에 맛이 들게 조리 • 어느 부분이나 같은 맛이 나도록 해야 함
구이	• 석쇠나 오븐을 미리 예열하여 사용함 • 불이 너무 세면 겉면만 타고 속은 익지 않음 • 직접구이와 간접구이가 있음
튀김	• 식물성유를 이용하는 것이 좋음 • 조리시간이 많이 소요되며 온도조절에 유의해야 함
무침	• 채소를 데친 후에는 완전히 식혀서 무치도록 함 • 먹기 직전에 무치며 건조된 나물은 불리거나 데쳐서 사용함

3. 기본 칼 기술 습득

〈일식 조리도의 특징〉

• 일식(和式 : わしょく)에 사용되는 조리도는 다른 분야에 비해 종류가 다양할 뿐만 아니라, 폭이 좁고 긴 것이 많다.
• 생선을 손질하기에 적합한 조리도가 발달하였다.

• 회칼 등이 매우 예리하고, 칼날을 세울 때는 반드시 숫돌을 사용해야 한다. 일반적으로 30~35cm 정도 길이의 칼을 많이 사용한다.

1) 칼의 종류

사시미보초	• 가늘고 긴 버들잎 모양으로 야나기보초라고도 불린다. • 재료를 당겨서 절단하기 때문에 칼의 길이가 길다. • 재료에 무리한 힘을 가하지 않기 때문에 재료의 절단되는 부분, 즉 표면이 매끄럽게 절단된다.
데바보쵸	• 주로 어패류, 육류용의 칼로서 자르거나 포를 뜨거나 절단하거나 발라내는 데 사용한다. • 칼을 갈 경우에는 중앙에서 칼끝까지만 손질하고, 손잡이 부분 쪽의 칼날은 생선뼈 등을 자르는 데 사용한다.
우스바보초	• 주로 채소를 써는 데 적합한 칼이다. • 도마의 표면에 균등하게 닿을 수 있도록 되어 있고, 폭이 넓어 절삭하기 쉽다. • 칼이 얇아서 아주 얇고 가늘게 썰기 쉽다. • 저항이 적어서 껍질 등을 제거하기 좋다.
우나기보초	• 장어를 오로시하는 데 편리한 칼로서 지방마다 칼의 생김새가 다양하다. • 어느 칼을 사용하든 메우치로소 장어를 도마에 고정시켜 사용한다.

2) 칼 잡는 법

전악식	• 주먹 쥐기 형태로 가장 일반적인 칼 잡는 방법이다. • 엄지손가락과 집게손가락으로 칼자루 주둥이의 꼭지쇠와 칼뿌리의 배 부분을 잡고 나머지 세 손가락으로 칼자루를 말아 쥐는 방법이다. • 재료를 연속해서 자르거나 단단한 재료를 자를 때 사용하는 방법이다.
단도식	• 누르기 형태로 양식칼을 잡는 가장 기본적인 방법이다. • 집게손가락은 칼뿌리 쪽 배부분에 붙이고 가운뎃손가락이 칼턱 밑으로 들어간 부분에 붙인 상태에서 약손가락과 새끼손가락으로 칼을 감싸듯이 쥐는 방법이다.
지주식	• 손가락질 형태로 쭉 편 집게손가락이 칼등 위를 가볍게 누르는 방법이다. • 일반적으로 회칼이나 채소칼을 사용할 때 쥐는 방법이다. • 단단한 재료는 칼을 깊이 쥐고, 부드러운 재료는 가볍게 쥔다.

3) 채소칼 쥐는 방법

① 채소칼의 주둥이 부분을 약손가락과 가운뎃손가락에서 약 2cm 내려간 곳에 칼날을 위로 향하게 놓는다.

② 채소칼 등은 엄지를 약간 비껴 난 곳에 맞추고 새끼손가락부터 순서대로 칼자루를 잡는다.

③ 중지, 약지, 새끼손가락을 붙이고 칼턱을 밑에서 받치듯이 잡고, 엄지손가락은 칼턱에서 2~3cm 내려간 곳을, 집게손가락은 앞면 칼턱 부분을 누르는 자세이다.

4) 칼의 관리

(1) 숫돌을 이용하여 칼 갈기

① 숫돌의 종류

아라토이시 (荒砥石 : あらといし) 거친 숫돌	• 400# 이상으로 칼이 이가 나가거나 끝을 갈아낼 때 사용하는 입자가 아주 거친 숫돌이다.
나카토이시 (中荒石 : なかといし) 중간 숫돌	• 1,000# 이상으로 일반적으로 칼의 날을 세울 때 사용하는 입자가 중간인 숫돌이다.
시아게도이시 (仕上げ荒石 : しあげといし) 마무리 숫돌	• 4,000~6,000# 이상으로 칼 표면의 잔 숫돌을 갈아낸 자국 등을 없애주는 표면 입자가 아주 미세한 숫돌이다.

② 숫돌의 사용방법

• **숫돌의 전처리(불리기)** : 칼을 갈기 30분~1시간 전에 물을 충분히 흡수시켜 놓는다.

• **숫돌 수평 맞추기** : 사용하는 숫돌보다 거친 숫돌로 표면을 평평하게 갈아준다.

• **숫돌 고정하기** : 받침대나 젖은 행주를 이용하여 미끄럽지 않도록 한다.

칼 갈기

• 물을 조금씩 떨어트리면서 갈아주어야 지분(숫돌과 지철이 갈린 가루)이 생겨 칼을 갈기 쉽다.

• 조리도는 대부분 한쪽 날의 칼이기 때문에 칼날을 몸 쪽 방향으로 갈 때는 앞으로 밀 때 힘을 주고, 칼날을 몸 바깥쪽 방향으로 갈 때는 잡아당길 때 힘을 주어 간다.

칼의 뒷면을 가는 방법
• 집게손가락을 칼의 평면에 대고, 엄지손가락을 칼의 등에 댄다.
• 앞면과 동일하게 칼의 앞 가장자리부터 끝 가장자리까지 간다.
• 일식 조리도는 한쪽 면만 갈기 때문에 칼끝이 살짝 반대편으로 넘어가게 되는데 뒷면을 가는 것을 가에리(返り : かえり)라고 한다.
• 칼을 다 갈았다면 마무리용 숫돌을 사용해 앞뒤를 마무리한다. 마무리 단계에서는 흙탕물이 나오지 않도록 물을 계속 끼얹어주며 가볍게 간다.
• 주방세제로 깨끗이 닦고 씻어 물기를 제거한 후 칼 보관용 장소에 보관한다.

5) 조리도의 관리방법

① 조리도는 하루에 한 번 이상 가는 것을 원칙으로 한다.

② 칼을 간 후 숫돌 특유의 냄새를 제거할 때는 자른 무 끝에 헝겊을 감은 후 아주 가는 돌가루를 묻혀 칼을 닦지만, 일반적으로 수세미를 이용해 비눗물 등으로 닦은 후 씻어 물기를 완전히 제거한 다음, 마른 종이에 싸서 칼집에 넣어 보관한다.

③ 각자 자신의 조리도를 직접 관리하고 작업할 때에도 자신의 조리도를 사용한다.

④ 조리도는 자신의 몸과 같이 관리하며, 다른 사람이 절대 손댈 수 없도록 한다.

6) 썰기의 목적

① 조리의 목적에 맞게 모양과 크기를 조절하고 조리하기 쉽게 한다.

② 식재료의 표면적을 증가시켜 열전달이 용이하게 한다.

③ 먹지 못하는 부분을 없애고 소화가 잘되게 한다.

④ 조미료의 침투를 좋게 한다.

7) 기본썰기

은행잎모양썰기 いちょうぎり, 이초기리	• 무, 당근 등 둥근 모양의 재료를 세로방향으로 십자로 잘라서 적당한 두께로 한번 더 옆으로 1cm 정도의 두께로 자르기
어슷하게 썰기 ななめぎり, 나나메기리	• 대파, 우엉, 당근, 땅두릅 등을 적당한 두께로 옆으로 어슷하게 대각으로 자르기, 조림요리에 이용
사각기둥모양썰기 ひょうしきぎり, 효시키기리	• 무 등을 5~6cm, 굵기 7~8cm 정도의 사각기둥 모양으로 자르기, 튀김용 감자
주사위모양썰기 さいのめぎり, 사이노메기리	• 효시키기리형으로 자른 다음 가로, 세로 2cm 정도로 주사위 모양으로 자르기
곱게 다지기 みじんぎり, 미진기리	• 마늘, 생강, 파슬리 등을 채썰기한 것을 다시 아주 곱게 다지기 • 찜요리, 무침요리, 맑은 국물요리, 양념 등에 사용
바늘굵기썰기 はりぎり, 하리기리	• 바늘과 같이 가늘게 자른 모양으로 주로 생강이나 구운 김 등을 자르기 • 맑은국, 초회, 무침요리 이용
돌려깎기 かつらむき, 가쓰리라무키	• 무, 당근 등을 상하 둘레의 길이가 같은 크기의 원기둥 모양으로 깎은 다음 이것 을 돌려가면서 껍질을 벗기듯이 얇게 깎아 채로 자르기, 겡이라 한다.
용수철모양 만들기 よりうど, 요리우도	• 무, 오이, 당근 등을 가즈라무키하여 폭 7~8cm 정도로 비스듬히 잘라 모양을 잡은 후 이것을 찬물에 담가 놓았다 생선회의 아시라이에 이용
연필깎이썰기 ささがき, 사사가키	• 칼의 끝을 사용하여 연필을 깎듯이 돌리면서 깎는 방법. 전골냄비에 이용

8) 모양썰기

• 일본 요리의 모양썰기는 요리의 미적 효과를 최대화하기 위한 기법이다.

• 용도는 본선요리, 회석요리 등의 요리에 다양하게 응용한다.

국화꽃모양썰기 きっかぎり, 깃카기리	• 무 등 재료를 2.5cm 두께로 둥글게 잘라 칼의 안쪽 날을 이용하여 재료의 밑부분 만을 조금 남겨 놓고 가로, 세로로 오밀조밀하게 빗살처럼 자르기
매화꽃모양자르기 ねじうめ, 네지우메	• 하나카타기리한 당근을 단면의 골이 패인 곳에 칼집을 넣고 이것을 다시 오른쪽에 서 왼쪽으로 비스듬히 깎아서 꽃모양을 만든다.
소나무잎모양썰기 まつばぎり, 마쓰바기리	• 당근, 오이 등을 세로로 하여 껍질을 벗기고 길이 4~5cm, 두께 2mm로 잘라서 이것을 한쪽 끝을 조금 남기고 폭을 2mm로 하여 잘라서 만든다.
오이 엇갈려썰기 切りちかいきゅうり, 기리치카이큐리	• 5~6cm 정도의 길이로 오이를 자른 다음 양끝을 붙여주고 가운데에 칼끝으로 칼집을 넣은 다음 중앙선 양쪽을 ×자 모양으로 비스듬히 잘라준다.

뱀비늘모양썰기 じゃばらきゅうり, 자바라큐리	• 오이를 절반만 잘게 어슷하게 칼집을 넣고 뒤집어 반대쪽도 칼집을 잘게 넣어 자른다.
꽈리모양썰기 たづなぎり, 다즈나기리	• 1cm 정도 두께로 자른 것을 중앙에 칼집을 넣어서 새끼처럼 한쪽 끝을 뒤집기

4. 조리기구의 종류와 용도

종류	특징 및 용도
강판 おろしがね 오로시가네	• 무나 고추냉이(와사비), 생강을 갈 때 사용하는 기구
굳힘틀 ながしかん 나가시캉	• 달걀두부나 나가시모노, 무시모노, 참깨두부와 같은 네리모노 또는 요세모노 등에 필요한 도구. 폭넓게 사용되는 도구
눌림통 おしばこ 오시바코	• 초밥의 종류인 상자초밥처럼 눌러서 만들 때 사용하는 기구
체 うらごし 우라고시	• 가루를 내리거나 국물 등을 거를 때나 재료의 건더기를 걸러내는 등 다양하게 사용하는 도구
김발 巻きす 마키스	• 김초밥과 같이 식재료를 막대형과 같이 갖추는 것이 주이지만, 삶은 채소를 말아서 여분의 수분을 제거하기도 하고, 찜통에 깔아서 사용하는 도구
쇠꼬챙이 かねくし 가네쿠시	• 주로 구이(야키모노)에 사용되는 도구
초밥 비빔용 통 米切り 한기리	• 초밥 만들 때 초대리와 밥을 혼합할 때 사용하는 도구
덮밥냄비 どんぶりなべ 돈부리나베	• 쇠고기덮밥(牛肉丼)이나 닭고기덮밥(親子丼) 등 주로 달걀을 풀어서 끼얹는 덮밥을 만들 때 사용하는 도구
달걀말이팬 たまこやきなべ 다마코야키나베	• 달걀말이를 할 때 사용하는 도구

찜통 むしき 무시키	• 증기를 통해서 재료에 열을 가할 때 사용하는 도구

5. 식재료 계량방법

1) 계량도구

(1) 계량스푼

– 액체, 가루 등의 부피를 측정하는 데 사용한다.

– 큰술(Table spoon, Ts), 작은술(Tea spoon, ts)로 구분한다.

(2) 계량컵

– 액체, 가루 등의 부피를 측정하는 데 사용한다.

– 미국 등 국제기준은 1컵에 240ml, 예외로 우리나라는 1컵에 200ml

(3) 저울

– 무게를 측정하는 기구

2) 계량단위

구분	내용
1컵 (C)	240ml(cc) 200ml(cc)＝우리나라 적용
1큰술(Table spoon, Ts)	15ml(cc)＝3작은술
1작은술(Tea spoon, ts)	5ml(cc)
1온스(oz : ounce)	30ml(cc)＝28.35g
1파운드(lb)	453.6g
1쿼터(quarter)	32온스＝946.4ml(약 4컵)

3) 계량방법

액체식품	계량컵이나 스푼에 흘러넘치지 않을 정도로 담고, 눈높이를 계량 눈금의 밑선에 동일하게 맞춰 읽음(메니스커스)
입상식품	알갱이가 있는 종류로 덩어리가 없는 상태에서 가볍게 담은 다음 평면으로 깎아 계량 **흑설탕** : 입자가 크므로 컵에 빈 공간이 없게 꾹꾹 눌러 수평으로 깎아 계량
분상식품 (밀가루)	체로 쳐서 가볍게 수북이 담은 후 평면으로 깎아 계량. 부피보다 무게가 정확함
고체식품 (버터, 마가린 등)	저울로 계량하는 것이 바람직하나 실온에서 부드럽게 만든 후 컵에 빈 공간이 없게 꾹꾹 눌러 수평으로 깎아 계량

6. 조리장의 시설 및 설비관리

1) 조리장의 3원칙

① 위생   ② 능률   ③ 경제

2) 조리장의 위치

(1) 통풍, 채광, 배수가 잘되고 악취, 먼지, 유독가스가 들어오지 않는 곳이어야 한다.

(2) 객실과 객석의 구분이 명확하고 식품의 반입과 반출이 용이한 곳이어야 한다.

(3) 음식의 운반, 배선이 편리한 곳이어야 한다.

(4) 종사자의 출입이 편리하고 비상시 출입문 및 통로에 방해받지 않는 곳이어야 한다.

(5) 사고 발생 시 대피하기 쉬운 곳이어야 한다.

3) 조리장의 면적

식당 면적은 취식자 1인당 1m², 조리장 면적은 식당의 1/3

4) 1인당 급수량

일반급식	5~10L	기숙사급식	7~15L	병원급식	10~20L
학교급식	4~6L	공장급식	5~10L		

5) 조리장의 설비 및 관리

(1) 조리장

① 개방식 구조로 하며 객실 및 객석과 구분되어야 한다.

② 식품 및 식기류의 세척을 위한 세척시설과 종업원 전용의 수세시설이 완비되어야 한다.

③ 급수 및 배수시설을 갖추어야 한다.

(2) 바닥

① 미끄럽지 않고 내수성, 산, 염, 유기용액에 강한 자재를 사용해야 한다.

② 영구적으로 색상을 유지할 수 있어야 하며 유지비가 저렴해야 한다.

③ 바닥에서 1m까지의 내벽은 물청소가 용이한 내수성 자재를 사용해야 한다.

(3) 벽, 창문

① 벽의 마감재로는 타일, 내수합판, 금속판으로 내열성, 내수성 재료로 설비하고 마감해야 한다.

② 창의 면적은 바닥면적의 20~30%, 창문은 직사광선을 막아야 한다.

③ 방충, 방서 시설은 금속망으로 굵기는 30메시(mesh) 이상이어야 한다.

(4) 작업대

① 높이는 신장의 약 52%(82~90cm), 너비는 55~60cm, 작업대와 뒤 선반의 간격은 최소한 150cm 이상 확보되어야 한다.

② 준비대 → 개수대 → 조리대 → 가열대 → 배선대 순서로 배치한다.

(5) 배수시설

① 하수도에서 들어오는 악취 및 해충 등의 침입을 방지하려면 트랩을 설치한다.

② 단체급식소, 호텔, 레스토랑 주방에서는 많은 양의 유지가 배수되므로 유지분, 기름 등을 분리하는 "그리스 트랩"을 설치하는 것이 좋다.

【작업대의 종류】

ㄴ자형	ㄷ자형	일렬형	병렬형	아일랜드형
동선이 짧은 좁은 조리장에서 사용	면적이 같을 경우 가장 동선이 짧으며 넓은 조리장에 사용	작업 동선이 길어 비능률적이지만 조리장이 좁은 경우 사용	작업 간 거리는 줄일 수 있다. 80~110cm가 적당하나 180° 회전하므로 피로가 빨리 옴	공간 활용이 자유롭고 동선이 단축된다. 기구를 모아 두기 때문에 환풍기나 후드의 수를 최소화할 수 있음

(6) 냉장·냉동고

냉장은 5℃, 냉동은 −20~−25℃를 유지해야 한다.

(7) 조명시설

① 작업하기 충분하고, 균등한 조도가 유지되어야 한다.

② 기준조명 객석 30Lux, 유흥음식점 10Lux, 단란주점 30Lux, 조리실 50Lux 이상이어야 한다.

(8) 환기

① 자연환기(창문)와 인공환기(후드, 팬)

② 후드(hood)의 경사각은 30°, 형태는 4방 개방형이 가장 효율적이다.

(9) 화장실

① 남·여용으로 구분해야 한다.

② 내수성 자재를 사용하고, 손 씻는 시설을 갖추어야 한다.

급식의 서비스 형태

– 셀프 서비스(카페테리아, 뷔페)

– 쟁반서비스(tray service : 병원, 노인시설)

– 배식원의 서비스(waiter service : 카운터·드라이브인 서비스)

---

01 다음 중 썰기의 목적이 <u>아닌</u> 것은?

① 식품의 영양성을 높여준다.

② 식재료의 표면적을 증가시켜 열전달이 용이하게 한다.

③ 먹지 못하는 부분을 없애고 소화가 잘되게 한다.

④ 조미료의 침투를 좋게 한다.

02 다음에서 바늘과 같이 가늘게 자른 모양으로 주로 생강이나 구운 김 등을 자르는 방법은 무엇인가?

① 셍기리   ② 하리기리

③ 미징기리   ④ 효시키기리

03 공간 활용이 자유롭고 동선이 단축되며 기구를 모아두기 때문에 환풍기나 후드의 수를 최소화할 수 있는 조리대 형태는 무엇인가?

① 병렬형   ② 일렬형

③ 아일랜드형   ④ ㄷ자형

04 식품의 계량 방법 중 <u>틀린</u> 것은?

① 액체는 계량기구를 수평으로 놓고 액체표면 윗부분을 눈과 수평으로 맞추어 눈금을 읽는다.

② 밀가루를 체에 쳐서 계량컵에 수북이 담고 직선으로 된 칼등으로 깎아서 계량한다.

③ 흑설탕은 계량컵에 꾹꾹 눌러 담아 수평으로 깎아서 계량한 후 엎었을 때 컵 모형이 나오도록 한다.

④ 버터 같은 고체 지방은 실온에서 부드럽게 한 후 계량기구에 꾹꾹 눌러 수평으로 깎아서 계량한다.

05 주방의 바닥조건으로 알맞지 <u>않은</u> 것은?

① 바닥과 1m까지의 내벽은 내수성 자재를 사용한다.

② 미끄럽지 않고 내수성, 산, 염, 유기용액에 강한 자재를 사용한다.

③ 영구적으로 색상을 유지할 수 있어야 하며 유지비가 저렴해야 한다.

④ 세라믹 타일이나 유리 타일이 미끄러지지 않고 좋다.

✓ 정답

| 01 | ① | 02 | ② | 03 | ③ | 04 | ① | 05 | ④ |

06 생선을 손질하거나 포를 뜰 때 또는 굵은 뼈를 자를 때 사용하는 일식도는 무엇인가?

① 사시미보초　　　② 데바보초

③ 우스바보초　　　④ 우나기보초

07 작업대 앞에서 올바른 자세가 <u>아닌</u> 것은?

① 도마와 몸 사이는 빈틈없이 다가선다.

② 도마 앞에서 정면으로 몸을 약 45° 비스듬히 선다.

③ 발을 11자 형태로 모은다.

④ 몸을 앞으로 약 15° 숙이면서 자연스럽게 안정된 자세를 유지한다.

08 오이를 비스듬히 절반 정도만 잘게 칼집을 넣고, 뒤집어 반대쪽도 칼집을 잘게 넣어 소금물에 담가두고 펼치면 모양이 뱀과 닮았다고 해서 부르는 모양썰기 방법은 무엇인가?

① 기리치가이큐리기리

② 오레마쓰바기리

③ 하나카타기리

④ 자바라큐리기

09 조리도의 관리 방법이 <u>잘못된</u> 것은?

① 칼을 간 후 수세미를 이용해 비눗물 등으로 닦는다.

② 자른 무 끝에 헝겊을 감은 후 아주 가는 돌가루를 묻혀 칼을 닦는다.

③ 조리도는 사용할 때마다 가는 것을 원칙으로 한다.

④ 마른 종이에 싸서 칼집에 넣어 보관한다.

10 조리장의 위치로 좋지 <u>않은</u> 것은?

① 비상시 출입문 및 통로에 방해받지 않는 곳

② 시원한 지하에 위치한 곳

③ 음식을 운반하기 쉬운 곳

④ 통풍, 채광, 배수가 잘되는 곳

✓ 정답

06	②	07	①	08	④	09	③	10	②

Chapter 2 식품의 조리원리 ----------------------------------

1. 농산물의 조리 및 가공·저장

1) 곡류

(1) 쌀

- 주성분은 탄수화물이고 대부분 전분으로 구성되어 있다.

- 벼에서 왕겨를 제거한 것을 현미, 쌀겨층을 제거하고 배유만 남은 것을 백미라고 한다.

- **쌀 단백질** : 오리제닌

- 찹쌀과 멥쌀

찹쌀	멥쌀
아밀로펙틴 100%	아밀로오스 20% 아밀로펙틴 80%

① 전분의 구성

- 전분은 식물의 저장물질로서 곡류와 감자류가 주된 공급원이며, 여러 개의 포도당이 결합된 다당류를 말한다.

- 곡류, 감자류 등에 존재하며 아밀로오스와 아밀로펙틴으로 구성된다.

② 전분의 특징

■ **전분의 호화(전분의 α화)**

전분은 날것이 소화가 잘 되지 않기 때문에 날것 상태의 전분을 베타(β)전분이라 한다. 이 β전분을 물에 끓이면 그 분자에 금이 가서 물분자가 전분 속에 들어가 팽윤하여 점성이 높은 반투명의 콜로이드상태인 α전분이 된다. 이 현상을 호화(糊化)라 한다.

> 날 전분(β전분) + 물   >>>>>>>   익은 전분(α전분)
> 가열

전분의 호화에 영향을 주는 요인

- 아밀로(오)스 함량이 많을수록
- 전분입자의 크기가 클수록
- 가열온도가 높을수록
- 염류, 알칼리 첨가 시
- 수침시간이 길수록 호화시간이 짧아진다.

■ **전분의 노화(전분의 β화)**

α화된 전분은 상온에 방치해 두면 점점 β형으로 된다. 이 현상을 노화라 한다.

```
                        실온
익은 전분(α전분)   >>>>>>   날 전분(β전분)
                      냉장온도
```

전분이 노화되기 쉬운 조건

- 아밀로(오)스의 함량이 높을수록
- 수분이 30~60%일 때
- 온도가 0~5℃일 때
- 산성에서 노화가 촉진된다.

노화 억제방법

- 0℃ 이하로 급속냉동시키거나 60℃ 이상으로 급속히 건조
- 수분함량 15% 이하
- 설탕을 다량 첨가
- 유화제 첨가

■ **전분의 호정화(덱스트린화)**

전분에 물을 가하지 않고 160℃ 이상으로 가열하면 여러 단계의 가용성 전분을 거쳐 덱스트린(호정)으로 분해된다. 이 현상을 전분의 호정화라 한다.

예) 팝콘, 뻥튀기, 미숫가루 등

■ 전분의 당화

전분을 알칼리, 산, 효소 등에 의해 가수분해하여 얻어지는 단당류, 이당류 또는 올리고당으로 만들어 감미를 얻는 과정이다.

예) 조청, 물엿, 식혜 등

■ 전분의 겔화

전분을 가열하여 호화한 후 냉각시키면서 굳어지는 과정이다.

예) 도토리묵, 청포묵, 메밀묵, 과편 등

③ 쌀의 조리(밥 짓기)

쌀의 종류에 따른 수분함량	13~15%	생쌀
	20~30%	불린 쌀
	60~65%	호화된 쌀

쌀 조리 시 60~65℃에서 호화가 시작되고 100℃에서 20~30분 정도면 호화가 된다.

④ 밥 조리 시 열효율

- 전기 > 도시가스 > 가스(LPG) > 장작 > 연탄

밥맛에 영향을 주는 요인

- 쌀의 건조상태
- 밥물의 pH 7~8
- 소금 첨가 : -0.03%가 좋음

(2) 보리

- 무기물질과 섬유소의 함량이 높아 소화율이 떨어진다.
- **보리 단백질** : 호르데인
- 보리의 싹을 틔운 맥아는 맥주나 식혜 제조에 쓰인다.
- 보리의 소화율을 높이기 위해 압맥과 할맥으로 가공한다.

압맥 : 기계로 눌러 단단한 조직을 파괴하고 납작하게 누른 보리쌀

할맥 : 보리의 홈을 따라 반으로 나누고 가공한 보리쌀

(3) 콩류

- 대두, 팥, 녹두, 완두, 강낭콩, 땅콩 등

① 두류의 분류

대두	단백질 함량이 많다
강낭콩, 녹두, 동부, 완두, 팥	당질 함량이 많다
땅콩	지방 함량이 많다
풋콩, 스트링빈스	비타민 함량이 많다

■ **두류 발효식품** : 간장, 된장, 청국장, 낫토 등

두류의 가열변화

- 기포성과 용혈작용이 있는 사포닌은 기능과 독성물질을 파괴하고 단백질 이용률을 증가시킨다.
- 날콩에는 단백질의 소화 흡수를 방해하는 트립신저해제(안티트립신)가 들어 있으나 가열처리 시 효소가 불활성화된다.
- 두부 조리 : 콩 단백질(글리시닌)이 두부응고제(황산칼슘, 황산마그네슘, 염화칼슘, 염화마그네슘)와 열에 응고되는 성질을 이용하여 제조한다.

---

(4) 호밀

- **호밀단백질** : 프롤라민
- 과자류, 장류, 사료나 누룩 제조에 쓰인다.

(5) 옥수수

- **단백질** : 제인
- 단백질이 70%, 탄수화물이 10%이며 단백질은 비영양성이다.

(6) 밀

– 주성분은 전분이며 단백질 함량이 높다.

– 글루텐 함량에 따라 밀가루의 종류와 용도가 달라진다.

① 밀가루의 분류 및 용도

강력분	13% 이상	식빵, 파스타 등
중력분	10~13%	면류, 만두 등
박력분	10% 이하	튀김, 과자, 케이크류 등

② 글루텐의 형성

밀가루에 수분이나 액체를 첨가하여 단백질이 수화되면 글리아딘과 글루테닌이 서로 연결되어 글루텐이 형성된다. 글리아딘은 점성을 주고 글루테닌은 탄력이 강해 글루텐에 점탄성을 준다.

③ 글루텐 형성에 영향을 주는 요인

- **반죽시간** : 반죽시간이 길면 글루텐 형성이 용이하다.
- **지방** : 글루텐의 형성을 방해하며 연화작용을 한다.
- **설탕** : 글루텐 형성을 방해한다.
- **소금** : 글루텐의 구조를 단단하게 한다.
- **달걀, 우유** : 글루텐 형성을 도와 모양을 유지한다. 너무 많이 사용하면 반죽이 질겨진다.

2) 채소류

(1) 채소의 분류

① **엽채류** : 수분이 90% 이상으로 많은 반면 당질, 지방질, 단백질 함량이 낮다. 무기질과 비타민이 많으며 특히 비타민 A가 풍부하다. 예) 상추, 시금치, 배추 등

② **경채류** : 수분함량이 많고 당질이 적다. 예) 셀러리, 아스파라거스, 죽순 등

③ **근채류** : 수분함량은 과채류에 비해 적고 당질이 많다. 예) 당근, 우엉, 연근 등

④ **과채류** : 수분함량은 많고 당질이 적다. 예) 가지, 오이, 토마토 등

⑤ **화채류** : 꽃 부분을 식용으로 하는 채소이다. 예) 브로콜리, 콜리플라워, 아티초크

⑥ **서류** : 수분함량이 70~80%로 높아 곡류에 비해 저장성이 낮다.

【서류의 종류】

감자	점질감자는 잘 부서지지 않아 샐러드나 조림 등에 이용하고 분질감자는 잘 부서지는 성질 때문에 튀김이나 매시트포테이토에 적합 싹이 나지 않도록 서늘하고 빛이 없는 곳에 보관
고구마	감자에 비해 수분이 적고 가열하면 β-아밀라아제가 활성화되어 단맛이 증가 전분, 제과, 물엿, 당면 등의 가공원료로 사용
토란	껍질을 벗겼을 때 미끈거리는 성분은 "갈락탄"이라 하며 조리할 때는 끓는 물에 데쳐 점성 물질을 제거하고 사용한다. 아린 맛을 가지고 있으며 소금물에 데침

(2) 조리에 의한 채소의 변화

① 채소를 데칠 때 물의 양은 재료의 5배가 좋다.

② 수산(옥살산)은 체내에서 칼슘의 흡수를 방해하여 신장결석을 일으키므로 수산이 많은 채소는 뚜껑을 열고 데쳐 수산을 제거한다.

③ 당근에는 비타민 C를 파괴하는 효소인 아스코르비나아제가 있어 무, 오이 등과 같이 섭취할 경우 비타민 C의 파괴가 커진다.

④ 녹색채소를 데칠 때 소금을 넣으면 선명한 녹색을 띤다.

⑤ 중조를 넣고 데치면 채소는 잘 물러지지만 비타민이 파괴된다.

(3) 보관 및 저장

① 85~90% 수분 유지

② 건조

③ 절임

④ 냉동

⑤ **가스저장(CA저장)** : 숙성을 늦추기 위하여 식품 저장 시 산소량을 줄이고 이산화탄소나 질소를 주입하여 냉장과 병행하면 저장기간이 길어진다.

3) 과일류

(1) 과일의 분류

① **인과류** : 꽃받침이 과육으로 발달한 과일

　예) 사과, 배, 감 등

② **장과류** : 먹을 수 있는 씨앗이 1개 이상이 들어 있는 과일. 주로 송이를 이루며 열린다.

　예) 블루베리, 딸기, 포도 등

③ **핵과류** : 먹을 수 없는 씨를 둘러싸고 있는 과일　예) 복숭아, 자두, 아보카도 등

④ **견과류** : 호두, 밤, 아몬드 등

(2) 과일의 갈변 방지

- 설탕용액이나 레몬즙 등을 뿌려 갈변을 지연시킬 수 있다.

(3) 과일가공품

① **잼** : 과일의 과육에 설탕(60~65%), 펙틴(1~1.5%), pH(2.8~3.4) 조건에서 최적의 겔 형성이 가능하다.

② **젤리** : 과일즙에 설탕 70%를 넣고 가열하여 농축시킨 것이다.

③ **마멀레이드** : 과일즙에 설탕, 과육, 과피를 섞어 가열하고 농축시킨 것이다.

④ **프리저브** : 과일을 설탕시럽에 넣고 가열하여 투명하게 만든 것이다.

⑤ **스쿼시** : 농축시킨 과일주스이다.

(4) 보관 및 저장

① **일반저장법** : 마르지 않도록 처리한 후 냉장 보관한다.

② **열대과일** : 실온 보관한다.

③ **저온가스저장(CA저장)** : 산소를 2~3% 줄여서 저장하는 방법으로, 사과의 장기 저장에 사용

2. 축산물의 조리 및 가공·저장

1) 육류의 조리 및 가공·저장

(1) 육류의 성분

근육조직	동물조직의 30~40%를 차지함 미오신, 액틴, 미오겐, 미오알부민으로 구성되어 있음
결합조직	콜라겐과 엘라스틴으로 구성
지방조직	피하, 복부, 내장기관의 주위에 많이 분포 마블링 : 근육 속에 함유된 미세한 흰색의 점이 퍼져 있는 지방으로 고기를 연하게 하고 맛을 좋게 하여 육류의 등급 판정기준으로 활용함

(2) 육류의 색소

미오글로빈(육색소), 헤모글로빈(혈색소)

(3) 육류의 사후경직과 숙성

사후경직	글리코겐으로부터 형성된 젖산이 축적되어 산성으로 변하고, 액틴과 미오신이 결합하여 액토미오신이 생성되면서 근육이 경직되는 현상
숙성(자기소화)	단백질 분해효소의 작용으로 서서히 경직이 풀리면서 자기소화가 일어나는 것
부패	숙성 후 미생물의 활성화로 인해 변질이 일어나는 것

【육류의 사후경직과 숙성기간】

육류의 종류	사후경직시간	숙성(냉장)기간
소고기	12~24시간	7~10일
돼지고기	12~24시간	3~5일
닭고기	6~12시간	2일

(4) 가열에 의한 변화

공기 중 산소 결합　　　　가열 및 산화
미오글로빈 ⟹ 옥시미오글로빈(선홍색) ⟹ 메트미오글로빈(갈색)

① 단백질이 응고되어 고기가 수축된다.

② 중량과 보수성이 감소한다.

③ 결합조직의 콜라겐이 젤라틴화되면서 부드러워진다.

④ 지방이 융해되고 풍미가 좋아진다.

(5) 육류의 연화법

① 도살 후 숙성기간을 거친다.

② 고기의 결을 반대로 썰거나 칼집을 넣는 등의 물리적 방법을 이용한다.

③ 결합조직이 많은 부위는 장시간 물에 끓인다.

④ 당을 첨가한다.

⑤ 고기를 얼리면 단백질이 얼면서 용적팽창에 따라 조직이 파괴되므로 약간의 연화작용
   이 일어난다.

⑥ 1.3~1.5% 정도의 소금을 첨가하면 연화효과가 있다. 하지만 5% 이상이 되면 탈수작용
   을 일으켜 질겨진다.

⑦ 단백질 분해효소를 첨가한다.

식품	분해효소	식품	분해효소
배	프로테아제	파인애플	브로멜린
키위	액티니딘	무화과	피신
파파야	파파인		

(6) 육류 감별법

① **소고기** : 육색이 선홍색이고 탄력이 있고 윤이 나야 한다.

   육색이 검붉은색이면 오래되었거나 늙은 고기 또는 노동을 많이 한 고기이므로
   질기고 맛이 좋지 않다.

② **돼지고기** : 기름지고 윤기 있는 것이 좋다.

   살이 두껍고 육색이 엷은 것이어야 한다.

■ **특수부위** : 가브리살, 갈매기살, 항정살 → 구이용

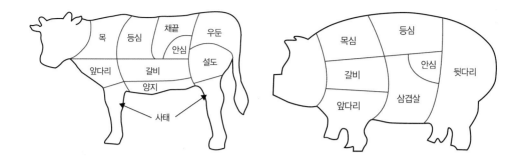

(7) 육류의 조리법

구분	특징	부위
탕·전골	찬물에서부터 고기를 넣고 끓여야 지미성분이 충분히 용출되어 맛이 좋다.	양지, 사태, 꼬리, 갈비, 우족 등
조림	처음부터 간장을 넣으면 고기 내의 수분이 빠져나오면서 고기가 단단해지기 때문에 조미료는 나중에 넣는다.	홍두깨, 우둔, 대접살 등
편육	끓는 물에 고기를 넣어 고기의 맛성분이 용출되지 않게 한다.	양지, 사태, 우설, 삼겹살, 돼지머리 등
구이	양면이 갈색이 나도록 지진 후 기호에 맞게 익힌다.	등심, 안심, 갈비 등
찜	큼직하게 썬 재료에 갖은양념을 하여 은근한 불에서 오래 끓여 재료를 무르게 익힌다.	사태, 갈비, 꼬리 등

(8) 육류의 가공 및 저장

① **냉장고 보관 시 주의점** : 가장 차가운 위치에 저장하여 유지해야 한다.

② **냉동고 보관 시 주의점** : 장기간 저장 시 부패를 방지하기 위해 냉동해야 하고, 고기를 천천히 얼리면 얼음 결정이 커져서 근육의 세포를 파괴한다. 해동 시 수분이 많이 빠져나오는 드립현상이 생겨 맛이 없어진다. −40℃ 이하로 급속 동결시키는 것이 드립을 줄일 수 있는 방법이다.

2) 달걀의 조리 및 가공 · 저장

(1) 달걀의 구조

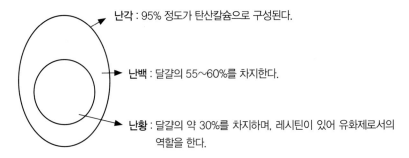

난각 : 95% 정도가 탄산칼슘으로 구성된다.

난백 : 달걀의 55~60%를 차지한다.

난황 : 달걀의 약 30%를 차지하며, 레시틴이 있어 유화제로서의
역할을 한다.

(2) 달걀의 특성

응고성	• 난백의 응고온도는 60~65℃, 난황은 65~70℃ • 소금과 식초 첨가 시 응고작용을 돕고, 설탕 첨가 시 응고온도가 높아짐 • 달걀찜, 커스터드, 푸딩, 수란, 오믈렛에 이용
기포성	• 수양난백(오래된 달걀)일수록 거품이 잘 일어난다. • 실온에 둔 달걀이 거품이 잘 일어난다. • 식초나 레몬즙을 첨가하면 거품이 안정화된다. • 거품이 충분히 난 후 설탕을 넣으면 안정화된다. • 밑이 좁고 바닥이 둥근 그릇은 거품이 잘 일어난다. • 머랭쿠키, 튀김, 제과 등에 이용된다.
유화성	• 난황의 레시틴이 천연 유화제로 작용하며 마요네즈 등을 만들 수 있다.
청징성	• 흰자거품은 국물을 맑게 해주는 성질이 있다.
녹변현상	• 달걀을 오래 삶았을 때 난백의 황화수소와 난황의 철이 결합해 황화철을 생성하여 난황 주위가 암녹색으로 변하는 현상을 말한다. • 가열시간이 길거나 신선하지 않은 달걀에서 더 쉽게 일어난다.

(3) 달걀의 신선도 평가

외관법	표면이 거칠고 광택이 없으며, 흔들었을 때 소리가 나지 않는 것이 좋다.
투광법	난황이 중심부에 위치하고 기실의 크기가 작으며 윤곽이 뚜렷한 것이 좋다.
투시법	빛을 쬐었을 때 난백부가 밝게 보이는 것이 신선하다.
비중법	6% 소금물에 담갔을 때 가라앉는 것이 신선하다.

난황계수 난백계수	달걀을 깨트려 측정	난황계수	$\dfrac{난황의 높이}{지름}$	0.36 이상
		난백계수	$\dfrac{난백의 높이}{지름}$	0.15 이상

(4) 달걀의 가공

① **피단(송화단)** : 달걀을 염류 및 알칼리에 침투시켜 내용물을 응고시키고 숙성하면 독특한 풍미와 단단한 조직을 갖게 되는 중국음식이다.

② **마요네즈** : 난황에 식물성유를 소량씩 첨가하여 충분히 저어준 후 식초, 소금, 향신료를 첨가하여 만든다.

(5) 달걀의 저장

① **냉장 · 냉동법** : 살모넬라균은 5℃ 이하에서는 번식하지 않으므로 냉장 보관이 필요하며 미생물의 성장을 최소화하려면 −25∼−30℃에서 껍질을 제거한 후 보관한다.

② **건조법** : 저온 살균하여 건조시키는 방법으로 저장 · 운송이 편리하다.

3) 우유의 조리 및 가공 · 저장

(1) 우유의 성분

① **카제인** : 칼슘과 인이 결합한 인단백질이다.

열에 의해 응고되지 않고 산이나 레닌에 응고되어 요구르트와 치즈를 만들 때 이용한다.

② **유청단백질** : 카제인이 응고된 이후 남아 있는 단백질을 말한다.

우유를 가열하면 생기는 피막은 유청단백질이며 이를 막기 위해서는 약한 불에서 우유를 저으면 억제된다.(우유의 열변성)

(2) 조리 시 우유의 특성

① 단백질의 겔강도를 높인다.

② 음식의 색을 희게 하며 부드러운 질감과 풍미를 부여한다.

③ 마이야르 반응을 일으킨다.

④ 냄새를 흡착한다.

(3) 우유의 가공

저지방우유	유지방의 함량을 1~2% 이하로 줄인 우유
탈지유	유지방의 함량을 0.5% 이하로 줄인 우유
요구르트	탈지우유를 농축한 후 설탕을 첨가하여 발효시킨 음료
분유	우유의 수분을 제거하여 분말로 만든 것
크림	우유를 원심분리하였을 때 위로 뜨는 부분
사워크림	생크림을 발효한 것
버터	우유의 유지방을 응고시켜 만든 것. 지방 80% 함유
치즈	자연치즈 : 우유단백질인 카제인을 효소인 레닌에 의하여 응고시켜 만든 것 가공치즈 : 자연치즈에 유화제, 산도조절제, 영양강화제를 가하여 가열한 것으로 발효가 더 이상 일어나지 않아 저장성이 큼
아이스크림	크림에 설탕, 유화제, 안정제, 지방 등을 첨가하여 동결

> **우유의 균질화란**
>
> 우유의 지방입자 크기를 작게 하는 과정이다. 이를 통해 소화 및 흡수가 좋아지고, 크림층이 형성되는 것을 방지해 준다.

3. 수산물의 조리 및 가공 · 저장

1) 수산물의 종류

어류	바다에 사는 해수어와 강에 사는 담수어로 구분 담수어보다 해수어의 지방함량이 높음	
	백색어류	조기, 가자미, 도미 등
	적색어류	꽁치, 고등어, 다랑어 등
패류	단단한 껍질에 싸여 있고, 연한 조직을 가지고 있음	
갑각류	키틴질의 단단한 껍질로 싸여 있고 여러 조각의 마디를 가지고 있음	
연체류	몸이 부드럽고 뼈와 마디가 없음	

(1) 수산물의 성분

단백질	어류는 15~25%, 연체류는 13~20%, 조개류는 7~10% 함유 미오신, 액틴으로 구성
지방	약 80% 불포화지방산, 약 20% 포화지방산으로 구성
무기질	1~2% 정도 함유. 주로 인, 요오드, 칼륨, 나트륨
비타민	지방함량이 많은 어유와 간유에 비타민 A와 D가 많음

(2) 수산물의 특징

① 콜라겐의 함량이 적어 육류보다 연하다.

② 사후 1~4시간에서 최대 강직시간을 가진다.

③ 붉은 살 생선이 흰살생선보다 사후강직이 빨리 일어난다.

④ 산란기 직전에 지방함량이 높아서 맛이 좋다.

> **갑각류 가열 시 색소 변화**
>
> – 회녹색의 아스타잔틴에서 홍색의 아스타신으로 변화

(3) 어류의 신선도 판정

관능검사	아가미	• 선명한 적색이며 불쾌한 냄새가 나지 않는 것 • 신선도가 저하되면 점액질이 많아지고 부패취가 증가하여 점차 회색으로 변함
	눈	• 안구가 외부로 돌출하고 생선의 눈이 투명한 것
	복부	• 탄력이 있는 것
	표면	• 비늘이 밀착되어 있고 광택이 나는 것
	근육	• 살이 뼈에 밀착되어 있는 것이 좋다.
	냄새	• 시큼한 냄새, 암모니아 등의 냄새가 없는 것
생균수 검사		• 식품 1g당 세균 수 10^7~10^8인 경우 초기 부패
이화학적 검사		• 휘발성 염기질소, 트리메틸아민, 히스타민 함량이 낮을수록 신선하다.

(4) 생선의 어취

– 생선의 비린내 성분은 트리메틸아민, 아민, 암모니아, 황화수소이다.

비린내를 줄이는 방법

- 흐르는 물에 씻기
- 된장, 고추장, 고춧가루를 사용
- 레몬즙, 식초 등의 산 첨가
- 마늘, 파, 양파, 생강 등의 강한 향신료를 사용하는 방법
- 우유나 쌀뜨물에 미리 담가두었다가 사용하는 방법
- 술을 넣으면 알코올에 의해 어취 약화

---

(5) 생선의 조리

① 생선 중량의 2~3%에 해당하는 소금을 뿌리면 생선살이 단단해진다.

② 생선조림은 물이나 양념장을 먼저 끓이다가 넣어야 모양을 유지하고 영양손실을 줄일 수 있다.

③ 생선을 조릴 때 처음 몇 분간은 뚜껑을 열어 비린내를 휘발시킨다.

④ 탕을 끓일 때는 국물을 먼저 끓인 후 생선을 넣어야 살이 풀어지지 않아 국물이 맑고 비린내가 덜 난다.

⑤ 생강은 생선이 익은 후에 넣어야 탈취효과가 있다.

(6) 어패류 가공품

① **연제품** : 어육(미오신)에 2~3%의 소금을 넣고 으깬 후 조미료, 전분 등을 첨가하여 반죽한 것을 찌거나 튀겨서 익힌 것

② **젓갈** : 어패류에 20% 내외의 소금을 넣고 발효 숙성시켜 단백질 분해로 풍미를 낸 식품

③ **기타** : 훈제품, 병조림, 건조제품(굴비, 오징어 등)

(7) 수산물의 저장

냉장 냉동	• 신선한 생선은 구입 후 바로 조리하고, 냉장된 생선은 2~3일 내에 조리 어류의 냉장 보관 시 다른 음식에 냄새가 전달되지 않도록 함 • 냉동 어류를 구입할 때 잘 언 제품을 구입하도록 하며, 조리할 때까지 냉동된 상태로 보관하며 해동한 후에는 재냉동하지 않아야 함 (냉동한 것은 −18℃에서 6개월 이상 보관하지 말 것)
건조	• 북어, 오징어, 굴비, 멸치, 홍합, 조개, 문어 등 **예)** 소건법, 마른건법, 염건법, 자건법, 동건법
염장	• 생선을 소금에 절여 저장한 것 **예)** 물간법

2) 해조류의 종류

다시마에 있는 알긴산 성분은 Ca, Na염으로서 풀로 이용되거나 아이스크림, 과자 등에 이용된다.

녹조류	얕은 바다에 서식하며 클로로필이 풍부	파래, 매생이, 청각
갈조류	카로티노이드를 함유하며, 해조류 중 요오드 함유량이 가장 많음	미역, 다시마, 톳, 모자반
홍조류	햇빛을 받으면 피코에리트린(적색)	김, 우뭇가사리

4. 유지 및 유지 가공품

1) 유지의 특징 및 종류

(1) 유지의 특징

① 상온에서 액체인 것은 기름(Oil), 고체인 것은 지방(Fat)으로 분류한다.

② 필수지방산의 공급원이며, 지용성 비타민의 흡수를 돕는다.

(2) 유지의 종류

① **식물성유** : 대두유, 옥수수유, 포도씨유, 참기름, 들기름 등

② **동물성 유지** : 우지, 라드, 어유 등

③ **가공유지** : 마가린, 쇼트닝

- **압착법** : 참기름, 올리브유

- **용출법** : 동물성 기름

- **추출법** : 식용유

(3) 유지의 성질

경화	불포화지방산에 수소(H_2)를 첨가하고 니켈(Ni) 또는 백금(Pt)을 촉매제로 사용하여 포화지방산으로 만드는 것(마가린, 쇼트닝)
유화	물과 기름이 혼합되는 것 – **수중유적형** : 물속에 기름이 분산된 형태(마요네즈, 우유, 아이스크림, 잣죽 등) – **유중수적형** : 기름 속에 물이 분산된 형태(버터, 마가린 등)
연화	밀가루반죽에 유지를 첨가하여 지방층을 형성함으로써 전분과 글루텐이 결합하는 것을 방해하는 작용(페스추리, 약과)
비중	물보다 가벼워 물 위에 뜨는 성질
융점	고체지방이 액체기름으로 되는 온도
가소성	외부에서 가해지는 힘에 자유롭게 변하는 성질
발연점	유지를 가열할 때 푸른 연기가 나기 시작할 때의 온도(아크롤레인)
크림성	지방을 빠르게 저어주면 지방층 사이에 공기가 혼입되면서 부피가 증가하고 부드럽고 하얗게 되는 현상
쇼트닝성	밀가루 반죽의 글루텐 길이를 짧게 만들어 바삭하게 해주는 성질(쿠키)

(4) 유지의 산패

– 유지나 지방질 식품을 오랫동안 저장하였을 때 산소, 광선, 빛, 효소, 물, 미생물 등의 작용을 받아 색이 짙어지고 불쾌한 냄새와 맛, 점성, 독성물질이 발생하여 품질이 저하되는 현상

유지의 산패를 방지하려면

① 항산화제가 있는 식물성 기름 사용

② 쓰던 기름과 새로운 기름을 혼합하여 사용하지 않기

③ 이물질을 걸러내고 밀폐시켜 어둡고 서늘한 곳에 보관

유지의 산패에 영향을 미치는 요인들

① 온도가 높을수록 산패가 촉진된다.

② 광선 및 자외선 노출이 많을수록 산패가 촉진된다.

③ 금속류의 접촉이 많을수록 산패가 촉진된다.

④ 유지의 불포화도가 높을수록 산패가 촉진된다.

⑤ 유지에 수분이 많으면 산패가 촉진된다.

(5) 유지 조리의 장점

① 풍미가 향상되고 고온으로 단시간 조리하기 때문에 영양가 손실을 최소화할 수 있다.

② 유지의 특성을 이용하여 다양한 조리가 가능하다.

5. 냉동식품의 조리

1) 냉동

(1) 냉동의 목적

① 미생물의 번식 억제

② 품질 저하 방지(식품 중의 효소작용 억제)

(2) 냉동의 방법

급속냉동 : −40℃ 이하의 온도에서 빠르게 동결하는 방법. 얼음입자 작음

완만동결 : −15∼−5℃의 온도에서 서서히 동결하는 방법. 얼음입자 큼

* 서서히 동결되면 드립(Drip)현상이 생기므로 급속동결(−40℃ 이하)시키거나, 액체질소를 사용하여 −194℃에서 급속동결시키기도 한다.

(3) 냉동 및 해동법

종류	냉동	해동
어 · 육류	잘 다듬은 후 나누어서 냉동	급속해동하면 드립이 발생하기 때문에 냉장온도에서 저온해동
채소류	데친 후 동결시킴	해동과 조리를 동시에 진행
과일류	그대로 냉동하거나 설탕을 이용하여 냉동	먹기 직전 냉장고나 실온에서 해동 주스 제조 시 그대로 믹서로 갈아 사용

반조리식품	밀봉하여 냉동	오븐이나 전자레인지를 이용하여 가열 빵가루가 입혀진 것은 기름에서 그대로 튀김
과자류	빵, 케이크, 떡 등은 부드러운 상태에서 냉동	상온에서 자연해동

6. 조미료와 향신료

1) 조미료

모든 식품에 맛, 향기, 색, 풍미를 가하는 물질

(1) 조미료의 효과

① 삼투압 작용에 의해 식품 속으로 간이 밴다.

② 저장성이 증가한다.

③ 새로운 맛이 생성된다.

④ 불쾌한 맛이 감소한다.

(2) 조미료의 첨가순서

- 사[さ : 청주(さけ), 설탕(さとう)]
- 시[し : 소금(しお)]
- 스[す : 식초(す)]
- 세[せ : 간장(しょうゆ)]
- 소[そ : 조미료(ちょうみりょう)]

조미료 첨가순서

생선 종류에 맛을 들일 때는 청주 → 설탕 → 소금 → 식초 → 간장의 순서

채소 종류에는 설탕 → 소금 → 간장 → 식초 → 된장의 순서

---

(3) 조미료의 종류

된장	• 대두콩을 주원료로 하여 누룩, 쌀, 보리, 콩과 소금을 첨가하여 발효 숙성한 것 붉은 된장, 흰 된장이 있다.
식초	• 식초는 3~5% 초산이 주성분이다. 양조식초와 합성식초가 있다.
소금	• 식용하는 소금은 염화나트륨이 주성분이다.
간장	• 진한 간장, 옅은 간장, 다마리간장, 백간장이 있다.
술	• 요리의 풍미를 더해주고 냄새를 없앤다.
미림	• 달콤한 술의 일종, 요리의 맛뿐만 아니라 광택까지 부여한다.
설탕	• 당분의 순도가 높을수록, 냄새가 없는 단맛이 난다.

2) 향신료

특수한 방향이나 자극적인 맛을 내기 위해 음식에 첨가하는 물질이다.

(1) 향신료의 효과

① 음식에 풍미를 더하고 식욕을 촉진한다.

② 곰팡이, 효모의 발생, 부패균 증식을 억제시킨다.

③ 소화 작용을 활성화하여 소화를 촉진한다.

(2) 향신료의 종류

생강	• 쇼가올은 육류와 생선의 냄새를 없애고 식욕을 증진시키며, 살균작용, 연육작용이 있다.
산초	• 잎, 꽃, 열매에 독특한 향기와 매운맛이 함유. 조림, 구이에 사용
유자	• 특수한 향기가 있다. 곁들임, 찜요리 등에 사용
차조기잎	• 싹, 꽃, 잎은 특유의 향미를 가진다. 회의 곁들임 야쿠미로 사용
고추냉이	• 뿌리 부분에 매운맛이 있고 강한 자극을 주며 특유의 향기를 지닌다. • 회, 초밥, 곁들임, 양념, 장식용으로 사용
파	• 독특한 향기를 지니고 비린내를 제거한다. 양념이나 곁들임에 사용
겨자	• 시원한 매운맛을 낸다. 따뜻한 요리에 적합
양파	• 향기가 풍부하다. 야쿠미, 절임, 초회, 튀김 등에 사용

01 전분의 호정화에 대한 설명으로 옳지 <u>않은</u> 것은?

① 노화가 잘 일어나지 않는다.

② 호정화되면 덱스트린이 생성된다.

③ 전분을 150~190℃에서 물을 붓고 가열할 때 나타나는 변화이다.

④ 호화된 전분보다 물에 녹기 쉽다.

02 과실의 젤리화를 위한 3요소와 관계 <u>없는</u> 것은?

① 펙틴　　　　　② 젤라틴

③ 산　　　　　　④ 당

03 단백질 분해효소로 식물에서 얻어지는 것은?

① 펩신　　　　　② 브로멜린

③ 레닌　　　　　④ 트립신

04 우유를 응고시키는 요인과 거리가 <u>먼</u> 것은?

① 가열　　　　　② 산

③ 레닌　　　　　④ 당류

05 해조류에서 추출한 성분으로 식품에 점성을 주고 안정제, 유화제로 사용하는 것은?

① 알긴산　　　　② 펙틴

③ 젤라틴　　　　④ 이눌린

✓ 정답

| 01 | ③ | 02 | ② | 03 | ② | 04 | ④ | 05 | ① |

06 뿌리 부분에 매운맛이 있고 강한 자극을 주며 특유의 향기를 지닌다. 회나 초밥에 곁들이는 향신료는 무엇인가?

① 고추냉이   ② 산초

③ 파   ④ 양파

07 생선요리에 맛을 들일 때 조미료 첨가순서가 맞는 것은?

① 설탕 → 소금 → 간장 → 식초 → 된장

② 간장 → 설탕 → 소금 → 식초 → 청주

③ 청주 → 설탕 → 소금 → 식초 → 간장

④ 소금 → 식초 → 간장 → 청주 → 설탕

08 조리에 조미료를 첨가함으로써 나타나는 효과가 <u>아닌</u> 것은?

① 삼투압작용에 의해 식품 속으로 간이 밴다.

② 저장성이 증가한다.

③ 새로운 맛이 생성된다.

④ 불쾌한 맛이 생성된다.

09 유지의 산패를 방지하는 방법이 <u>틀린</u> 것은?

① 항산화제가 있는 식물성 기름 사용

② 새기름과 유리지방산이 많은 기름을 섞어서 사용한다.

③ 쓰던 기름과 새로운 기름을 혼합하여 사용하지 않기

④ 이물질을 걸러내고 밀폐시켜 어둡고 서늘한 곳에 보관

10 생선의 조리법으로 <u>틀린</u> 것은?

① 생선 중량의 2~3%에 해당하는 소금을 뿌린 후 구이를 한다.

② 생선조림은 물이나 양념장을 먼저 끓이다가 생선을 넣어야 한다.

③ 가열할 때 수분간은 뚜껑을 닫고 끓여야 비린내가 없어진다.

④ 생강은 생선이 익은 후에 넣어야 효과가 있다.

✓ 정답

| 06 | ① | 07 | ③ | 08 | ④ | 09 | ② | 10 | ③ |

PART 6

일식조리

Chapter 1 일식조리 개요

1. 일식조리의 특징

　① 4계절을 중요시하는 재료의 선택

　② 기물의 선택 : 생김새, 색상, 재질

　③ 메뉴는 조림, 구이, 튀김, 초회, 찜 요리 등의 다양한 조리법

　④ 생선류는 주로 생식하기 때문에 주재료의 특성을 최대한 살린다.

　⑤ 양의 조절과 섬세함을 요리에서 느낄 수 있어야 한다.

　⑥ 영양과 맛의 균형을 맞추고 자연 그대로의 맛과 멋을 살려서 조리한다.

2. 일식조리의 기본조리법

　① 오색(五色), 五味(오미), 五法(오법)을 기초로 한다.

　② **오색** : 빨간색, 청색, 검은색, 흰색, 노란색

　③ **오미** : 쓴맛, 매운맛, 단맛, 짠맛, 신맛

　④ **오법** : 구이, 찜, 튀김, 조림, 날것

3. 일식조리의 분류

회석(懷石)요리	• 차와 함께 간단한 식사를 곁들여 공복감을 해소시킬 수 있을 정도의 양으로 음식은 맛있고 화려하고 섬세하며 먹기 쉬워야 한다.
회석(會席)요리	• 연회용 요리이며 일즙3채, 일즙5채, 이즙5채 등이 있다. *一汁(일즙)은 국 1가지, 三菜(삼채)는 요리 3가지를 의미
혼젠(本膳)요리	• 일즙3채, 일즙5채, 이즙7채 등의 상차림
정진(精進)요리	• 불교식의 사찰요리, 육류나 어패류 등 식재료를 사용하지 않고 채소, 해초, 콩류, 곡류 등을 사용하여 조리하고, 식물성 기름과 녹말을 많이 사용한다.

4. 일식조리 담기

① 차가운 요리는 찬 그릇에 담고, 뜨거운 요리는 따뜻한 그릇에 담는다.

② 그릇에 가득 차게 담지 않고 공간의 미를 살리며 담는다.

③ 생선을 담을 경우 머리는 왼쪽으로, 배가 자기 앞으로 오게 담는다.

④ 색상의 조화와 계절감이 잘 살아날 수 있는 그릇에 담는다.

⑤ 계절감을 살려서 담는다.

01 일식조리의 특징이 잘못된 것은?

① 4계절을 중요시하는 재료의 선택과 색상을 살려서 조리한다.

② 그릇에 담을 때는 공간미를 살리는 데 중점을 둔다.

③ 양의 조절과 섬세함을 요리에서 느낄 수 있어야 한다.

④ 생선류는 주로 익혀서 조리하기 때문에 특성을 최대한 살린다.

02 일식조리의 기본 조리 중 오법에 해당하지 않는 것은?

① 구이　　　② 무침

③ 조림　　　④ 찜

03 불교식의 사찰요리로 육류나 어패류 등 식재료를 사용하지 않고 채소, 해초, 콩류, 곡류 등을 사용하여 조리하고 식물성 기름과 전분을 많이 사용하여 조리하는 것은?

① 정진(精進)요리

② 혼젠(本膳)요리

③ 회석(懷石)요리

④ 보차(普茶)요리

04 일식조리를 담아내는 방식이 잘못된 것은?

① 차가운 요리는 찬 그릇에 담고, 뜨거운 요리는 따뜻한 그릇에 담는다.

② 그릇에 가득 차게 담고 공간의 미를 살리며 담는다.

③ 생선을 담을 경우 머리는 왼쪽으로, 배가 자기 앞으로 오게 담는다.

④ 색상의 조화와 계절감이 잘 살아날 수 있는 그릇에 담는다.

✓ 정답

| 01 | ④ | 02 | ② | 03 | ① | 04 | ② |

일식 무침조리 ---------------------------------------

1. 무침 개요

준비된 식재료에 따라 다양한 양념을 첨가하여 용도에 맞게 생선, 어패류, 고기, 채소, 건어물 등을 가열하거나 엷은 밑간을 해서 조리한 것을 무침 소스로 버무려 재료와 조화롭게 조리한 것

1) 특징

① 무침은 너무 두드러져서는 안 되며, 주요리를 돋보이게 하는 역할을 해야 한다.
② 하나의 메뉴 속에는 산, 계곡이 있고, 요리 질의 높고 낮음, 질의 양부, 양의 다소 등에 변화를 주어야 한다.
③ 메뉴의 순서에 따른 고객의 호기심을 유발한다.
④ 노란색, 검은색, 하얀색, 녹색, 빨간색 등의 오색을 중요시한다.

2. 무침재료 준비

1) 주재료의 특성

갑오징어	• 살집이 두꺼워 얇게 채썰어서 다양한 재료와 혼합하는 조리법이 많다. • 초회, 무침 등에 사용한다.
두부	• 연두부, 순두부, 비단두부 등 종류가 다양하다.
곤약	• 구약감자를 묵 형태로 만들어 사용한다. • 국수, 젤리, 조림, 탕에 사용한다.
피조개	• 주로 초밥용 재료에 많이 쓰이며 회와 데쳐서 무침으로 한다.
도미	• 일본사람들이 제일 좋아하는 생선이다. • 회, 초밥, 무침 등에 이용한다.
시치미	• 양귀비, 진피, 참깨, 산초나무, 삼씨, 차조기, 김, 파래, 생강, 유채 등으로 만든다. • 우동, 소바 등 국수 종류나 규동 등에 사용한다.

2) 부재료

① 무순과 차조기잎을 씻어 찬물에 담가둔다.

② 채썬 가쓰오부시를 준비한다.

③ 시치미(고추를 주재료로 한 향신료를 섞은 일본의 조미료)를 준비한다.

3) 양념

명란젓 : 살아 있는 명태의 알을 소금에 절여서 만든다.

3. 무침조리

1) 곤부다시

① 끓이지 않고 사용하는 방법

② 끓여 사용하는 방법

2) 무치기

① 재료의 물기가 배어 나오므로 상에 올리기 직전에 무친다.

② 삶아서 간을 하여 무치는 경우가 많으나 날것으로 사용하는 경우도 있다.

③ 소스는 식전에 만들어야 한다.

4. 무침 담기

1) 그릇 선택

① 계절감을 살려서 기물을 선택한다.

② 화려한 기물은 주요리를 어둡게 만들기 때문에 지양한다.

③ 3, 5, 7, 9 등 홀수로 기물을 선택한다.

④ 작은 보시기를 주로 사용한다.

2) 소스 끼얹는 형식

① 재료를 일목요연하게 알 수 있다.

② 보기에 좋고 담는 기술이 두드러진다.

③ 손님이 원한 만큼의 무침재료 소스의 양을 조절할 수 있다.

01 무침조리를 하는 방법이 잘못된 것은?

① 엷은 밑간을 해서 조리한 것을 소스에 버무린다.

② 날것으로 무치는 경우 신선도에 주의한다.

③ 데쳐서 무칠 경우는 따뜻할 때 버무린다.

④ 상에 올리기 직전에 무쳐낸다.

02 무침재료의 오색에 포함되지 <u>않는</u> 것은?

① 흰색　　　　② 분홍색

③ 노란색　　　　④ 검은색

03 무침조리의 특징이라 할 수 <u>없는</u> 것은?

① 고객의 호기심 유발

② 오색을 중요시함

③ 무침이 주요리로 돋보이게 한다.

④ 요리의 질의 높고 낮음, 질의 양부, 양의 다소 등의 변화를 주어야 한다.

04 무침양념을 끼얹는 조리법으로 확인할 수 있는 것은?

① 재료를 일목요연하게 알 수 있다.

② 보기에 좋고 담는 기술이 두드러진다.

③ 손님이 원한 만큼의 무침재료 소스의 양을 조절할 수 있다.

④ 무침을 미리해서 촉촉한 국물이 나와야 한다.

05 무침조리의 그릇 선택이 잘못된 것은?

① 계절감을 살려서 기물을 선택한다.

② 화려한 기물은 주요리를 어둡게 만들기 때문에 지양한다.

③ 3, 5, 7, 9 등 홀수로 기물을 선택

④ 큰 접시를 주로 사용

✓ 정답
| 01 | ③ | 02 | ② | 03 | ③ | 04 | ④ | 05 | ④ |

Chapter 3

일식 국물조리 --

1. 국물 개요

준비된 맛국물에 제철에 생산되는 주재료를 사용하여 맛과 향을 중요하게 조리하는 것

2. 국물재료 준비

1) 국물요리의 종류

(1) 맑은 국물형

• 세심한 맛이 요구되므로 팔팔 끓이지 않고 은근히 끓여 고운체와 면포에 걸러 사용한다.

• 뚜껑을 열었을 때 향기나 색깔의 조화, 아름다움과 담백한 맛이 제일 중요하다.

맑은 국물	• 일번다시국물을 이용하고 요리 직전에 준비한다.
전분을 이용한 국물	• 걸쭉한 농도는 쉽게 식는 것을 막으며 입에 닿는 촉감이 부드럽다.
재료 자체에서 우려내는 국물	• 도미, 대합 등 맑은국에 사용되는 주재료 자체로부터 우러나게 하는 맛
자라를 이용한 국물	• 자라는 살이 단단하고 특유의 냄새가 강하기 때문에 청주를 이용하여 그 냄새를 약하게 한다.

(2) 탁한 국물형

된장을 이용한 국물	• 적된장의 약간 매운맛, 백된장의 단맛, 혼합된장을 사용한다.
즙을 이용한 국물	• 재료를 강판에 곱게 갈아 고운체에 내려 맑은 다시 국물에 혼합하고 약간의 전분을 풀어 걸쭉하게 하는 방법이다.
술지게미를 이용한 국물	• 술을 만들고 남은 술지게미를 이용하여 만드는 국물이다.

2) 국물요리의 구성

주재료(완다네)	• 어패류를 가장 많이 사용하며, 육류, 채소류 등도 사용한다. • 도미, 대합 등을 많이 사용한다.
부재료(쓰마)	• 제철에 나는 채소류, 해초류를 많이 사용한다. • 주로 맛, 색, 질감 등이 주재료와 어울리는 것을 골라 사용한다.
향(스이구치)	• 주재료의 맛을 살리는 보조적인 역할을 한다. • 유자, 산초, 시소, 와사비, 겨자, 생강, 깨, 고춧가루 등을 사용한다.

일본 된장의 종류와 특징

• 일본 된장은 콩을 주재료로 하여 소금과 누룩을 첨가하여 빠른 시간에 발효시킨 것
• 염분의 양, 원료의 배합비율, 숙성기간 등에 따라 색과 염도가 다른 것이 특징
• 누룩의 종류에 따라 쌀된장, 보리된장, 콩된장으로 구분
• 색에 따라 흰된장 : 단맛이 많고 짠맛이 적음
     적된장 : 색이 붉을수록 단맛이 적고 짠맛이 많은 것이 특징이다.

3. 국물 우려내기

1) 맛국물 재료의 특성

최고의 감칠맛과 향기를 지니고 있는 것으로 맑은국이나 찜요리의 맛국물에 사용한다.

(1) 가쓰오부시

① 가다랑어 중에서도 등속 부분의 지아이 부위가 기름기가 적어 국물 내기에 제일 좋은 부분이다.

② 표면에 곰팡이의 색이 없고 잘 건조된 것을 고른다.

③ 밀폐된 용기에 넣어서 건조한 곳에 보관한다.

(2) 다시마

① 두꺼우며 하얀 염분이 밖에 많이 노출되어 있는 것이 좋으며 완전히 건조된 것을 고른다.

② 표면에 묻은 만니트는 깨끗한 조리용 면포로 닦아 사용한다.

③ 통풍이 잘되고 습기가 적은 곳에 보관한다.

(3) 멸치, 마른 새우 등도 사용한다.

4. 국물요리 조리

1) 간장, 맛술, 식초의 특징

① 간장은 단맛이 특징이다.

② 맛술 특유의 맛을 내고 음식에 윤기가 나게 하는 것이 특징이다.

③ 식초(스)는 식욕을 돋우고 압안을 상쾌하게 하며 방부 및 살균효과의 특징이 있다.

2) 국물요리에 사용되는 향신료의 종류와 특성

① 유자(유즈)는 껍질과 과육을 향신료로 사용하고 반달썰기를 하여 통째로 사용한다.

② 산초(산쇼)는 잎과 열매, 꽃 모두 특유의 매운 향을 가지는 향신료이다.

3) 제공순서에 따른 분류

① **제일 먼저 제공되는 맑은국** : 식사가 시작되면서 제공한다.

② **중간에 제공되는 맑은국** : 입가심을 위한 맑은국, 간을 약하게 하며 작은 그릇을 사용한다.

③ **마지막 제공되는 맑은국** : 식사와 함께 제공하는 마시는 국물, 된장국이 많고 메뉴가 끝남을 알리는 의미가 있다.

01 다시 국물재료 선택이 <u>잘못된</u> 것은?

① 가다랑어 중에서도 등속 부분의 지아이 부위가 기름기가 적은 것

② 다시마는 두꺼우며 하얀 염분이 밖에 많이 노출되어 있는 것

③ 다시마는 부드럽고 촉촉한 것

④ 통가다랑어는 무게가 있고 두드렸을 때 둔탁한 소리가 나는 것

02 일번 다시 내는 방법이 <u>잘못된</u> 것은 무엇인가?

① 다시마는 깨끗한 면포로 닦아 준비한다.

② 물과 다시마를 넣어 중불로 끓인다.

③ 가쓰오부시를 넣어 맛이 우러나게 오래오래 끓인다.

④ 면포로 걸러서 사용한다.

03 맑은 국물의 맛을 내는 조리법이 <u>틀린</u> 것은?

① 다시국물을 끓여두었다가 조리할 때 사용한다.

② 일번 다시 국물을 이용한다.

③ 소금으로 간을 한다.

④ 간장 향을 첨가한다.

04 재료를 강판에 곱게 갈아 고운체에 내려 맑은 다시국물에 혼합하고 약간의 전분을 풀어 걸쭉하게 하여 국물을 내는 법은?

① 전분을 이용한 국물

② 즙을 이용한 국물

③ 된장을 이용한 국물

④ 재료 자체에서 우려내는 국물

05 식사와 함께 마지막에 제공되는 국물은 무엇인가?

① 도미맑은국

② 대합맑은국

③ 된장국

④ 생미역 맑은국

✓ **정답**

| 01 | ③ | 02 | ③ | 03 | ① | 04 | ② | 05 | ③ |

Chapter 4

일식 조림조리 --

1. 조림 개요

재료와 국물을 함께 끓여서 맛이 속으로 스며들게 하는 조림이며 밥반찬이 되고 식단(こん だて, 곤다테)을 마무리하는 역할을 한다.

2. 조림재료 준비

1) 기본 육수 내는 법

(1) 다시마 국물(곤부다시) 만드는 방법

① 다시마를 젖은 행주로 닦는다.

② 준비한 양의 물과 닦은 다시마를 불에 올려 은근히 끓인다.

③ 끓으면 불을 끈 뒤 거품과 다시마를 건져내고 면포에 걸러 사용한다.

(2) 가다랑어포 국물(가쓰오부시 다시) 만드는 방법

① 물이 끓으면 가다랑어포를 넣고 불을 끈다.

② 10~15분 지난 다음 가다랑어포가 가라앉으면 면포에 조심스럽게 거른다.

(3) 일번 다시 국물(이치반 다시) 만드는 방법

① 다시마를 젖은 행주로 닦는다.

② 냄비에 물과 다시마를 넣고 중불에서 끓어오르면 가다랑어포를 넣어 불을 끈다.

③ 가다랑어포가 바닥에 가라앉고 10~15분 정도 지나면 면포에 거른다.

2) 조림양념의 종류

종류	만드는 법
단 조림	• 맛술, 청주, 설탕을 넣어 조림

짠 조림	• 주로 간장으로 조림
보통조림	• 장국, 설탕, 간장으로 적당히 조미하여 맛의 배합을 생각하며 조린 것
소금조림	• 소금으로 조린 것
된장조림	• 된장으로 조린 것
초조림	• 식품을 조림한 다음 식초를 넣어 조린 것
흰 조림, 푸른 조림	• 색상을 살려 간장을 쓰지 않고 소금을 사용하여 단시간에 조린 것

조림할 때 단백질의 변화

- 근원섬유 단백질의 변화 : 살이 단단하고 중량이 감소한다.
- 결합조직 단백질의 변화 : 콜라겐이 젤라틴화된다.
- 수용성 단백질의 용출 : 육수맛이 좋아진다.

---

3. 조림하기

① 재료를 소금에 절이거나 데치기를 한다.

② 화력은 강불에서 약한 불로 줄여가면서 조린다.

③ 부서지지 않게 양념을 끼얹으면서 윤기나게 조린다.

④ 큰 재료는 조리에 맞게 적당하게 썰어서 사용한다.

⑤ 조림양념의 순서 : 술−설탕−소금−식초−간장

4. 조림 담기

① 몸통 → 머리 → 꼬리 순으로 껍질이 위쪽에 오도록 담는다.

② 국물을 살짝 끼얹어서 윤기가 나게 한다.

③ 부재료 채소는 앞쪽으로 세워 담는다.

01 조림 조리 시 조미료 사용순서가 올바른 것은 무엇인가?

① 술 → 설탕 → 소금 → 식초 → 간장

② 술 → 소금 → 설탕 → 식초 → 간장

③ 식초 → 술 → 간장 → 설탕 → 소금

④ 간장 → 설탕 → 식초 → 소금 → 술

02 맛술, 청주, 설탕을 넣어 조리하는 조림은 무엇인가?

① 보통조림　　　　② 푸른 조림

③ 단 조림　　　　④ 짠 조림

03 조림조리의 방법이 **틀린** 것은?

① 재료를 소금에 절이거나 데치기를 한다.

② 화력은 강불에서 계속해서 빠른 시간 내에 조린다.

③ 부서지지 않게 양념을 끼얹으면서 윤기나게 조린다.

④ 큰 재료는 조리에 맞게 적당하게 썰어서 사용한다.

04 일번 다시 만드는 방법이 맞는 것은?

① 다시마를 물에 씻어 먼지를 제거한다.

② 물을 부어 강불에서 빨리 끓여낸다.

③ 가다랑어포를 넣고 맛이 우러나게 오래 끓인다.

④ 육수는 면포에 걸러 사용한다.

05 완성된 조림을 담아내는 방법이 **틀린** 것은?

① 몸통 – 머리 – 꼬리 순서로 담아낸다.

② 껍질이 아래로 가게 담아낸다.

③ 국물을 살짝 끼얹어 윤기 나게 한다.

④ 부재료 채소는 앞에 담아낸다.

✓ 정답

| 01 | ① | 02 | ③ | 03 | ② | 04 | ④ | 05 | ② |

Chapter 5 일식 면류조리

1. 면 개요

면 재료를 이용하여 양념, 국물과 함께 조리하여 제공하는 것

2. 면재료 준비

1) 면의 종류와 특성

우동(우돈) うどん	• 일본음식을 대표하는 면요리	• 냄비우동, 튀김우동, 찬우동, 온우동, 우동볶음
소면(소멘) そうめん	• 방금 만들어낸 것보다는 약간 오래된 것이 기름기가 빠 져나와 맛이 더 좋다.	• 납면, 압면, 절면, 소면
라면(라멘) ラーメン	• 면과 국물, 파, 돼지고기, 삶은 달걀, 숙주 등의 재료 를 올린다.	• 돈코츠라멘, 시오라멘, 미소라멘, 소유라멘
메밀국수(소바) そば	• 메밀가루로 만든 국수 • 메밀가루에 차를 넣은 차소바가 유명하다.	• 찬 메밀국수, 튀김메밀국수, 온메밀국수, 볶음메밀국수

2) 부재료와 양념

(1) 부재료

쑥갓, 팽이버섯, 당근, 오이 표고버섯, 김, 실파, 죽순, 무, 와사비, 과일 등

(2) 양념

가다랑어포, 다시마, 연간장, 맛술, 청주, 진간장, 소금 등

① 간장

진간장 [고이구치쇼유(濃い口醬油)]	• 냄새를 제거하거나 찍어 먹는 용으로 주로 쓰인다. • 가장 많이 쓰이는 간장
엷은 간장 [우스쿠치쇼유(うすくちしょうゆ)]	• 재료가 가지고 있는 색, 맛, 향을 잘 살리는 요리에 이용한다. • 염도가 다른 간장보다 강하여 소금 맛이 강하다.
타마리간장 [타마리쇼유(たまりしょうゆ)]	• 단맛을 띠고 특유의 향이 있으며, 조림, 구이 요리에 사용하면 깊은 맛과 윤기를 내기도 한다.
나마쇼유 (生醬油)	• 풍미도 좋고, 오랜 시간 끓여도 향기가 날아가지 않는 것이 특징이다.
시로쇼유 (白醬油)	• 재료의 색을 살리는 데 훌륭한 역할을 한다.
간로쇼유 (甘露醬油)	• 사시미(刺身) 또는 신선한 재료에 찍어 먹는 간장 또는 곁들임에 사용된다.

② 맛술

■ **맛술의 주요 성분** : 누룩곰팡이 효소의 작용으로 전분과 단백질을 분해하여 생긴 생성물과 알코올이다.

■ **맛술의 장점**
• 포도당과 올리고당이 다량 함유되어 있어 식재료가 부드러워진다.
• 당류가 포함되어 있어 재료의 표면에 윤기가 생긴다.
• 당분과 알코올 성분이 조릴 때 재료의 부서짐을 방지한다.
• 찹쌀에서 나온 아미노산의 감칠맛과 당류의 성분이 어우러져 깊은 향과 맛을 낸다.

3. 면 조리

1) 맛국물 조리

(1) 가다랑어

① 가다랑어포의 종류

곰팡이가 있는 가다랑어 곰팡이를 통해 맛과 풍미가 더해진 발효식품	얇게 썬 가다랑어포	• 꽃모양으로 폭넓게 깎은 가다랑어포 • 조림, 된장국이나 찌개 국물 등에 사용
	실 모양 가다랑어포	• 요리의 마지막에 고명으로 올린다. • 샐러드나 무침, 조림 등의 요리
	가루 가다랑어	• 단시간에 향기로운 국물을 낼 때 분말 그대로 사용 • 조림이나 샐러드 소스 등
곰팡이가 없는 가다랑어 가다랑어를 깎아 만든 강한 향이 특징	두꺼운 가다랑어포	• 깊이 있는 맛이 특징 • 면류 국물과 조림 맛국물에 사용
	꽃 가다랑어포	• 향과 맛이 뛰어나다. • 조림, 볶음, 냄비요리의 국물에 사용

② 가다랑어포 고르는 법

- 통가다랑어는 무게가 있고 말린 상태가 좋으며, 두드려보아 맑은 소리가 나는 것이 좋다.
- 깎아놓은 가다랑어포는 투명한 빛깔을 내며 포를 통해 사물이 보이는 것이 좋다.
- 가다랑어포가 분홍색이며, 검은색이 많은 것은 피가 섞여 있는 것이므로 피하는 게 좋다.

(2) 다시마

① 다시마의 종류

참다시마	• 가장 대표적이고 품질이 좋다. • 국물 낼 때 이용하며, 조림 등에 사용한다.
애기다시마	• 우리나라 양식 대상종으로 중요시되고 있다.

② 다시마의 영양성분

- **다시마의 미네랄** : 칼슘, 철, 나트륨, 칼륨, 요오드
- **다시마의 색채성분** : 후코키산틴

• 다시마의 감칠맛 성분 : 글루타민산

2) 향미재료

맛향신료	신미료	• 고추, 겨자, 고추냉이 등
	향미료	• 바닐라, 올스파이스, 박하, 타임, 정향, 월계수, 계피, 파슬리, 명하, 땅두릅, 파프리카, 유자, 미나리 등
	고미료	• 유자, 셀러리, 파슬리, 세이지, 오레가노, 고수 등
종실향신료	후추	• 흑색 후추가 매운맛이 더 강하다. • 백색 후추는 향기가 좋다.
	겨자	• 생선요리, 육류요리, 해물냉채 등 먹기 직전에 양념장이나 소스로 이용한다.
근경향신료	참깨	• 기본 향신료이다.
	생강	• 생강차, 화채, 각종 음료에도 이용된다.
	마늘	• 생선, 육류, 채소류의 불쾌한 냄새를 해소시킨다.
	고추냉이	• 생선회와 찬 면류, 일본식 차밥의 곁들임 등에 이용한다.
엽경향신료	산초	• 새싹(산초순)은 맑은국에, 꽃은 국요리에 곁들인다. • 가루산초는 장어양념구이와 된장국에 쓰인다.
과피향신료	진피	• 닭, 쇠고기, 양고기, 내장 요리 등에 이용한다.

3) 시치미(七味)의 특징

① 지역에 따라 배합, 배분이 다른 특징이 있다.

② 관서지방의 시치미는 산초의 향이 강하고 산초의 비율이 높은 반면, 관동지방의 시치미는 산초의 배합이 없거나 적은 것이 특징이다.

③ 지역의 특징이나 개개인의 식성에 맞춘 다양한 시치미가 있다.

④ 시치미 보관하기 : 향기는 온도에 약하므로 밀봉하여 냉장고에 보관한다.

4) 맛국물의 종류

찬 면류 맛국물	• 다시 7 : 진간장(고이구치쇼유) 1 : 맛술 1의 비율
볶음류 맛국물	• 간장 1 : 청주 1 : 맛술 1 : 물 2의 비율
따뜻한 면류 맛국물	• 다시 14 : 진간장(고이구치쇼유) 1 : 맛술 1의 비율

5) 생면류 면발 형성

(1) 면대와 면발의 차이와 만드는 법

면대	• 반죽을 얇게 편 것 • 다단 롤러를 이용하여 반죽을 얇고 넓적하게 펴서 만든 것
면발	• 면대를 썰어서 만든 면 가닥 • 절출기 또는 칼날을 이용하여 면 가닥을 만든 것

(2) 면발의 특성

① 면발의 수분함량

다가수 · 일반 · 반건조 · 건조 면발 등

- 생면 : 성형 후 바로 포장하거나 표면만 건조시킨 것
- 건면 : 수분이 15% 이하가 되게 건조한 것(소면, 파스타)
- 숙면 : 익혀 포장한 면

② 면발의 굵기에 따른 요리 소재

세면	• 면발의 굵기가 가장 가는 면 • 중국이나 일본 등에서 요리재료로 많이 사용
소면	• 세면보다 조금 굵은 면발 • 잔치국수나 비빔면 등
중화면	• 소면보다 조금 굵은 면발 • 일본식 라면, 자장면, 짬뽕, 수타면 등
칼국수면	• 일본식 라면, 짜장면, 짬뽕 등 • 칼국수에는 면발이 넓고 두께는 얇은 면발을 사용 • 해물칼국수나 팥칼국수는 폭이 좁고 두께가 두꺼운 면발을 사용
우동면	• 칼국수 면보다 조금 굵은 면발 • 우동

③ 면발 폭의 규격

- **면발 번호의 의미** : 30mm의 길이를 해당 번호로 나눈 값이 그 번호 면발의 폭

  예) 10번 면 = 30mm ÷ 10 = 3mm가 10번 면의 폭이다.

- **번호 표현방식** : # 뒤에 숫자를 표기한다.

  예) #10이란 10번 면이란 의미이고 면발의 폭이 3mm라는 의미

④ 면발 두께의 규격

- 정해진 기준이 없다.

- 각종 면의 특성과 소비자의 기호도에 따라 두께는 자율적으로 결정한다.

- 우동면은 면발의 폭과 면발 두께의 비율이 4 : 3 정도가 좋다.

6) 소금의 종류

암염	• 암염은 자연의 결정체가 지하에서 층맥을 형성하고 있으며 이것을 채굴해서 이용한다.
천연 함수염	• 차단된 바닷물이 호수나 목 또는 지하에 매몰되어 염천, 또는 염정이 된 것이 함수이다.
해염	• 바닷물의 수분을 증발시켜서 얻은 소금이며 강수량이 적고 일사량이 많은 지역에서는 태양을 이용해서 소금을 결정시키는 천일 제조법을 이용한다.

요리와 소금 농도

국 0.8~1%	생채소요리 1% 전후	김치 겉절이 2.5~3%
조림 1.5~2%	생선 1~2%	절임김치 4~5% 등

---

7) 면 삶기

(1) 면 삶을 물이 끓는지 확인

① 물이 끓지 않는 상태에서 면을 뽑으면 이미 뽑힌 면이 엉겨붙는다.

② 면발의 탄력성을 유지하기 위해 끓는 물에 소금을 넣는다.

③ 면을 끓는 물에 넣고 충분히 저어주어 서로 엉겨붙는 부분이 없도록 해야 한다.

(2) 면이 익으면 씻을 찬물이 준비되어 있는지 확인

① 끓는 물에서 건지기 전에 면을 씻을 충분한 양의 찬물을 준비해야 한다.

② 면이 익으면 찬물에 바로 담가 씻어주면 면의 잡냄새를 제거하고 탄력성이 유지된다.

4. 면 담기

1) 면요리 그릇

국물이 있는 면요리	• 국물이 있는 우동이나 가케소바는 깊이가 있고 넓이가 적당한 그릇을 준비한다.
국물 없는 면요리	• 볶음우동이나 냉우동 같은 경우에는 넓고 얕은 접시를 준비한다.
자루소바(모리소바)	• 자루소바(모리소바)는 물기가 빠질 수 있는 그릇을 준비한다.

2) 고명 올리기

색이 하얀 소면요리	• 가마보코, 실파, 하리노리
가케소바, 가케우동	• 실파, 하리노리, 덴가스
자루소바나 냉소바	• 하리노리, 와사비, 실파, 쓰유

01 가다랑어포 선택이 잘못된 것을 고르시오.

① 가볍고 말린 상태가 좋은 것

② 두드려보아 맑은 소리가 나는 것

③ 투명한 빛깔이 나는 것

④ 분홍색이 나는 것

02 면발의 굵기가 가장 가는 면으로 일본에서 요리재료로 많이 사용하는 것은?

① 세면

② 소면

③ 우동면

④ 칼국수면

03 자루소바를 담아내는 그릇을 잘 선택한 것은?

① 깊이가 있고 넓이가 적당한 그릇

② 넓고 얕은 접시

③ 표면이 매끈한 냄비

④ 물기가 빠질 수 있는 그릇

04 다음 중 시치미를 만드는 재료가 아닌 것은?

① 고춧가루

② 파란 김

③ 와사비

④ 삼씨

05 색이 하얀 소면요리에 올리는 고명으로 어울리지 않는 것은?

① 가마보코

② 실파

③ 와사비

④ 하리노리

✓ 정답

| 01 | ① | 02 | ② | 03 | ④ | 04 | ③ | 05 | ③ |

1. 밥 개요

주식인 쌀을 사용한 요리로서 밥, 덮밥류, 죽류의 차이를 이해하고 조리할 수 있다.

- 식사로서 사용되는 밥, 덮밥류, 죽류를 조리하는 것
- 쌀 또는 다른 곡류가 들어간 잡곡밥, 덮밥류(규동, 덴동, 가쓰동)
- 차덮밥(오차즈케, 연어차즈케, 매실, 김)

2. 밥 짓기

1) 쌀의 특징

종류	자포니카형	인디카형
주산지	• 중국, 중북부 및 한국과 일본	• 인도 및 동남아시아 국가
특성	• 녹말 중의 아밀로오스 함량이 낮으며 쌀밥은 찰기가 강한 편이고 향은 거의 없다.	• 아밀로오스 함량이 높으며 쌀밥은 비교적 끈기가 별로 없고 특유의 향이 있다.
조리	• 취반법 : 밥솥에 물을 조절해서 밥을 다 짓고 나면 물이 남지 않아 바닥이 눌어서 누룽지가 된다.	• 탕취법 : 국수 끓이듯이 그냥 물에 넣고 삶다가 중간에 체에 받쳐 물을 버린다.
사용나라	• 한국, 일본	• 중국 북부, 동남아대륙, 인도 등

2) 밥 짓기

① 쌀은 5~10분 정도 씻는다.

② 밥 짓기 전 침수시간은 여름 30분, 봄·가을 45분, 겨울 1시간 정도 불린다.

③ 밥을 할 때의 물의 양은 쌀 중량의 1.2배 정도가 적당하다.

④ 밥은 강불에서 시작하여 끓어오르면 불조절을 해가면서 한다.

3. 녹차밥 조리

차밥[오챠즈케(おちゃずけ)]은 본래 따뜻한 밥 위에 뜨거운 차를 부어서 먹는 요리이나 차가운 차를 뜨거운 밥 위에 부어주는 히야시챠즈케(冷やし茶漬け)도 있다.

1) 맛국물 내기

(1) 녹차만을 사용해서 맛국물 만들기

① 맛이 진하고 향이 강해야 한다.

② 뜨거운 물을 사용(80~90℃)하고 고객에게 제공 직전에 뽑아야 한다.

(2) 가쓰오부시만을 사용해서 맛국물 만들기

① 가쓰오부시와 다시마를 사용하여 맛국물을 만드는 경우에는 마실 수 있는 정도로 간을 세게 하지 않는다.

② 간이 되어 있고 가쓰오부시를 사용하여 감칠맛이 강한 것이 특징이다.

(3) 녹차와 가쓰오부시를 모두 사용하여 맛국물 만들기

맛국물을 만들고 고객에게 제공 직전에 녹차를 넣고 우려내어 맛국물을 만든다.

> 밥을 그릇에 담을 때는 고명이 잠기지 않도록 밥의 가운데가 솟아나도록 담아야 맛국물을 충분히 부을 수 있고, 서빙하는 과정에서 고명이 흐트러지는 것을 방지할 수 있다.

4. 덮밥류 조리

1) 덮밥용 맛국물 만들기

① 다시물에 간장, 설탕, 술, 맛술로 조미하여 맛국물을 만든다.

② 덮밥은 맛국물의 농도를 비교적 진하게 맞춰서 다른 찬 없이 식사할 수 있도록 한다.

③ 장어덮밥처럼 맛국물 없이 진한 소스(다레)로 조리하여 덮밥을 만든다.

④ 맛국물에 튀기거나 익힌 재료는 다시마국물이나 가다랑어포 국물에 익힌 재료를 넣고 덮밥을 만들 수 있다.

2) 덮밥에 쓰이는 냄비(丼鍋, どんぶりなべ, 돈부리나베)

① 작은 프라이팬 모양으로 생겨 손잡이가 직각으로 놓여 있으며 익히는 과정에 맛국물이 너무 졸여지는 것을 방지하기 위해 뚜껑이 있다.

② 밥에 올리는 과정에서 힘을 적게 주기 위해 턱이 낮고 가벼운 것이 특징이다.

3) 덮밥에 쓰이는 고명의 종류와 특성

① 비린 맛을 없애고 매콤한 맛을 주기 위해 고추냉이, 양파, 무순, 실파를 올린다.

② 감칠맛을 주기 위해 김을 사용한다.

③ 향과 매운맛을 주기 위해 초피, 실파, 대파 등을 사용한다.

4) 덮밥의 종류

오야코돈(親子どん)부리	• 닭고기와 파 등을 양념으로 해서 삶아 달걀을 얹은 것
덴돈(天どん)부리	• 밥에 튀김 등을 얹어 양념에 찍어 먹는 것
가이카돈(開花どん)부리	• 쇠고기 혹은 돼지고기에 양파를 넣고 달걀로 양념하여 밥 위에 얹은 것
다마돈(玉どん)부리	• 파 등을 달걀에 섞어 쪄서 밥 위에 얹은 것
우나기돈(鰻どん)부리	• 밥 위에 양념한 장어를 얹은 것
카레돈(鰻どん)부리	• 쇠고기나 채소를 카레가루에 양념하여 삶은 후 밥에 얹은 것
가루비돈(カルビどん)부리	• 밥 위에 갈비, 불고기를 얹은 것
고노하돈(木の葉どん)부리	• 튀김과 어묵을 달걀로 양념해서 밥 위에 얹은 것
뎃카돈(鐵火どん)부리	• 초밥에 참치회를 얹어 와사비를 첨가한 돈부리로서, 간장에 찍어 먹는 것
다닝돈(他人どん)부리	• 돼지고기나 쇠고기를 달걀에 섞어 찐 후 밥 위에 얹은 것
가키아게돈(かきあげどん)부리	• 가키아게(조개, 새우, 채소 튀김)를 밥 위에 얹어 양념에 찍어 먹는 것
시지미돈(しじみどん)부리	• 바지라기(가막조개)를 익힌 후 밥 위에 얹어 먹는 것
교다이돈(兄弟どん)부리	• 뱀장어와 미꾸라지를 달걀에 섞어 익힌 후, 밥 위에 얹은 것

5. 죽류 조리

1) 맛국물은 재료의 특성에 맞추어 다른 재료(닭, 소고기, 버섯 등)를 사용하는 것이 좋다.

2) 죽의 종류

(1) 오카유(お粥)

① 팥이나 쌀 등의 곡류에 물을 충분이 넣고 부드럽게 끓인 것을 가리킨다.

② 처음에 강불에 끓이지 않으면 대류가 일어나지 않아 쌀이 바닥에 붙어 탈 수 있으니 주의하여야 한다.

(2) 조우스이(雑炊)

복어냄비, 게냄비, 닭고기냄비, 샤부샤부 등 냄비나 전골을 먹고 난 후 자연스럽게 생긴 맛국물에 밥을 넣고 끓여 부드럽게 만든 죽을 가리킨다.

01 밥 짓기에 대한 설명으로 **틀린** 것은?

① 물의 양은 불린 쌀 중량의 1.2배 정도

② 쌀은 깨끗하게 5~10분 정도 씻는다.

③ 밥의 수분은 80% 정도

④ 호화되며 밥은 소화하기 쉽다.

02 파 등을 달걀에 섞어 쪄서 밥 위에 얹은 돈부리는 무엇인가?

① 오야코돈부리　　② 덴돈부리

③ 우나기돈부리　　④ 다마돈부리

03 덮밥용 맛국물 만들기가 **잘못된** 것을 고르시오.

① 다시물에 간장, 설탕, 맛술로 조미하여 맛국물을 만든다.

② 덮밥은 맛국물의 농도를 비교적 약하게 맞춰서 한다.

③ 때로는 장어덮밥처럼 맛국물이 없이 진한 소스(다레)로 만드는 경우도 있다.

④ 맛국물에 튀기거나 익힌 재료는 가다랑어포 국물에 데쳐서 만들 수도 있다.

04 냄비나 전골을 먹고 난 후 자연스럽게 생긴 맛국물에 밥을 넣고 끓여 부드럽게 만든 죽을 무엇이라 하는가?

① 조우스이　　　　② 오카유

③ 오챠즈게　　　　④ 야쿠미

05 녹차밥의 맛국물 내는 법이 **틀린** 것은 무엇인가?

① 맛이 진하고 향이 강해야 한다.

② 마실 수 있는 정도로 간을 세게 하지 않는다.

③ 녹차를 넣고 오래 우려 맛국물을 만든다.

④ 간이 되어 있고 감칠맛이 강한 것이 특징이다.

✓ 정답

| 01 | ③ | 02 | ④ | 03 | ② | 04 | ① | 05 | ③ |

1. 초회 개요

- 기초 손질한 식재료의 계절감을 매우 중요시한다.
- 혼합초를 이용하여 식욕 촉진제 역할을 할 수 있게 조리하는 것이다.
- 입안에 넣었을 때 상쾌하고, 시원하며 향과 산미가 난다.
- 씹히는 맛, 부드럽게 혀에 닿는 감촉 등이 중요하다.
- 코스요리에서 식사가 제공되기 전에 바로 무친다.
- 식초를 통해 절임하는 초회류에는 문어초회, 해삼초회, 모둠초회, 껍질초회 등이 있다.

2. 초회재료 준비

1) 식재료의 기초손질

문어	• 밀가루와 소금을 한 줌 넣고 문질러 끈적한 점액질과 빨판을 깨끗이 씻어낸다.
해삼	• 해삼 내장을 제거한 후 소금으로 문질러 씻어 해삼에 붙어 있는 이물질과 점액을 깨끗이 씻어낸다.
새조개	• 소금물에 담가 뚜껑을 덮어 어두운 곳에 두어 해감을 충분히 토하게 한 다음 깨끗이 씻어둔다.
새우	• 수염과 작은 발을 잘라내고, 등 쪽의 내장을 제거한 후, 꼬리와 몸통 부분을 작은 꼬치로 꽂아서 고정시킨다.

3. 초회조리

1) 맛국물의 종류

곤부다시	끓이지 않고 사용하는 방법	• 젖은 면포로 깨끗이 닦아 물에 다시마를 넣어 4~5시간 정도 은근히 우려낸다.
	끓여 사용하는 방법	• 물에 다시마를 2시간 정도 은근히 우려내다가 불에서 다시물이 끓으면 불을 끄고 다시마는 건져낸다.

일번 다시 (一番出汁)	• 다시마와 가쓰오부시의 조화로 최고의 맛과 향을 지닌 국물이다. • 초회, 국물요리, 냄비요리 등에 사용된다.
이번 다시 (二番出汁)	• 일번 다시에서 남은 재료에 가쓰오부시를 조금 더 첨가하여 뽑아낸 국물이다. • 된장국, 조림요리에 사용한다.
니보시 다시	• 니보시란 쪄서 말린 것으로 멸치, 새우 등 여러 가지 해산물을 이용하여 만든 맛국물을 말한다.

2) 혼합초

이배초	• 다시물 1.3, 식초 1, 간장 1을 살짝 끓여 식혀 사용한다.	• 해산물 초무침, 생선구이에 사용
삼배초	• 다시물 3. 식초 2, 간장 1, 설탕 1을 살짝 끓여 식혀 밀폐용기에 담아 냉장고에 보관하여 사용한다.	• 익힌 해산물과 채소, 해초류에 사용
폰즈	• 다시물 1, 간장 1, 식초 1을 잘 혼합하여 밀폐용기에 담아 냉장고에 보관하여 사용한다.	• 해산물과 채소, 해초류에 사용
배합초	• 식초 3, 설탕 2, 소금 1/2을 잘 혼합하거나 살짝 끓여 사용한다.	• 초밥용에 사용
덴다시	• 다시물 4, 진간장 1, 청주 1/2, 설탕 1/2을 살짝 끓여 사용한다.	• 튀김소스로 사용

4. 초회 담기

- 일본요리의 기본 중 계절감에 어울리는 기물을 선택한다.
- 화려한 기물은 주요리를 어둡게 만들기 때문에 지양한다.
- 3, 5, 7, 9 등 홀수로 기물을 선택한다.
- 작은 접시를 주로 사용한다.
- 초회요리에 사용되는 곁들임 재료를 준비한다.

(1) 야쿠미

① 요리에 첨가하는 향신료나 양념을 말한다.

② 요리에 곁들여 먹으면 매우 좋은 맛을 내며, 식욕을 증진시키는 역할을 한다.

(2) 모미지오로시

① 고춧가루에 무즙을 개어 빨간색을 띤 무즙을 말한다.

② 폰즈나 초회에 곁들이거나 사용한다.

01 초회 전처리 방법이 잘못된 것은?

① 어패류는 여분의 수분과 비린내를 없애기 위해 소금을 사용

② 생선 비린내를 제거하기 위해 설탕을 사용

③ 채소류는 소금에 주무르든지 소금물에 절여서 사용

④ 불순물이 강한 것은 물이나 식초물에 씻어낸다.

02 초회조리 전처리로 <u>부적당한</u> 것은?

① 건조된 재료는 그대로 사용

② 소금에 살짝 절이거나 소금물에 씻어내기

③ 식초에 절이거나 씻어내기

④ 삶거나 데쳐내거나, 살짝 구워내기, 볶아내기

03 혼합초의 기본이 되고 이용범위가 가장 넓은 배합초는 무엇인가?

① 이배초   ② 삼배초

③ 도사초   ④ 단초

04 다시마와 가쓰오부시의 조화로 최고의 맛과 향을 지닌 국물로 초회조리에 사용하는 다시는 무엇인가?

① 곤부다시   ② 일번 다시

③ 이번 다시   ④ 니보시다시

05 초회에 첨가하는 향신료나 양념을 무엇이라 하는가?

① 폰즈   ② 시치미

③ 오카유   ④ 야쿠미

⊘정답

| 01 | ② | 02 | ① | 03 | ② | 04 | ② | 05 | ④ |

1. 찜 개요

- 다양한 식재료를 이용하여 찜을 한다.
- 증기를 이용하여 식재료에 열을 가하여 익히는 조리법이다.
- 열이 구석구석까지 미치고 감칠맛도 있고 부드러운 요리이다.
- 달걀찜(자완무시), 도미술찜, 대합술찜, 닭고기술찜 등이 있다.
- 고명은 음식의 빛깔을 돋보이게 하고 음식의 맛을 더하기 위하여 음식 위에 얹거나 뿌리는 것이다.

1) 찜 특징

① 소재를 부드럽게 만들 뿐만 아니라 형태와 맛을 그대로 유지한다.
② 압력을 이용하는 것도 가능하다.
③ 소재를 단시간에 부드럽게 만들 수 있다.
④ 대량의 음식을 조리할 수 있다.
⑤ 조리과정에서 형태를 흩트리지 않고 맛을 유지한다.
⑥ 소재를 데울 수 있다.

2. 찜재료 준비

① 주재료 : 달걀, 대합, 도미
② 부재료, 향신료, 고명
③ 양념 : 폰즈, 야쿠미, 모미지오로시

3. 찜조리

1) 맛국물

(1) 다시마

마곤부	• 최고급품 다시마로 두꺼우며 긴 것이 특징이다. • 풍미가 좋은 최고의 국물을 우려낼 수 있다.
리시리곤부	• 참다시마보다 작고 가늘고 단단하며 일반적인 맛국물용이다.
라우스곤부	• 다시마의 향과 맛이 비교적 강하게 느껴지는 다시마이다. • 육수가 탁하기 때문에 오로지 조림에만 사용한다.
미쓰이시, 히다카곤부	• 가늘고 길며 얇은 것이 특징으로 빨리 부드러워진다. • 다시마말이나 조림용으로 많이 쓰인다.

(2) 가다랑어포(가쓰오부시)

혼부시	• 큰 가다랑어를 등 쪽 부위를 포로 뜨면 보통 오부시(雄節)라 하고, 배쪽 부위를 메부시(雌節)라 하며 둘을 합치면 한 쌍이 된다.
가메부시	• 작은 가다랑어로 만든 것으로 풍미는 떨어지지만 경제적이다.

2) 찜조리의 종류

(1) 조미료에 따른 분류

술찜(사카무시) さかむし	• 도미, 전복, 대합, 닭고기 등에 소금을 뿌린 뒤 술을 부어 찐 것
된장찜(미소무시) みそむし	• 된장을 사용해서 냄새를 제거하고 향기를 더해줘서 풍미를 살린 것

(2) 재료에 따른 분류

무청찜(가부라무시) かぶらむし	• 흰살생선 위에 순무를 갈아서 달걀 흰자 거품낸 것을 섞어 식재료 위에 올려 찌는 방법
신주찜(신주무시)	• 흰살생선을 이용하여 메밀국수를 삶아 재료 속에 넣거나 감싸서 찜한 것

찹쌀찜(도묘지무시) どうみょうじむし	• 물에 불린 도명사전분(찹쌀을 건조시켜 잘게 부숴놓은 상태)으로 재료를 감싸거나 위에 올려놓고 찌는 것
산마 찜(조요무시)	• 강판에 간 산마를 곁들여 주재료에 감싸서 찐 것

(3) 형태에 따른 분류

도빙무시	• 송이버섯, 닭고기, 장어, 은행 등을 찜 주전자에 넣고 다시국물을 넣어 찐 요리
야와라카무시	• 문어, 닭고기 재료를 아주 부드럽게 찐 요리
호네무시	• 뼈까지 충분히 익혀서 다시물에 생선 감칠맛이 우러나오게 강한 불에 찐 것 • 치리무시(ちり蒸し)라고도 함
사쿠라무시	• 잘 불린 찹쌀을 벚꽃 나뭇잎으로 말아서 다른 재료와 함께 찐 요리

3) 찜소스 양 조절

(1) 전분

전분을 소스의 농후제로 쓸 때는 다시물에 풀어서 사용하는 것이 좋다.

감자전분	• 고급 재료	• 튀김에 사용
고구마전분	• 고구마전분 80%, 옥수수전분 20%	• 튀김요리에 사용
옥수수전분	• 값이 저렴하여 가장 많이 사용	• 짜장, 탕수육 소스
칡전분	• 조리 시 맑아짐 • 고급 재료여서 비쌈	• 일본 요리에 사용

(2) 안카게 작업

① 소재 자체가 맛이 약하거나 맛이 잘 배지 않을 때 사용된다.

② 전분으로 걸쭉하게 만든 국물을 구즈안이라고 한다.

③ 잘 식지 않고 몸을 따뜻하게 해주며 주로 맛을 보충하여 찜조리에 사용된다.

④ 뜨거운 구즈안을 듬뿍 끼얹어 뚜껑을 덮어낸다. 이것을 안카게라고 한다.

4) 찜양념 조리

(1) 된장

종류	특성
센다이미소	• 염분이 많고 장기간 숙성시켜 맛과 향기가 좋다. • 단맛 된장은 당분과 염분이 많다. • 12~13% 정도의 염분을 함유한다. • 효모의 발효량은 적다.
핫초미소	• 떫은맛, 쓴맛이 나는 콩된장은 맵고 특유의 풍미가 있는 것이 특징이다.
사이교미소	• 크림색에 가깝고 향기가 좋고 단맛이 난다.
신슈미소	• 단맛과 짠맛이 있는 담황색 된장이다.

(2) 간장

종류	특성
진간장 (고이쿠치쇼유)	• 진간장은 향기가 강해 육류, 생선의 풍미를 좋게 하는 데 적합하다. • 생선회나 구이 등에 곁들이는 간장으로 많이 사용
엷은 간장 (우스구치쇼유)	• 엷은 간장은 재료가 가지고 있는 색, 맛, 향기를 살리는 데 최적이다. • 국물요리에 적합하다.
백간장 (시로쇼유)	• 엷은 간장보다 더욱 색이 연하며, 거의 투명에 가깝다. • 맛을 내는 성분보다 당분과 염분이 많고 담백하다.
다마리간장 (다마리쇼유)	• 독특한 향기와 진한 맛을 지니며 짙은 흑색으로 부드럽다. • 농후한 맛과 단맛을 가지고 있다. • 주로 조림요리에 사용한다.

(3) 식초

종류	특성
양조식초	• 풍미를 가지고 있으며 가열해도 풍미가 살아 있다.
합성식초	• 코끝이 찡한 자극이 있다. • 가열하면 풍미는 날아가고 산미는 남는다.

(4) 맛술

온화하고 고급스러운 단맛을 형성하고 빛, 색을 좋게 하는 작용을 한다. 요리 등에는 알코올을 끓여 날려 사용하기도 한다.

(5) 소금(시오)

종류	특성
조미 역할	• 맛을 들이는 역할을 한다.
삼투압작용	• 생선에 수분이 빠져나오면서 단백질도 응고된다.
방부작용	• 식재료를 썩지 않게 한다.
색의 안정	• 녹색 채소를 데칠 때 소금을 넣으면 색이 더 선명해진다.
단맛 증가	• 단팥죽에 설탕을 첨가한 후 소량의 소금을 첨가하면 단맛을 증가시킬 수 있다.

5) 찜통 준비 및 불 조절

(1) 찜통 사용 시 주의점

① 적절한 물의 양

- 도중에 물을 추가하면 요리를 균일하고, 아름답게 완성하지 못하게 된다.
- 찜통의 위치와 높이 그리고 물의 양을 조정해서 찜통의 물이 끓어 식재료에 닿지 않도록 주의한다.

② 적당한 시간

- 소재의 크기를 균일하게 하고, 그릇의 질량과 열의 전도율 등을 잘 생각해서 쪄야 한다.
- 시간 조절을 하지 않고 찌면 식재료의 맛과 향이 물방울과 함께 흘러내려 맛이 떨어질 뿐만 아니라 영양가도 손실된다.

(2) 찜 시간, 불 조절하는 방법

① 생선, 닭고기, 찹쌀 → 강한 불로 찌기

- 생선은 날것일 때 단단하지만 열을 가하면 부드러워진다.
- 날것일 때 단단한 재료가 쪘을 때 부드러워지는 것은 강한 불에 찐다.

② 달걀, 두부, 산마, 생선살 간 것 → 약한 불로 찌기

- 원래 부드러웠다가 찌면 딱딱해진다. 이런 재료는 약한 불로 찐다.

(3) 찜시간 조절하기

흰살생선	• 살짝 데치는 정도로만 찜을 한다.
등 푸른 생선	• 완전히 익히는 것이 좋다.
육류	• 소고기, 오리고기는 80%로 익히고 닭고기, 돼지고기는 완전히 익힌다.
조개류	• 대합, 중합은 입을 딱 벌리면 완성된 것이다.
채소류	• 아삭할 정도로 살짝 익힌다.

4. 찜 담기

- 곁들임 채소와 향신료를 곁들인다.
- 곁들임 재료의 종류 : 죽순, 쑥갓, 두릅
- 향신료 : 레몬, 시소, 와사비, 겨자, 생강, 양하, 깨, 산초, 파, 실파

양하(묘우가)

- 생강과의 다년생 초목이다. 싹이 트게 하여 발아시켜 줄기를 하얗게 만든 것이다.
- 여름에 뿌리에 화수가 생기며, 이것을 화명하 또는 명하자라고 한다.
- 이 화수 끝에서 꽃이 나오는데 이것을 뽑아내어 스이구치(국이나 마실 것에 띄워서 향미를 더해주는 것) 등에 사용한다.
- 묘우가는 두드려 펴서 생선회, 스노모노의 곁들임이나 다진 것을 오이에 섞기도 하며, 데쳐서 스노모노에 절이거나 매실 초절임으로 하여 곁들임에 주로 사용한다.
- 국물요리의 스이구치나 그 밖의 양념으로 사용한다.
- 묘우가는 미꾸라지탕에는 없어서는 안 될 양념의 하나이다.
- 묘우가는 자르면 한 번 물에 담갔다가 사용한다.

01 찜조리의 특징이 <u>아닌</u> 것은?

① 증기를 이용하여 식재료에 열을 가하여 익히는 조리법

② 열이 구석구석까지 미치고 감칠맛도 있고 부드러운 요리

③ 다양한 식재료를 이용하여 찜을 한다.

④ 어떤 재료를 사용하던 센 불에서 찜을 한다.

02 흰살생선을 이용하여 메밀국수를 삶아 재료 속에 넣거나 감싸서 찜한 것은 무엇인가?

① 술찜(사카무시)

② 무청찜(가부라무시)

③ 신주찜(신주무시)

④ 찹쌀찜(도묘지무시)

03 육수가 탁하기 때문에 오로지 조림에만 사용하는 다시마는 무엇인가?

① 마곤부　　　② 라우스곤부

③ 리시리곤부　④ 히다카곤부

04 강한 불로 찜을 해야 하는 것은 무엇인가?

① 찹쌀　　　② 달걀

③ 두부　　　④ 산마

05 튀김조리에 사용하는 전분은 어떤 것이 좋은가?

① 옥수수전분　② 감자전분

③ 칡전분　　　④ 쌀전분

✓ 정답

| 01 | ④ | 02 | ③ | 03 | ② | 04 | ① | 05 | ② |

Chapter 9 일식 롤 초밥조리

1. 롤 초밥 개요

밥과 배합초(식초, 설탕, 소금, 레몬, 다시마)를 만들고 다양한 식재료를 이용하여 롤 초밥을 조리한다.

2. 롤 초밥 재료 준비

1) 쌀

(1) 초밥용 쌀의 조건

① 밥을 지었을 때 맛과 향기가 있다.

② 탄력과 끈기가 있는 것이어야 한다.

③ 수분의 흡수성이 좋아야 한다.

(2) 초밥용 쌀의 선택 및 보관법

① 묵은쌀이 적합하다.

② 현미상태로 서늘한 곳 또는 약 12℃ 정도의 온도로 냉장 보관한다.

③ 사용 직전에 정미(도정)하여 사용하는 것이 좋다.

(3) 초밥용 쌀품종

① 쌀은 둥글고 알이 균일하고 건조가 잘 된 것이 좋다.

② 무게가 있고 희고 윤기가 나는 것이 좋다.

③ 전분의 구조가 단단하고 끈기가 더 있는 고시히카리 품종이 좋다.

(4) 초밥용 밥 짓기

① 쌀 불리기

- 쌀알이 깨지지 않도록 부드럽게 문질러 2~3번 깨끗하게 씻는다.
- 씻은 쌀은 보통 봄과 가을에는 45분, 여름에는 30분, 겨울에는 1시간 정도 쌀 속까지 수분이 들어가게 한 후 체에 밭쳐둔다.
- 체에 밭쳐 물기를 제거하고 뚜껑을 덮어 냉장고에서 30분 정도 건조시킨다.

② 밥 안치기

초밥용 밥의 쌀과 물의 비율은 1:1이 기본이다.

③ 밥하기

불에 직접 할 때는 센 불 10분, 끓으면 약불에 10분 정도 있다가 불을 끄고 10분이면 완료된다.

2) 롤 초밥 주재료 준비

박고지	• 불린 박고지를 소금물로 씻은 다음 다시마물, 간장, 설탕, 맛술, 청주에 조려서 부드럽게 하여 사용한다.
달걀	• 달걀을 풀어 팬에서 말이하여 사용한다.
오보로	• 흰살생선의 살을 삶은 후에 물기를 제거하고 수분을 제거한다. • 핑크색으로 색깔을 입히고 설탕, 소금으로 간을 하여 사용한다.
참치	• 냉동참치는 해동해서 사용한다.
오이	• 소금으로 가시부분을 문질러 제거하고 씻은 후에 사용한다.

3) 롤 초밥 부재료 준비

고추냉이	• 생선의 비린 맛을 줄이고 식욕을 촉진시킨다. • 생고추냉이는 윗부분부터 강판에 갈아서 사용하는 것이 좋다.
생강	• 초절임을 하여 곁들임 재료로 사용한다.
시소	• 도시락과 초밥, 사시미 등 곁들임 재료로 많이 사용한다.

3. 롤 양면 초조리

1) 배합초 재료

- 주재료 : 식초, 설탕, 소금
- 부재료 : 레몬, 다시마

2) 초밥용 배합초 조리

(1) 초밥용 비빔통(한기리)

① 사용할 때에는 물로 깨끗하게 씻어 면포로 물기를 닦고 밥이 따뜻할 때 배합초를 버무려 사용한다.

② 마른 통을 사용할 경우 밥이 붙고 배합초를 섞기가 불편하기 때문에 꼭 수분을 축여서 사용하도록 한다.

(2) 밥과 배합초의 비율

① 밥과 배합초의 비율은 밥 15에 배합초 1 정도의 비율을 기본으로 한다.

② 김초밥은 배합초의 비율을 조금 더 적게 하고 생선초밥은 배합초의 비율을 조금 높게 하는 경우가 있다.

(3) 초밥을 고루 섞는 방법

① 한기리에 뜨거운 밥을 옮겨 담고 배합초를 뿌리고 나무주걱으로 옆으로 살살 자르는 식 으로 밥알이 깨지지 않도록 섞고 아래위를 한 번씩 뒤집어주면서 배합초가 골고루 섞이도록 한다.

② 밥에 배합초가 충분히 스며들었을 때 부채질을 하여야 한다. 처음부터 하면 초밥에 배합초가 잘 스며들지 않아 좋지 않다.

③ 초밥의 온도가 사람 체온(36.5℃) 정도로 식으면 보온밥통에 담아놓는다.

4. 롤 초밥조리

1) 롤 초밥재료의 모양 준비

(1) 김밥용 발(巻きす すだれ : 마키스 스다레)

① 롤 초밥을 만들 때 꼭 필요한 기구이며 둥근 껍질의 대나무를 튼튼한 끈으로 잘 묶어놓은 것이 좋은 것이다.

② 후도마키용으로 호소마키도 함께 사용한다.

(2) 김발용 발의 올바른 사용방법

① 김발용 발은 청결하게 위생적으로 관리되어야 한다.

② 사용 후에는 세척기에서 살균한 뒤 잘 씻어 물기가 없도록 말려서 사용한다.

③ 보관 시에는 먼지가 묻지 않도록 관리해야 한다.

④ 발의 껍질부분이 위로 오게 해서 사용한다.

(3) 롤 초밥 1인분의 양

① 굵게 만 김초밥(太卷 : 후도마키)

• 굵게 만 김초밥의 경우 1인분의 양은 한 줄을 8개로 자른다.

• 자를 때 양끝을 자르고 일정하게 8개로 자르기도 하지만 1/2로 자른 후 4등분하여 8개로 만들기도 한다.

② 가늘게 만 김초밥(細卷 : 호소마키)

• 가늘게 만 김초밥 호소마키는 길게 1/2로 자른 김에 2개를 말고, 자를 때에는 가늘기 때문에 1/2로 자른 후에 3등분하여 12쪽으로 준비한다.

2) 롤 초밥의 종류

(1) 김초밥(太卷 : 후도마키) : 굵게 만 것
김초밥(細卷 : 호소마키) : 가늘게 만 것

(2) 좋은 김 선택방법

① 김은 잘 말려 있으며 검은 광택이 나고 냄새가 좋은 것이 좋다.

② 일정한 두께로 약간 두께가 있고 매끄럽고 감촉이 좋은 것이 좋다.

(3) 김의 사용방법

• 조리하기 직전 약한 불에서 살짝 구워 사용하는데 한 장보다는 2장을 겹쳐서 바삭하게 굽는 것이 좋다.

(4) 롤 초밥 만들 때 유의할 점

① 롤 초밥은 속재료를 포함한 재료를 미리 준비해 놓고 말이를 하도록 한다.

② 김은 사용하기 직전에 꺼내어 수분이 묻지 않게 바삭하게 구워 사용하는 것이 중요하다.

③ 김밥을 펼칠 때 쌀알이 깨지지 않게 살살 펴는 것이 중요하다.

④ 말이를 하고 나서 말이한 부분이 밑으로 오게 놓아 잘 붙게 한 다음 일정하게 자르는 것이 중요하다.

5. 롤 초밥 담기

1) 롤 초밥 기물의 종류

• 롤 초밥의 기물은 사각형 또는 둥근 것, 타원형 등을 이용할 수 있다.
• 높이가 높지 않고 낮은 접시가 보기에도 좋고 먹기도 편리하다.

2) 롤 초밥 기물의 크기

• 롤 초밥을 담았을 때 8부 안에 들어가는 것이 원칙이다.

3) 롤 초밥 기물 선택 시 주의할 점

• 너무 어둡거나 너무 화려한 그릇은 피하고 깔끔한 느낌을 주는 그릇이 좋다.

4) 롤 초밥 담는 방법

- 왼쪽 뒤부터 오른쪽으로 담는다.
- 곁들임 재료는 오른쪽 앞쪽에 담는 것이 일반적이다.

(1) 굵게 만 김초밥(太卷 : 후도마키)

- 후도마키 1개를 일정하게 8개로 잘라 한 줄 또는 두 줄로 담는다.
- 왼쪽부터 오른쪽으로 일정하게 담고 두 줄로 담는 경우에는 뒤쪽을 먼저 담고 앞부분을 담도록 한다.

(2) 가늘게 만 김초밥(細卷 : 호소마키)

- 참치를 넣어 만든 데카마키와 오이를 넣어 만든 갑파마키는 2개를 일정한 두께로 12개로 잘라 4개씩 놓는 방법이 있고 12개를 반듯하게 담는 방법이 있다.

(3) 롤 초밥 담을 때 주의할 점

- 롤 초밥을 담을 때에는 한쪽 방향으로 일정하게 담아야 보기에 좋고, 정교해 보여 좋을 뿐만 아니라 먹기에도 편리하다. 즉 젓가락으로 먹기 편리하게 담으면 된다.

5) 롤 초밥 곁들임 재료의 종류

- 롤 초밥의 곁들임 재료로는 초생강, 랏교, 단무지, 야마고보(산우엉), 우메보시(절인 매실) 등을 사용할 수 있다.
- 소화가 잘되고 입안을 깔끔하게 해주는 초생강이 주로 사용된다.

(1) 굵게 만 김초밥(太卷 : 후도마키)

- 후도마키에는 초생강, 단무지 등을 주로 사용한다.

(2) 가늘게 만 김초밥(細卷 : 호소마키)

- 참치를 넣어 만든 데카마키와 오이를 넣어 만든 갑파마키가 대표적이다.
- 데카마키는 초생강을 이용한다.
- 갑파마키는 야마고보(산우엉), 랏교, 단무지나 초생강과 함께 이용할 수 있다.

(3) 곁들임 재료 만들 때 주의할 점

• 곁들임 재료는 주로 구이요리, 생선회, 초밥조리 등에서 요리를 먹을 때 입가심으로 사용된다.

• 곁들임 재료는 색감과 맛을 고려하여 그 요리를 더욱더 맛있게 먹을 수 있도록 하는 것이 중요하다. 신맛, 단맛, 개운한 맛 등이 많이 사용된다.

01 초밥을 하기 위한 쌀을 잘못 선택한 것은?

① 쌀은 둥글고 알이 균일하고 건조가 잘 된 것
② 무게가 있고 희고 윤기가 나는 것
③ 묵은쌀이 적합
④ 고소한 맛이 나는 햅쌀

02 초밥용 배합초 만들기를 잘못한 것은?

① 은은한 불에서 식초에 설탕, 소금을 넣어
  가면서 천천히 저어준다.
② 끓여서 설탕이 녹게 한다.
③ 설탕, 소금을 녹게 한다.
④ 초양념은 밥을 짓기 30분 전에 만들어 놓
  는다.

03 밥에 배합초를 버무리는 방법이 틀린 것은?

① 밥알이 으깨지지 않도록 나무주걱을 세워
  자르듯이 섞는다.
② 밥이 뜨거우면 배합초가 증발하니 차게 식
  혀서 버무린다.
③ 초밥의 온도가 사람 체온(36.5℃) 정도로
  식으면 보온밥통에 담아놓는다.
④ 부채 등을 이용하여 밥에 남아 있는 여분

의 수분을 날린다.

04 초밥용 밥을 짓기 위한 쌀의 준비가 잘못된 것은?

① 쌀알이 깨지지 않도록 부드럽게 문질러 2~
  3번 깨끗하게 씻는다.
② 초밥용 밥의 쌀과 물의 비율은 1:1이 기
  본이다.
③ 체에 밭쳐 물기를 제거하고 뚜껑을 덮어 냉
  장고에서 30분 정도 건조시킨다.
④ 씻은 쌀을 여름에는 1시간 정도 불린다.

05 초밥을 고루 섞는 방법이 잘못된 것은?

① 배합초를 뿌리고 나무주걱으로 살살 옆으
  로 자르는 식으로 밥알이 깨지지 않도록
  섞는다.
② 한 번씩 아래위를 뒤집어주면서 배합초가
  골고루 섞이도록 한다.
③ 처음부터 하면 초밥에 배합초가 잘 스며들
  게 부채질을 한다.
④ 초밥의 온도가 사람 체온(36.5℃) 정도로
  식으면 보온밥통에 담아놓는다.

✓ 정답

| 01 | ④ | 02 | ② | 03 | ② | 04 | ④ | 05 | ③ |

Chapter 10 일식 구이조리 ----------------------------------

1. 구이 개요

- 가열 조리방법 중 가장 오래된 조리법이다.
- 다양한 식재료를 직접구이와 간접구이로 구워내는 것이다.
- 어패류, 육류, 가금류를 재료로 사용한 구이이다.
- 식재료가 지닌 맛과 향기를 충분히 살릴 수 있다.

2. 구이 재료 준비

1) 구이의 종류

(1) 조미양념에 따른 분류

소금구이(시오야키)	• 식재료에 소금을 뿌려 간을 한 다음 굽는 것
간장양념구이(데리야키)	• 생선에 양념간장을 붓으로 바르면서 굽는 것
된장절임구이(미소쓰케야키)	• 된장에 재료를 절였다가 구워내는 방법

(2) 조리기구에 따른 분류

스미야키(숯불구이)	• 숯불에 굽는 구이
데판야키(철판구이)	• 철판 위에서 구이 재료를 굽는 구이
구시야키(꼬치구이)	• 꼬치에 꽂아 굽는 구이

2) 주재료 손질

(1) 어패류 손질

어패류는 신선도를 유지하기 위해 신속하고 위생적으로 손질하고 어취를 제거한 후 밑간을 하여 준비한다.

(2) 육류 손질

육류는 구이 시 열 전도가 쉽도록 두께를 조절하여 손질하고 밑간하여 준비한다.

(3) 가금류 손질

가금류는 힘줄을 제거하고 껍질이 있는 상태에서 밑간하여 준비한다.

(4) 채소

수분이 많아 굽는 도중에 간이 약해지기 쉽기 때문에 강하게 하는 경우가 많다.

3) 어취 제거 방법의 종류

(1) 물

어취는 생선에 함유된 트리메틸아민에 의해 발생하는데 수용성으로 여러 번 씻어주면 제거된다.

(2) 식초

식초, 레몬을 뿌려주면 어취가 제거되고 생선의 단백질이 응고되어 균의 발생을 억제하는 효과가 있다.

(3) 맛술

휘발성이 있는 알코올은 어취와 함께 날아가며 맛술의 감칠맛을 더해준다.

(4) 우유

콜로이드 상태의 우유 단백질이 어취를 흡착하여 씻겨 내려가기 때문에 우유에 담갔다가 씻어 사용하면 어취가 제거된다.

(5) 향신채소

향이 강한 채소(마늘, 양파, 생강)는 생선의 어취를 약화시키고 셀러리, 무, 파슬리 등은 채소에 함유된 함황물질로 어취를 약화시킨다.

3. 구이조리

1) 재료의 특성에 따른 구이방법

식재료명	조미방법	구이방법	사용기구
작은 생선	소금	소금구이	숯불화로, 샐러맨더
흰살생선	된장절임, 소금	미소야키, 소금구이	샐러맨더, 오븐
붉은 살 생선	데리, 유안지	데리야키, 유안야키	철판, 샐러맨더
육류	된장절임, 소금, 데리	미소야키, 데리야키, 소금구이	샐러맨더, 오븐, 숯불화로
가금류	데리, 소금	데리야키, 소금구이	샐러맨더, 오븐, 숯불화로

2) 구이 중 주의점

(1) 구이 조리기구의 열원의 특징과 조절방법

샐러맨더	• 열원이 위에 있어 생선의 기름이나 육류의 기름이 떨어져 연기나 불이 나지 않아 작업이 용이한 조리기구이다.
오븐	• 열원에 의해 가열된 공기가 재료를 균일하게 가열시켜 뒤집지 않아도 되는 편리한 조리기구이다.
철판	• 열원이 철판을 데워 철판 위에 놓인 재료를 익히는 방법으로 다양한 식재료를 조리할 수 있는 조리기구이다.
숯불화덕	• 재료를 높은 직화로 굽는 조리방법이다. • 재료가 타지 않게 거리를 조절하며 굽는 것으로 숯의 향과 풍미가 더해져 맛이 좋다.
꼬치구이 (구시야키)	노보리쿠시	• 작은 생선을 통으로 구울 때 쇠꼬챙이를 꽂는 방법
	오우기쿠시	• 자른 생선살을 꽂을 때 사용하는 방법
	가타즈마 오레, 료우즈마 오레쿠시	• 생선 껍질 쪽을 도마 위에 놓고 앞쪽 한쪽만 말아 꽂는 방법
	누이쿠시	• 주로 오징어와 같이 구울 때 많이 휘는 생선에 사용되는 방법

(2) 재료의 형태를 유지하며 굽는 요령

① 구이 조리 시 주의할 점은 재료가 익으면 부드러워 깨지기 쉽기 때문에 자주 뒤집지 않는 것이다.

② 쇠꼬챙이에 끼워 구울 때는 쇠꼬챙이 끼는 방법에 맞게 끼워 굽지 않으면 재료에 힘이 분산되지 않아 부서지기 쉽다.

(3) 재료별 구이 중 주의점

① 작은 생선구이
- 쇠꼬챙이에 끼울 때 생선의 가운데 뼈를 중심으로 엇갈리게 끼운다.
- 지느러미는 타지 않도록 굽기 직전에 소금을 발라 굽는다.
- 뜨거울 때 쇠꼬챙이를 돌려가며 제거한다.

② 흰살생선
- 칼집을 넣고 쇠꼬챙이를 끼운다.
- 생선살이 돌아가지 않게 오우기쿠시 방법으로 끼운다.
- 쇠꼬챙이를 제거할 때는 뜨거울 때 돌려가며 제거한다.

③ 붉은 살 생선
- 생선을 뒤집을 때 잘 부서지므로 자주 뒤집지 않도록 한다.
- 번철 바닥에 들러붙지 않도록 사용하기 전에 충분히 코팅을 하고 굽는다.

④ 육류
- 육류는 열원의 전도가 원활하지 않아 겉은 타고 속은 익지 않은 경우가 있기 때문에 열 조절이 중요하다.

⑤ 가금류
- 가금류는 껍질이 있는 상태에서 조리하며 껍질의 지방이 고기 내부로 스며들며 재료의 지방이 흐르지 않게 돌려가며 굽는다.

4. 구이 담기

1) 구이 담는 법

통생선	• 머리가 왼쪽, 배 쪽은 고객의 앞으로 오게 담는다. • 곁들임은 오른쪽 앞쪽에, 양념장은 구이 접시 오른쪽 앞에 둔다.
조각생선	• 껍질이 위를 보게 하고 넓은 부위가 왼쪽 • 곁들임은 오른쪽 앞쪽에, 양념장은 구이 접시 오른쪽 앞에 둔다.
육류와 가금류	• 육류나 가금류는 껍질이 위를 향하게 하여 쌓아올리듯 담는다.

2) 구이에 쓰이는 양념장

(1) 양념장의 종류

① **폰즈** : 감귤류(유자, 영귤)의 즙에 간장, 청주, 다시마, 가다랑어포를 첨가하여 1주일 정도 숙성시켜 만든 간장 양념장

② **다데즈** : 여귀잎을 갈고 쌀죽을 넣어 만든 양념장으로 주로 은어구이에 제공된다.

(2) 곁들임 음식(아시라이)

• 아시라이는 구이요리를 제공하면 반드시 함께 나오는 곁들임이다.

• 아시라이는 구이를 먹고 난 후 입안을 헹구어주는 역할을 하여 입안에 비린내를 제거하는 데 효과적이다.

① **초절임**

• 초절임으로 쓰이는 재료는 연근, 무, 햇생강대(하지카미) 등이 있으며 단촛물에 재워 사용한다.

• 단촛물의 비율은 설탕 20g, 식초 50cc, 물 50cc이다.

• 무를 제외한 연근, 햇생강대는 데친 후 소금을 뿌려 식혀 단촛물에 재워둔다.

② **단 조림**

• 단 조림에 쓰이는 재료로 밤, 고구마, 금귤 등이 있다.

• 비율은 설탕 100g, 물 100cc와 함께 재료를 넣고 조려서 만든다.

③ 간장양념조림

- 구이의 아시라이에 사용되는 양념은 오시다시(간장양념절임) 형태이다.
- 연간장 20cc, 가다랑어포 육수 300cc, 청주 10cc를 끓여 식힌 후 머위, 우엉, 꽈리고추 등을 데쳐 오시다시지에 넣어 재워서 사용한다.

④ 감귤류

- 감귤류는 구이에 뿌려 먹거나 먹고 난 후 입을 헹굴 때 사용하며 레몬, 영귤 등이 있다.

01 바다 생선을 구이하는 방법이 바른 것은?

① 껍질부터 구이한다.

② 살 쪽부터 구이한다.

③ 낮은 불에서 천천히 굽는다.

④ 뒤집지 말고 한쪽으로 계속 굽는다.

02 구이를 그릇에 담아내는 방식이 <u>틀린</u> 것은?

① 통생선은 머리가 왼쪽, 배 쪽은 고객의 앞으로 오게 담는다.

② 조각생선은 껍질이 위를 보게 담는다.

③ 육류는 껍질이 위를 향하게 담는다.

④ 양념장은 구이 접시 오른쪽 앞에 둔다.

03 여귀잎을 갈고 쌀죽을 넣어 만든 양념장으로 주로 은어구이에 제공되는 양념장은?

① 다데즈   ② 폰즈

③ 아시라이   ④ 단 조림

04 조각생선을 구이해서 그릇에 담아내기가 맞는 것은?

① 껍질이 위를 보게 담는다.

② 넓은 부위가 왼쪽으로 오게 담는다.

③ 곁들임은 왼쪽 앞쪽에 담는다.

④ 양념장은 구이접시 오른쪽 앞에 둔다.

05 어취를 제거하는 재료가 <u>아닌</u> 것은 무엇인가?

① 설탕   ② 맛술

③ 식초   ④ 우유

✓ 정답

01	②	02	④	03	①	04	③	05	①

PART **7**

복어 조리

Chapter 1 **복어 개요** -

1. 복어의 특징

① 복어는 육식성으로 새우나 게, 불가사리 등을 먹고 자라며 식용이 가능한 것과 가능하지
   않은 것으로 나눈다.
② 산란기인 3~5월이 맛이 가장 좋으며 전문조리사가 손질하여야 한다.

2. 복어의 영양과 효능

① 콜라겐 함량이 높다.
② 저칼로리, 고단백, 저지방, 무기질, 비타민이 많다.
③ 숙취를 해결한다.
④ 유리아미노산(타우린, 글리신, 알라닌, 루신)이 많다.
⑤ 복어조리에 미나리와 콩나물을 함께 넣으면 해독작용을 하고 복어의 맛이 좋아진다.

3. 복어의 독과 성질

독명	• 테트로도톡신(Tetrodotoxin)
시기	• 산란기에 특히 독이 강해진다.
부위	• 난소에 가장 많고 간, 내장, 피부, 눈 순서이다.
감염증상	• 구토, 지각이상, 호흡장애, 의식불명, 입술, 혀 · 손발의 마비, 사망 등
치사량, 잠복기	• 2~3mg으로 최대 33명까지 사망할 수 있다. 식후 30분~5시간
대처방법	• 토제, 하제 투여하고 혈압을 유지하며, 인공호흡을 실시한다.
특성	• 유산, 초산, 염산에 분해되고 유기산에는 분해되지 않는다. • 물과 유기용매(벤젠, 알코올)에 분해되지 않는다. • 효소, 염류, 일광에 강하며 전혀 분해되지 않는다. • 알칼리성에 약하고, 내열성이다.

01 복어를 조리할 수 있는 사람은 누구인가?

① 조리경력이 많은 사람

② 복어조리기능사 자격을 소지한 사람

③ 조리를 할 수 있는 누구나 가능

④ 복어를 잡은 어부

02 복어의 독이 가장 많이 함유된 곳은 어디인가?

① 난소   ② 속 껍질

③ 피부   ④ 아가미

03 복어의 독은 무엇인가?

① 아플라톡신   ② 아마니타톡신

③ 테트로도톡신   ④ 아미그달린

04 복어 독 중독 시 처치방법이 <u>틀린</u> 것은?

① 해열제를 복용한다.

② 인공호흡을 실시한다.

③ 하제를 투여한다.

④ 구토제를 투여한다.

✓ 정답

| 01 | ② | 02 | ① | 03 | ③ | 04 | ① |

Chapter 2   복어 부재료 손질 --

1. 개요

복어조리 중 부재료의 용도에 맞게 재료를 손질하거나 자르고, 재료의 형태가 유지되도록 떡을 구워내며, 용도에 맞는 초간장, 양념, 조리별 양념장을 만들 수 있다.

2. 복어의 종류와 품질 판정법

1) 복어의 종류

식용 가능한 복어	• 검복, 까치복, 자주복, 흰밀복, 황복 등
식용 불가능한 복어	• 국매리, 복섬복, 배복, 선인복, 가시복, 상자복, 무늬복, 벌레복, 별복 등

2) 복어의 품질 판정법

(1) 관능적 감별법

탄력성	• 사후 10분에서 수시간 이내의 어류는 근육이 강직되어 탄력이 있고 신선하다. • 강직 중인 생선은 꼬리 끝이 올라가고 눌러도 자국이 생기지 않는다.
어피의 색과 광택	• 신선한 어피의 색은 밝고 광택이 난다.
생선의 눈	• 신선어의 안구는 맑고 투명하며 밖으로 약간 돌출되어 있다.
비늘의 밀착도	• 비늘이 표피에 단단히 붙어 있는 것이 신선하다.
복부	• 복부에 탄력이 있고 내장이 나오지 않아야 신선한 것이다.
아가미	• 아가미의 색은 밝은 선홍색이다. • 부패되면 갈색, 흑색이 되고 악취가 나는 점질물이 생긴다.
근육의 밀착도	• 생선 근육의 뼈에 대한 밀착도를 보고 감별한다. • 오래된 생선은 뼈에서 쉽게 분리된다.
어취	• TMA, 아민, 암모니아 등의 발생으로 어취가 많이 난다.

(2) 화학적 감별법(초기부패)

성분	함량
암모니아	30mg 이상
아미노산	80mg 이상
TMA	4~6mg 이상
휘발성 염기질소	30~40mg 이상
pH	6~6.2

(3) 세균학적 감별법

세균 수	판정
10^5/g 이하	신선
10^7~10^8/g	초기부패
10^8/g 이상	부패

(4) 물리적 방법

경도 측정법, 전기 저항 측정법, 어체 압착즙의 점도 측정법 등이 있다.

3. 채소 손질

1) 채소를 구분하여 용도에 맞게 손질

종류	조리법과 특징
배추 (白菜 : 하쿠사이)	• 바깥잎은 녹색이 선명하고, 누렇게 변한 부분이나 반점이 없는 것이 좋다. • 잎사귀가 확실하게 말려 있고, 묵직한 것을 선택한다. • 흰 줄기부분에 윤기가 나는 것이 신선하다.
당근 (人参 : 닌징)	• 당근은 색상이 균일하고 탄력이 있으며 단단한 것이 좋다. • 당근은 주로 지리에 사용하는데, 벚꽃 모양으로 모양을 내서 자른다. • 70% 정도 익도록 삶아서 찬물에 식힌 후에 사용한다.

미나리 (芹 : 세리)	• 녹색이 선명하고 줄기가 너무 굵지 않은 것을 선택한다. • 잎 길이가 가지런한 것이 좋다. • 회에 곁들일 용도면 마디가 없고, 깨끗한 부분으로 골라 가지런히 정리해서 5cm 길이로 잘라둔다. • 복어 지리나 탕에 사용할 미나리는 이물질이 없는지 주의깊게 살펴보고 가지런히 정리하여 7cm 정도로 잘라둔다. • 복껍질무침에 사용할 미나리는 깨끗하게 손질해서 4cm 정도의 길이로 잘라둔다.
파 (葱 : 네기)	• 잎이 진한 녹색이고 흰 부분과의 차이가 확실한 것이 좋다. • 흰 부분이 길고 단단하며 윤이 나고 묵직한 것을 고른다. • 대파는 주로 지리나 탕에 사용하며, 어슷썰기를 한다. • 냄비의 크기나 지리나 탕에 사용하는 복어살의 크기 등을 고려하여 5~8cm 정도로 자른다.
무 (大根 : 다이콘)	• 윗부분이 밝은 녹색이 좋다. • 손으로 들었을 때 묵직한 것을 고른다. • 무는 지리나 탕에 사용할 경우 삶아서 반달 모양으로 자른 다음 은행잎모양으로 자른다. • 회에 곁들이는 폰즈소스의 야쿠미로 사용할 무는 껍질을 벗기고, 강판에 갈아서 빨간 고춧물을 들여 아카오로시를 만든다.
표고버섯 (椎茸 : 시타케)	• 주름살이 노란색이고, 주름에 상처나 검은 얼룩이 없어야 신선하다. • 갓이 너무 피지 않고 육질이 두꺼운 것을 고른다. • 대가 굵고 짧은 것이 좋다. • 표고버섯은 주로 지리나 탕에 사용하는데, 버섯의 갓 속에 흙이나 이물질이 있는지 잘 살피고, 갓의 중앙부위에 칼집을 내서 별표 모양을 낸다.
실파	• 실파는 주로 폰즈의 야쿠미로 사용하거나 튀김(가라아게)에 사용한다. • 송송 썰기를 하여 물에 헹구어 면포로 감싸 지그시 짜내어 파의 진액을 제거해 둔다.
팽이버섯	• 팽이버섯은 주로 지리나 탕에 사용하는데, 밑동을 잘라내고 가닥가닥 찢어서 준비해 둔다.
죽순	• 대부분 통조림으로 저장된 죽순을 지리나 탕에 사용하는데, 쌀뜨물에 삶아서 사용하며 죽순에 하얀 결정이 있으면 젓가락 같은 것으로 긁어내고 빗살무늬를 잘 살려서 자른다.

2) 채소를 신선하게 보관

① 입고 시 검수 후 원래 포장지를 벗기고 새로 포장해서 보관한다.

② 입고된 채소는 입고된 날짜를 기록한다. 출고 시에는 입고 날짜를 보고 선입선출한다.

③ 엽채류는 물기가 묻으면 쉽게 물러지므로 물기가 닿지 않도록 보관한다.

④ 껍질을 벗기거나 씻은 채소는 밀폐용기에 담아서 보관하고 가급적 빨리 사용한다.

4. 복떡 굽기

1) 복떡 굽기

① 떡은 시간이 지남에 따라 노화가 빠르게 진행되기 때문에 가열해서 사용한다.

② 떡을 굽지 않고 그대로 사용하면 형태가 변형되므로 구워서 사용한다.

③ 쇠꼬챙이를 이용하여 굽는 직접 구이가 주종을 이룬다. 쇠꼬챙이를 끼우는 방법과 불의 강약 조절이 숙련되어야 한다.

직접구이	• 직접 열원을 이용하여 석쇠나 쇠꼬챙이에 굽는 방법이다.
간접구이	• 재료와 열원 사이에 금속이나 돌 등을 이용하거나 타지 않는 요리용 종이, 알루미늄에 싸서 간접적으로 가열하여 굽는 방법이다.

구이용 쇠꼬챙이 (가네구시)	가는 꼬챙이 (호소구시)	• 은어나 빙어 등의 작은 생선구이에 사용한다.
	평행 꼬챙이 (나라비구시)	• 보통 크기의 생선에 사용한다.
	납작한 꼬챙이 (히라구시)	• 조개나 새우 등 살이 부서지기 쉬운 것을 여러 개 연결해 꽂아 구울 때 사용한다.

2) 구이방법

① **계량하기** : 사용 비율에 맞게 원·부재료를 계량한다.

② **복떡 손질하기** : 복떡은 3cm 정도로 잘라 준비한다.

③ **쇠꼬챙이에 꽂기** : 자른 복떡을 쇠꼬챙이에 꽂는다.

④ **복떡 구워내기** : 쇠꼬챙이에 끼운 복떡을 직접 열을 이용하여 구워낸다.

⑤ **복떡 식히기** : 구워낸 떡은 재빨리 빼내어 얼음물에 식혀낸다.

⑥ **복떡 완성하기** : 구워진 복떡의 물기를 제거하여 지리에 넣어 완성한다.

01 죽순의 전처리로 바른 것은 무엇인가?

① 죽순은 쌀뜨물에 삶아 사용한다.

② 물에 살짝 데쳐서 용도에 맞게 사용한다.

③ 생죽순은 물에 담근 후 사용한다.

④ 죽순의 껍질이 부드러우므로 같이 사용한다.

02 복떡을 구워서 사용하는 가장 큰 이유는 무엇인가?

① 구수한 맛을 내기 위해

② 부드럽게 하기 위해

③ 색을 내기 위해서

④ 모양이 변하지 않게 하기 위해

03 부재료인 표고버섯을 잘못 선택한 것은?

① 주름살이 노란색인 것

② 주름에 상처나 검은 얼룩이 없는 것

③ 갓이 활짝 핀 것

④ 대가 굵고 짧은 것

04 채소 보관방법으로 옳지 않은 것은?

① 입고할 때 포장지 그대로 보관한다.

② 출고 시에는 선입선출법으로 한다.

③ 엽채류는 물기가 닿지 않도록 보관한다.

④ 껍질을 벗기거나 씻은 채소는 가급적 빨리 사용한다.

05 부재료인 채소 중 무를 고르는 방법이 틀린 것은?

① 탄력이 있는 것을 고른다.

② 들었을 때 묵직한 것을 고른다.

③ 매끈한 것을 고른다.

④ 머리 부분이 흰색인 것을 고른다.

✓정답

| 01 | ① | 02 | ④ | 03 | ③ | 04 | ① | 05 | ④ |

06 식용 가능한 복은 무엇인가?

① 상자복   ② 부채복

③ 까치복   ④ 선인복

07 다음 중 초기 부패인 복어는 어느 것인가?

① 암모니아 : 30mg 이하

② TMA : 2~3mg 이하

③ 휘발성 염기질소 : 20~30mg 이하

④ pH 6~6.27

08 다음 중 신선한 복어는 어느 것인가?

① 근육이 풀어져서 부드럽다.

② 꼬리 끝이 내려오고 눌러서 자국이 생긴다.

③ 안구는 맑고 투명하며, 밖으로 약간 돌출되어 있다.

④ 아가미의 색은 어두운 빨간색이다.

✅ 정답

| 06 | ③ | 07 | ④ | 08 | ③ |

Chapter 3

복어 양념장 준비 --

1. 양념장 개요

조리별 양념장 제조에 필요한 재료를 준비, 손질해서 양념장을 만든다.

2. 초간장 만들기

① 강한 불에서 빨리 끓이면 맛과 향이 없어지므로 약한 불에서 끓여낸다.

② 다시마는 오래 끓이면 색깔이 우러나오고 맛도 나빠지기 때문에 오래 끓이지 않는다.

③ 면포를 이용하여 거를 때는 꼭 짜지 말고 맑은 다시만 거른다.

3. 양념 만들기

참깨(ゴマ : 고마)	• 참깨, 검은깨, 노란 깨 등으로 구성
간장(醬油 : 쇼유)	• 재료에 우마미(감칠맛)를 더할 뿐 아니라, 소재가 갖는 풍미(향기)를 끌어내고 재료가 갖는 불필요한 냄새 등을 없앤다.
미림(みりん : 미림)	• 일본 특유의 술 조미료이며 고급스러운 단맛이 있고 음식에 윤기를 낸다. • 요리에 넣을 때는 알코올을 증발시킨 후 사용하는 게 좋다.

4. 양념장 조리

① **계량하기** : 사용 비율에 맞게 원 · 부재료를 계량한다.

② **깨 볶아내기** : 화력을 조절하며 깨를 볶아낸다.

③ **깨 갈기** : 아타리바치를 이용하여 갈아낸다.

④ **간장 넣기** : 간장 향과 간을 더해준다.

⑤ **미림 넣기** : 윤기와 단맛을 더해준다.

⑥ **참깨소스 완성하기** : 그릇에 참깨소스를 담아낸다.

01 양념장에 미림을 넣는 이유는 무엇인가?

① 향과 간을 더해준다.

② 수분이 촉촉하게 해준다.

③ 윤기와 단맛을 더해준다.

④ 색을 내기 위해 더해준다.

02 양념장에서의 간장은 어떤 맛을 내는가?

① 새콤한 맛　　　② 감칠맛

③ 떫은맛　　　　④ 단맛

03 초간장 만들기의 준비과정이 잘못된 것은?

① 강한 불에서 빨리 끓여낸다.

② 다시마는 오래 끓이지 않는다.

③ 면포를 이용해 걸러낸다.

④ 맛과 향이 살아 있어야 한다.

✓ 정답

01 ③ 02 ② 03 ①

1. 껍질초회 개요

복어 껍질의 가시를 완전히 제거하고 데쳐서 곱게 채썬 뒤 양념에 무쳐낸다.

2. 복어 껍질 준비

1) 복어 껍질[河豚皮(ふぐかわ)] 손질 및 건조 방법

(1) 복어 껍질 손질

① 복어는 먼저 표면의 이물질을 솔로 깨끗이 닦아낸다.

② 한 장 또는 두 장으로 껍질을 제거한 후 겉껍질과 속껍질을 데바칼로 분리한다.

③ 도마에 복어 껍질의 안쪽을 바닥에 밀착시키고 사시미칼로 복어 표면의 단단한 가시를 제거한다.

(2) 복어 껍질 건조

① 손으로 만졌을 때 매끈하게 가시를 제거한 후 끓는 물에 소금을 약간 넣고 무르도록 삶아 얼음물에 식힌다.

② 물기를 제거하고 구시에 끼워 냉장고에서 꼬들꼬들하게 건조시킨다.

2) 조리용 칼의 종류 및 용도

채소칼	• 채소를 취급하는 칼로서, 칼날이 거의 도마의 표면에 닿도록 되어 있다.
데바칼	• 어류나 수 · 조 · 육류를 오로시(손질)하는 데 사용하며, 사바쿠(뼈의 살을 발라냄)하거나 뼈를 자르는 데 사용된다.
생선회칼	• 생선회를 썰거나 요리를 가르는 데 사용된다. 칼날이 예리하며 폭에 비해 길이가 길다.

3. 껍질초회 양념 만들기

1) 초회 양념

① 무를 강판에 갈아 찬물에 헹구어 물기를 짜고 고운 고춧가루와 혼합하여 붉은색의 무즙을 만든다.

② 실파는 곱게 썰어 물에 씻어 물기를 제거한다.

③ 일번 맛국물을 만들어서, 진간장, 식초, 레몬, 미림, 설탕 등을 넣어 초간장을 만든다.

④ 붉은색의 무즙(아카오로시)과 실파를 초간장에 넣어 초회 양념을 만든다.

4. 복어 껍질 무치기

1) 양념의 종류별 특징

니바이즈(이배초) (二杯酢, にばいず)	• 청주, 간장, 미림이 주재료로 재료 전체를 잘 혼합하여 초회 등에 사용한다.
삼바이즈(삼배초) (三杯酢, さんばいず)	• 술과 국간장, 설탕으로 재료 전체를 잘 혼합하여 사용하고, 일반적으로 폭넓게 많이 이용된다.
도사즈 (土砂酢, どさず)	• 삼바이즈에 미림, 가쓰오부시를 넣어 만들며, 한 번 끓인 다음, 식혀서 사용한다. 삼바이즈보다 고급요리에 사용한다.
아마즈 (甘酢, あまず)	• 청주, 설탕, 미림을 주재료로 사용하며 재료 전체를 잘 혼합하여 사용한다. • 채소 등의 초회에 사용되며, 니바이즈는 갯장어 등 생선과 채소의 혼합요리에 사용한다.
폰즈 (ポン酢, ぽんず)	• 등자나무즙과 니다시지루, 간장을 주재료로 하여, 재료 전부를 잘 혼합하여 사용한다.

2) 모둠간장[合わせ醬油(あわせしょうゆ)]

깨간장 ゴマ醬油 (ごましょうゆ)	• 참깨를 곱게 갈아 설탕, 간장을 넣으면서 잘 섞는다. • 주로 채소류를 무칠 때 사용한다.
고추간장 唐辛子醬油 (とうがらししょうゆ)	• 물에 갠 겨자와 간장, 미림을 혼합하여 사용한다.

| 땅콩간장
落花生醬油
(らっかせいしょうゆ) | • 땅콩과 설탕, 간장으로 만든다.
• 땅콩을 칼로 곱게 다진 뒤, 양념을 넣어 절구에 더욱더 부드럽게 간 다음 설탕, 간장을 넣어 잘 혼합한다. |

5. 껍질초회 담기

① 초회를 담는 그릇 선택이 중요하다.

② 그릇은 작으면서도 좀 깊은 것이 좋다.

③ 무, 감, 귤, 유자, 대나무 그릇, 대합 껍데기 등도 이용한다.

④ 먼저 무쳐 놓아두면 수분이 나와 색, 맛이 떨어진다.

01 삼바이즈의 양념이 <u>아닌</u> 것은?

① 간장   ② 설탕

③ 술   ④ 소금

02 물에 갠 겨자와 간장, 미림을 혼합하여 사용한 간장은 무엇인가?

① 깨간장   ② 고추간장

③ 땅콩간장   ④ 진간장

03 복어 껍질의 손질방법이 옳지 <u>않은</u> 것은?

① 겉껍질과 속껍질을 데바칼로 분리한다.

② 껍질의 가시를 살짝 제거하고 데치면 가시가 없어진다.

③ 구시에 끼워 냉장고에서 꼬들꼬들하게 건조하여 사용한다.

④ 가시를 제거한 후 끓는 물에 소금을 약간 넣고 무르도록 삶는다.

04 초회 양념을 담아내는 그릇이 <u>잘못된</u> 것은?

① 크고 넓적한 그릇

② 깊이가 있는 그릇

③ 귤, 유자, 대합, 껍데기 등 이용

④ 작은 그릇

✓ 정답

| 01 | ④ | 02 | ② | 03 | ② | 04 | ① |

Chapter 5 복어 죽조리

1. 죽조리 개요

준비된 맛국물에 복어살과 밥 등을 넣어 죽을 만들 수 있다.

2. 복어 맛국물 준비

1) 맛국물 만들기

(1) 복어뼈[河豚骨(ふぐほね)] 맛국물 만들기

① 건다시마[昆布(こんぶ)]를 손질하고 다시를 만든다.

② 복어뼈[河豚骨(ふぐほね)]를 손질하고 다시(맛국물)를 만든다.

③ 끓이면서 거품과 지저분한 이물질은 걷어낸다.

④ 국물이 탁한 색에서 맑은 색이 나면, 고운체에 밭쳐 맑은 육수를 만든다.

2) 밥쌀 준비

① **밥알의 형태가 보이는 죽** : 밥을 물에 씻어 물기를 제거하고 사용한다.

② **쌀로 끓이는 죽** : 불린 쌀과 물을 동량으로 하고 청주를 넣어 냄새를 제거하고 풍미가 좋은 밥을 짓는다.

3. 복어 죽재료 준비

【죽[かゆ(粥)]의 종류 및 조리법】

종류	조리법
오카유 おかゆ(粥)	• 불린 쌀이나 밥으로 만들 수 있다. • 불린 쌀을 사용할 경우 쌀을 반만 갈아서 맛국물을 넉넉히 넣고 끓인다. • 밥을 이용할 경우에는 밥에 물을 넣고 밥알을 국자로 으깨면서 끓인다.
조우스이 ぞうすい(雜炊)	• 밥을 씻어 해물이나 채소를 넣어 다시로 끓인 것으로, 쌀을 절약하려는 목적에서 시작되었으나 후에 여러 가지 재료를 넣어 만들어 먹게 되었다. • 밥알의 형체가 남아 있다면, 재료에 따라 채소죽, 전복죽, 굴죽, 버섯죽, 알죽 등으로 다양하게 만들 수 있다.

4. 복어 죽 끓여서 완성

① 소금으로 밑간을 한다.

② 그릇에 담고 취향에 따라 폰즈, 김 등을 넣는다.

01 복어 죽을 끓이는 재료가 <u>아닌</u> 것은?

① 밥　　　　　　② 달걀

③ 가쓰오부시　　④ 김

02 쌀을 절약하려는 목적에서 시작된 조우스이의 종류가 <u>아닌</u> 것은?

① 전복죽　　　　② 버섯죽

③ 알죽　　　　　④ 떡죽

03 죽의 맛국물 내는 방법이 <u>틀린</u> 것은?

① 다시마 육수에 뼈를 넣고 감칠맛이 우러나 도록 끓인다.

② 센 불에서 끓인다.

③ 거품을 걷어내면서 끓인다.

④ 고운체에 걸러준다.

✓ 정답

| 01 | ③ | 02 | ④ | 03 | ② |

1. 튀김 개요

복어를 한입 크기로 토막내어 어취를 제거하고 밑간하여 튀김을 한다.

2. 복어 튀김재료 준비

1) 복어 준비

① 복어는 깨끗이 손질하여 수분을 제거한다.

② 복어살에는 칼집을 넣어준다.

③ 실파는 얇게 썰어준다.

④ 국간장 1T, 미림 1T, 정종 1T, 참기름을 약간 넣고 소스를 만들어준다.

⑤ 복어살을 소스에 1분간 절여준다.

⑥ 복어살을 건져서 체에 밭쳐준다.

⑦ 유자 껍질을 다져서 복어살에 묻힌다.

2) 어취 제거

유자	• 한쪽으로 치우친 공 모양이며 지름은 4~7cm이다. • 빛깔은 밝은 노란색이고 껍질이 울퉁불퉁하다. • 향기가 좋고 과육이 부드러우나 신맛이 강하며 복어 튀김을 할 때 유자 껍질을 잘게 썰어서 넣는다.
정종	• 일본 술은 조미료로 이용된다. • 요리에 사용되는 사케는 재료의 냄새 제거, 감칠맛을 증가시켜 풍미있게 하고, 재료를 부드럽게 한다.

3. 복어 튀김옷 준비

① 튀김가루와 전분가루를 준비한다.

② 체에 밭쳐두었던 복어를 그릇에 옮겨놓는다.

③ 전분과 튀김가루를 살짝 묻힐 정도로만 넣는다.

④ 골고루 섞이게 잘 저어준다.

4. 복어 튀김조리 완성

1) 복어 튀김조리

① 복어 튀김은 가라아게로서 전분을 묻혀서 튀긴다.

② 가라아게는 160℃에서 튀기며 재료의 종류나 크기, 조리방법에 따라 튀기는 시간과 온도가 달라진다.

2) 튀김의 종류

스아게	• 식재료에 아무것도 묻히지 않은 상태에서 튀겨내 재료가 가진 색과 형태를 그대로 살릴 수 있는 튀김이다.
고로모아게	• 박력분이나 전분에 물을 넣고 튀김옷(고로모)을 만들어 재료에 묻혀 튀겨내는 튀김을 말한다.
가라아게	• 양념한 재료를 그대로 튀기거나 박력분이나 전분만을 묻혀 튀긴 튀김이다.

3) 튀김조리 용어

아게다시	• 튀긴 재료 위에 조미한 조림국물을 부어 먹는 요리(비율 = 다시 7 : 연간장 1 : 미림 1)
덴다시	• 튀김을 찍어 먹는 간장소스(비율 = 다시 4 : 진간장 1 : 미림 1)
고로모	• 박력분이나 전분으로 재료를 튀기기 위한 반죽 옷
야쿠미	• 요리의 풍미를 증가시키거나 식욕을 자극하기 위해 첨가하는 채소나 향신료 (예 : 파, 와사비, 생강, 간 무, 고춧가루 등)
덴가쓰	• 고로모(튀김옷)를 방울지게 튀긴 것으로 튀길 때 재료에서 떨어져 나온 여분의 튀김

4) 튀김 담기

(1) 가라아게의 종류

① 지역별 가라아게

나라현 다쓰타아게(竜田揚げ)	• 닭고기를 미림, 간장으로 양념한 후 녹말가루를 입혀 튀겨낸다. • '다쓰타'라는 이름은 나라현의 다쓰타강에서 유래하였다.
미야자키현 치킨남방(チキン南蛮)	• 치킨 가라아게를 설탕, 미림 등으로 단맛을 더한 식초에 담가 적신 후 타르타르 소스 (tartar sauce)를 뿌려 먹는다.
기후현 세키가라아게 (関からあげ)	• 닭고기를 톳과 표고버섯을 빻은 가루에 묻혀 튀겨낸다. • 완성된 가라아게는 검은색을 띠며, '구로(검은색) 가라아게'라고도 불린다.
에히메현 센잔키(せんざんき)	• 닭을 뼈째 튀긴 중국의 루안자지에서 유래한 가라아게라는 설이 있다. • 닭뼈에서 우러난 감칠맛과 양념된 고기의 맛이 잘 어우러지는 것이 특징이다.
니가타현 한바아게(半羽揚げ)	• 닭고기를 뼈째 반으로 가르고 밀가루를 얇게 묻혀 튀긴다.
아이치현 데바사키 가라아게 (手羽先から揚げ)	• 닭 날개를 사용한 가라아게이다. • 튀긴 후에는 달콤한 소스와 소금, 후추, 산초, 참깨 등을 뿌려 먹는다.
나가노현 산조쿠야키(山賊焼き)	• 닭고기의 다리살 부분을 통째로 마늘, 간장 등으로 양념해 녹말가루를 묻혀 튀긴다. • 식당에서는 보통 양배추채가 곁들여 나온다.
홋카이도 젠기(ザンギ)	• 홋카이도에서는 가라아게를 보통 '젠기'라고 한다.

② 식재료별 가라아게

도리노 가라아게	• 치킨 가라아게이다.
모모니쿠노 가라아게	• 닭고기의 다리살 부위를 사용한 가라아게이다.
무네니쿠노 가라아게	• 닭고기의 넓적다리 부위를 사용한 가라아게이다.
난코츠노 가라아게	• 닭의 날개 혹은 다리 부분의 연골을 사용한 가라아게이다.

(2) 튀긴 복어를 접시에 담기

① 접시를 선택한다.

② 튀겨낸 복어는 체에 밭쳐 기름을 제거한다.

③ 접시에 기름종이를 깔고 복어를 담는다.

01 복어 튀김 기름의 온도로 적당한 것은?

① 130~140℃   ② 140~150℃

③ 150~160℃   ④ 180~190℃

02 튀김조리 용어가 맞는 것을 고르시오.

① 덴다시 – 튀김을 찍어 먹는 간장소스

② 아게다시 – 재료를 튀기기 위한 반죽옷

③ 덴가쓰 – 튀긴 재료 위에 조미한 조림국물
을 부어 먹는 요리

④ 야쿠미 – 튀길 때 재료에서 떨어져 나온 여
분의 튀김

03 튀김조리에 정종을 첨가했을 때의 효과가 아
닌 것은?

① 재료의 냄새 제거

② 감칠맛 증가

③ 풍미가 깊어진다.

④ 재료가 딱딱해진다.

04 복어를 튀겨내는 튀김의 종류는 무엇인가?

① 스아게   ② 가라아게

③ 고로모아게   ④ 아게다시

✓ 정답

| 01 | ③ | 02 | ① | 03 | ④ | 04 | ② |

Chapter 7 복어 회 국화모양조리

1. 회 국화모양 개요

복어살을 전처리하여 얇게 포를 떠서 국화모양으로 담을 수 있다.

2. 복어살 전처리 작업

1) 생선 포뜨기의 종류와 특징

두장 뜨기 니마이오로시 (にまいおろし)	• 머리를 자르고 난 후 씻어서 살을 오로시하고 중간 뼈가 붙어 있지 않게 살이 2장이 되게 하는 방법이다.
세장 뜨기 삼마이오로시 (さんまいおろし)	• 기본적인 생선포 뜨기의 한 가지 방법으로 생선을 위쪽 살, 아래쪽 살, 중앙 뼈의 3장으로 나누는 것을 말한다. • 생선의 중앙 뼈에 붙어 있는 살의 뼈를 아래에 두고, 이 뼈를 따라서 칼을 넣고, 살을 분리한다.
다섯장 뜨기 고마이오로시 (ごまいおろし)	• 생선의 중앙 뼈를 따라서 칼집을 넣어 일차적으로 뱃살을 떼어내고, 등 쪽의 살도 떼어낸다. • 결과물이 배 쪽 2장, 등 쪽 2장, 중앙 뼈 1장이 된다. 이것을 다섯장 뜨기라고 한다. • 평평한 생선인 광어나 가자미 등에 주로 이용된다.
다이묘 포뜨기 다이묘오로시 (だいみょおろし)	• 세장 뜨기의 한 가지로 생선의 머리 쪽에서 중앙 뼈에 칼을 넣고 꼬리 쪽으로 단번에 오로시하는 방법이다. • 중앙 뼈에 살이 남아 있기 쉽기 때문에 붙여진 이름이다. • 작은 생선에 주로 이용되며 보리멸, 학꽁치 등에 적당하다.

2) 생선 비린내 제거방법

① 물로 씻기

② 산 첨가

③ 간장과 된장 첨가

3) 복어살 준비하기

① 복어살의 엷은 막을 제거하기 위하여 꼬리부분을 시작으로 칼집을 넣는다.

② 꼬리 쪽에 비스듬하게 칼집을 넣어 얇은 막을 제거한다.

③ 껍질 부분의 엷은 막을 제거하기 위해 꼬리에서 머리 방향으로 바닥에 칼을 눕혀 위로 밀면서 제거한다.

④ 배꼽 부분의 빨간 살 부분을 제거하면서 주변의 주름막도 제거한다.

⑤ 전처리한 복어살은 소금물에 담가 어취와 수분을 제거하고 마른 면포에 말아 횟감용으로 사용한다.

3. 복어 회뜨기

1) 복어살의 숙성

복어살은 복어 횟감을 전처리한 후 4℃에서 24~36시간, 12℃에서 20~24시간, 20℃에서는 12~20시간 숙성 보관한다.

2) 회뜨기

① 도마 표면에 이물질이 묻었는지 확인하고 젖은 면포를 준비하여 칼을 청결히 한다.

② 복어살을 집게손가락으로 살짝 눌러 고정시키면서 칼날 전체를 사용하여 비스듬하게 위에서 아래로 당기는 기분으로 잘라낸다.

③ 복어는 결의 반대방향으로 폭 2~3cm, 길이 6~7cm가 되도록 자른다.

④ 복어 회를 자를 때 물기가 많으면 면포로 닦아주고, 칼에 묻은 복어살의 찌꺼기들도 젖은 면포로 닦으면서 회를 잘라낸다.

3) 생선회 자르는 법

평썰기 히라즈쿠리 (平造リ)	• 가장 많이 쓰이는 방법으로 주로 참치회 썰기에 이용된다. • 두께는 생선의 성질에 맞게 자르고, 잡아당기듯이 자른다. • 생선 자른 면이 광택이 나고 각이 있도록 하고 오른쪽으로 밀어 가지런히 담는다.
잡아당겨 썰기 히키즈쿠리 (引造リ)	• 살이 부드러운 생선의 뱃살 부분을 썰 때 유효한 방법으로 칼을 비스듬히 눕혀서 써는 방식이다. • 평썰기와 같은 방법으로 칼 손잡이 부분에서 시작하여 칼 끝까지 당기면서 썰어 칼을 빼낸다.
깎아썰기 소기즈쿠리 (削造リ)	• 사시미 아라이(얼음물에 씻는 회)할 생선이나 모양이 좋지 않은 회를 자를 때 써는 방법이다. • 포뜬 생선살의 얇은 쪽을 앞쪽으로 하고 칼을 45°로 눕혀서 깎아내듯이 써는 방법이다.
얇게 썰기 우스즈쿠리 (薄造リ)	• 복어처럼 살에 탄력이 있는 흰살생선을 최대한 얇게 써는 방법으로 높은 기술을 요구한다. • 얇게 썰어야 하기 때문에 선도가 좋지 않은 생선으로는 안 되며 살아 있는 생선으로 얇게 썰어야 한다. • 생선살을 얇게 잘라 학모양, 장미모양, 나비모양 등을 만들기도 한다.
가늘게 썰기 호소즈쿠리 (細造リ)	• 칼끝을 도마에 대고 위에서 아래로 긁어내려가면서 써는 방법으로 광어, 도미, 한치 등을 가늘게 썰 때 사용하는 방법이다. • 싱싱한 생선으로 가늘게 썰어야 씹는 맛을 한층 더 느낄 수 있다.
각썰기 가쿠즈쿠 (角造リ)	• 참치나 방어 등의 붉은 살 생선을 직사각형 또는 사각으로 자르는 방법으로서 산마를 갈아서 그 위에 생선살을 얹어주는 야마카케(山掛)가 대표적이다. • 김에 말거나 겹쳐서 담기도 한다.
실 굵기 썰기 이토즈쿠리 (絲造リ)	• 실처럼 가늘게 써는 방법으로 주로 광어나 도미, 오징어 등을 가늘게 썰 때 사용한다. • 서로 다른 종류의 젓갈을 어우러지도록 무칠 때 사용하거나 작은 용기에 담을 때 써는 방법이다.
뼈째 썰기 세고시 (背越)	• 작은 생선을 손질 후 뼈째 썰어 얼음물에 씻어 수분을 잘 제거하고 회로 먹는 방법이다. • 전어, 전갱이, 병어, 은어 등의 살아 있는 생선만을 이용한다. • 얇게 자른 뼈와 함께 섭취하기 때문에 고소한 맛을 한층 즐길 수 있는 생선회 조리법이다.

4. 복어 회 국화모양 접시에 담기

1) 접시 사용방법

① 복어 회를 담아내는 접시는 기본적으로 원형 접시를 사용한다.

② 사각 접시와 투명 유리접시는 복어회의 얇은 특징을 나타내기에 부적합하다.

③ 무늬와 색이 있는 접시를 선택하는 것이 좋다.

④ 그릇의 위아래를 잘 살펴보고 그릇의 그림이 먹는 사람의 정면에 오도록 담는다.

⑤ 외형으로 구분이 어려울 때에는 그릇 뒤의 만든 사람 이름을 보고 그릇의 위아래를 판단한다.

2) 회 담는 방법

① 복어 회는 꼬리 쪽부터 머리 쪽으로 당겨 썰어 시계 반대방향으로 원을 그리듯이 일정한 간격으로 겹쳐 담는다.

② 안쪽은 바깥쪽보다 작은 크기의 국화모양으로 원을 그리듯이 시계 반대방향으로 겹쳐 담는다.

③ 중앙에는 복어 회를 말아 꽃모양으로 만들어 올려준다.

④ 복어살(제거한 얇은 막)은 끓는 물에 데쳐서 말린 복어 지느러미와 함께 나비 모양으로 장식해 준다.

3) 곁들임 재료 담기

폰즈[ちりす(지리스), ポン酢]는 광어, 복어, 도미 등 흰살생선에 잘 어울리는 소스이다.

01 머리를 자르고 난 후 씻어서 살을 오로시하고, 중간 뼈가 붙어 있지 않게 살이 2장이 되게 포를 뜨는 것은?

① 두장 뜨기　　② 세장 뜨기

③ 다섯장 뜨기　④ 다이묘 포뜨기

02 복어처럼 살에 탄력이 있는 흰살생선을 최대한 얇게 생선회를 써는 방법은?

① 평썰기　　　② 깎아썰기

③ 얇게 썰기　　④ 가늘게 썰기

03 복어 회를 담아내는 접시 사용방법이 맞는 것은?

① 원형 접시를 사용한다.

② 유리접시를 사용한다.

③ 사각 접시를 선택한다.

④ 회는 왼쪽에서 오른쪽으로 담는다.

✓ 정답

| 01 | ① | 02 | ③ | 03 | ① |

일식
복어
기출
문제

일식 기출문제

01 식품에 존재하는 유기물질을 고온으로 가열할 때 단백질이나 지방이 분해되어 생기는 유해물질은?

① 에틸카바메이트(ethylcarbamate)

② 다환방향족탄화수소(polycyclic aromatic hydrocarbon)

③ 엔 – 니트로소아민(N – nitrosoamine)

④ 메탄올(methanol)

정답 ②

해설 에틸카바메이트(ethylcarbamate) : 다량 섭취하였을 경우 간과 신장에 손상을 줄 뿐 아니라 유통 중인 대부분의 수입 와인에서 검출된다.

엔 – 니트로소아민(N – nitrosoamine) : 육가공품의 발색제 사용으로 인한 아질산염과 제2급 아민이 반응하여 생성되는 발암물질

메탄올(methanol) : 에탄올 발효 시 펙틴이 존재할 때 생성되는 물질. 과실주에 함유되어 있으며 구토, 복통, 설사를 유발. 심하면 실명

02 다음 중 대장균의 최적 증식 온도 범위는?

① 0~5℃   ② 5~10℃

③ 30~40℃   ④ 55~75℃

정답 ③

해설 중온균 : 발육 최적 온도 25~37℃(질병의 원인인 병원균)

03 초밥용 쌀을 선택할 때 잘못된 것은?

① 쌀은 둥글고 알이 균일하고 건조가 잘 된 것

② 무게가 가벼운 것

③ 묵은쌀이 적합

④ 희고 윤기가 나는 것

정답 ②

해설 무게가 있고 희고 윤기가 나는 것

04 60℃에서 30분간 가열하면 식품 안전에 위해가 되지 <u>않는</u> 세균은?

① 살모넬라균

② 클로스트리디움 보틀리늄균

③ 황색포도상구균

④ 장구균

정답 ①

해설 살모넬라 : 60℃에서 30분 이상 사멸

황색포도상구균 : 균은 80℃에서 20분 가열로 파괴되나, 독소는 열에 강하여 120℃에서 20분간 끓여도 파괴되지 않음

보툴리누스균 : 균은 120℃에서 20분간 처리해도 파괴되지 않으나, 독소는 80℃에서 30분 안에 파괴된다.

05 육류의 발색제로 사용되는 아질산염이 산성 조건에서 식품 성분과 반응하여 생성되는 발암성 물질은?

① 지질 과산화물(aldehyde)

② 벤조피렌(benzopyrene)

③ 니트로사민(nitrosamine)

④ 포름알데히드(formaldehyde)

정답 ③

06 일식 초회 조리의 특징이 아닌 것은?

① 씹히는 맛, 부드럽게 혀에 닿는 감촉과 뒷맛의 시원함이 중요하다.

② 입안에 넣었을 때 상쾌하고, 시원하며 향기 나는 산미가 나는 것

③ 코스요리에서 식사가 제공되기 전 가장 먼저 바로 무쳐낸다.

④ 기초 손질한 식재료의 계절감을 매우 중요시한다.

정답 ③

해설 코스요리에서 식사가 제공되기 전 가장 마지막에 바로 무쳐낸다.

07 식품과 자연독의 연결이 맞는 것은?

① 독버섯 – 솔라닌(solanine)

② 감자 – 무스카린(muscarine)

③ 살구씨 – 파세오루나틴(phaseolunatin)

④ 목화씨 – 고시폴(gossypol)

정답 ④

해설 식물성 자연독

독버섯 : 무스카린, 무스카리딘, 아마니타톡신, 뉴린, 콜린

감자 : 솔라닌

독미나리 : 시큐톡신

청매, 살구씨, 은행알 : 아미그달린

피마자 : 리신

목화씨 : 고시폴

08 식품첨가물 중 보존료의 목적을 가장 잘 표현한 것은?

① 산도 조절

② 미생물에 의한 부패 방지

③ 산화에 의한 변패 방지

④ 가공과정에서 파괴되는 영양소 보충

정답 ②

해설 보존료와 종류

식품의 변질 및 부패의 원인이 되는 미생물의 증식을 억제하는 작용을 하는 물질로 보존성을 높이기 위해 사용한다.

데히드로초산 : 치즈, 버터, 마가린

소르빈산 : 식육, 어육가공품, 절임식품

안식향산, 안식향산나트륨 : 간장, 청량음료

프로프온산, 프로피온산나트륨 : 치즈, 빵, 생과자

09 알레르기성 식중독을 유발하는 세균은?

① 병원성 대장균(E. coli 0157 : H7)

② 모르가넬라 모르가니(Morganella morganii)

③ 엔테로박터 사카자키(Enterobacter sakazakii)

④ 비브리오 콜레라(Vibrio cholera)

정답 ②

해설 꽁치나 고등어와 같은 붉은 살 어류의 가공품을 섭취하였을 때

원인물질 : 히스타민

원인균 : 프로테우스 모르가니(Proteus morganii)

중독증상 : 몸에 두드러기가 나고, 열이 난다.

항히스타민제를 투여하면 빨리 낫는다.

10 즉석판매제조·가공업소 내에서 소비자에게 원하는 만큼 덜어서 직접 최종 소비자에게 판매하는 대상 식품이 <u>아닌</u> 것은?

① 된장   ② 식빵

③ 우동   ④ 어육제품

정답 ④

---

11 식품위생법상 조리사가 식중독이나 그 밖에 위생과 관련한 중대한 사고 발생의 직무상 책임에 대한 1차 위반 시 행정처분기준은?

① 시정명령

② 업무정지 1개월

③ 업무정지 2개월

④ 면허취소

정답 ②

해설 조리사 또는 영양사의 식중독 기타 위생상 중대한 사고를 발생하게 한 때 : 업무정지 1월
조리사 또는 영양사가 타인에게 면허를 대여하여 이를 사용하게 한 때 : 업무정지 2월
조리사 또는 영양사가 업무정지 기간 중 조리사 또는 영양사의 업무를 한 때 : 면허취소

---

12 카제인(casein)은 어떤 단백질에 속하는가?

① 당단백질   ② 지단백질

③ 당단백질   ④ 인단백질

정답 ④

해설 인단백질 : 단순 단백질에 인산이 공유한 복합단백질(예 : 우유 - 카제인, 노른자 - 비텔린)

---

13 전분 식품의 노화를 억제하는 방법으로 적합하지 <u>않은</u> 것은?

① 설탕을 첨가한다.

② 식품을 냉장 보관한다.

③ 식품의 수분함량을 15% 이하로 한다.

④ 유화제를 사용한다.

정답 ②

해설 **노화 억제방법**
• 0℃ 이하로 급속냉동시키거나 60℃ 이상으로 급속히 건조
• 수분함량을 15% 이하로 유지
• 설탕을 다량 첨가
• 환원제나 유화제를 첨가

---

14 과실 저장고의 온도, 습도, 기체 조성 등을 조절하여 장기간 동안 과실을 저장하는 방법은?

① 산 저장   ② 자외선 저장

③ 무균포장 저장   ④ CA저장

정답 ④

해설 **가스저장(CA저장)**
숙성을 늦추기 위하여 식품을 이산화탄소나 질소 따위의 산소가 적은 기체 속에 저장. 냉장과 병행 시 저장기간이 길어짐

---

15 유지를 가열할 때 생기는 변화에 대한 설명으로 <u>틀린</u> 것은?

① 유리지방산의 함량이 높아지므로 발연점이 낮아진다.

② 연기 성분으로 알데히드(aldehyde), 케톤(ketone) 등이 생성된다.

③ 요오드값이 높아진다.

④ 중합반응에 의해 점도가 증가된다.

정답 ③

해설 요오드값은 낮아지고 산가는 높아진다.

---

16 완두콩 통조림을 가열하여도 녹색이 유지되는 것은 어떤 색소 때문인가?

① chlorophyll(클로로필)

② Cu−chlorophyll(구리−클로로필)

③ Fe−chlorophyll(철−클로로필)

④ chlorophylline(클로로필린)

정답 ②

해설 발색제

식품 중에 색소성분과 반응하여 그 색을 고정하거나 나타내게 하는 데 사용한다.
- Cu−chlorophyll(구리−클로로필) : 청록색
- Fe−chlorophyll(철−클로로필) : 갈색
- Zn−chlorophyll(아연−클로로필) : 갈색

17 신맛 성분과 주요 소재 식품의 연결이 **틀린** 것은?

① 구연산(citric acid) − 감귤류

② 젖산(lactic acid) − 김치류

③ 호박산(succinic acid) − 늙은 호박

④ 주석산(tartaric acid) − 포도

정답 ③

해설 신맛 : 산이 해리되어 생긴 수소이온의 맛이다.
- 구연산(citric acid) : 감귤, 매실, 딸기
- 젖산(lactic acid) : 김치류
- 호박산(succinic acid) : 바지락
- 주석산(tartaric acid) : 포도

18 미생물의 생육에 필요한 수분활성도의 크기로 옳은 것은?

① 세균 〉효모 〉곰팡이

② 곰팡이 〉세균 〉효모

③ 효모 〉곰팡이 〉세균

④ 세균 〉곰팡이 〉효모

정답 ①

해설 필요 수분활성도 순서
세균(0.90~0.95) 〉효모(0.88) 〉곰팡이(0.65~0.80)

19 달걀 100g 중에 당질 5g, 단백질 8g, 지질 4.4g이 함유되어 있다면 달걀 5개의 열량은 얼마인가?(단, 달걀 1개의 무게는 50g이다.)

① 91.6kcal

② 229kcal

③ 274kcal

④ 458kcal

정답 ②

해설 당질 $5g \times 4kcal = 20$, 단백질 $8g \times 4kcal = 32$, 지질 $4.4g \times 9kcal = 39.6$, $20 + 32 + 39.6 = 91.6$, 달걀이 100g, 5개이기 때문에 달걀 1개의 무게 $50g \times 5 = 250g$. 그래서 $91.6 \times 2.5 = 229kcal$

20 다음 중 단백가가 가장 높은 것은?

① 쇠고기

② 달걀

③ 대두

④ 버터

정답 ②

해설 완전단백질
달걀(알부민, 100), 우유(카제인, 70), 대두(글로불린, 50), 소고기 80

21 차와 함께 간단한 식사를 곁들여 공복감을 해소시킬 수 있을 정도의 양의 음식으로 맛있고 화려하고 섬세하며 먹기 쉬운 일본 요리는 무엇인가?

① 혼젠요리

② 정진요리

③ 회석요리

④ 본선요리

정답 ③

22 아미노산, 단백질 등이 당류와 반응하여 갈색 물질을 생성하는 반응은?

① 폴리페놀 옥시다아제(polyphenol oxidase)

② 마이야르(Maillard) 반응

③ 캐러멜화(caramelization) 반응

④ 티로시나아제(tyrosinase) 반응

정답 ②

해설 **아미노-카르보닐반응(마이야르)**
카르보닐기를 가진 당 화합물과 아미노기를 가진 질소화합물이 관여하는 반응(예 : 된장, 간장, 식빵 등의 반응)

23 제조 과정 중 단백질 변성에 의한 응고 작용이 일어나지 <u>않는</u> 것은?

① 치즈 가공   ② 두부 제조

③ 달걀 삶기   ④ 딸기잼 제조

정답 ④

해설 딸기잼은 산, 당, 펙틴을 넣어 조린 과일 가공품이다.

24 난황에 주로 함유되어 있는 색소는?

① 클로로필   ② 안토시아닌

③ 카로티노이드   ④ 플라보노이드

정답 ③

해설 카로티노이드 색소는 식물계에 널리 분포되어 있으며, 동물성 식품에도 일부 분포하고 있다.
- β-카로틴(당근, 녹황색 채소), 라이코펜(토마토, 수박), 캡산틴(홍고추) 등
- 지용성 색소이다.
- 산이나 알칼리에 변화하지 않으나 빛에 약하다.

25 튀김옷의 재료에 관한 설명으로 틀린 것은?

① 중조를 넣으면 탄산가스가 발생하면서 수분도 증발되어 바삭하게 된다.

② 달걀을 넣으면 달걀 단백질의 응고로 수분 흡수가 방해되어 바삭하게 된다.

③ 글루텐 함량이 높은 밀가루가 오랫동안 바삭한 상태를 유지한다.

④ 얼음물에 반죽을 하면 점도를 낮게 유지하여 바삭하게 된다.

정답 ③

해설 튀김에 사용하는 밀가루는 박력분으로 글루텐 함량이 10% 이하인 것이 좋다.

26 식품구매 시 폐기율을 고려한 총 발주량을 구하는 식은?

① 총발주량 = (100 - 폐기율)×100×인원수

② 총발주량 = [(정미중량 - 폐기율)/(100 - 가식률)]×100

③ 총발주량 = (1인당 사용량 - 폐기율)×인원수

④ 총발주량 = [정미중량/(100 - 폐기율)]×100×인원수

정답 ④

27 달걀의 기능을 이용한 음식의 연결이 <u>잘못</u>된 것은?

① 응고성 - 달걀찜   ② 팽창제 - 시폰케이크

③ 간섭제 - 맑은 장국   ④ 유화성 - 마요네즈

정답 ③

해설 **달걀의 기능**
결착제 : 만두속, 전, 크로켓
청징제 : 맑은 육수, 과일주스
농후제 : 알찜, 소스, 커스터드, 푸딩

간섭제 : 셔벗, 캔디

28 생선회를 먹을 때 간장과 함께 먹으며 살균효과가 있는 향미료는 무엇인가?

① 산초　　　　　② 겨자
③ 고추냉이　　　④ 생강

정답 ③

해설 고추냉이 : 생선회를 먹을 때 간장과 함께 많이 먹으며, 초회, 무침요리, 면류의 양념에 이용

29 식품을 고를 때 채소류의 감별법으로 **틀린** 것은?

① 오이는 굵기가 고르며 만졌을 때 가시가 있고 무거운 느낌이 나는 것이 좋다.
② 당근은 일정한 굵기로 통통하고 마디나 뿔이 없는 것이 좋다.
③ 양배추는 가볍고 잎이 얇으며 신선하고 광택이 있는 것이 좋다.
④ 우엉은 껍질이 매끈하고 수염뿌리가 없는 것으로 굵기가 일정한 것이 좋다.

정답 ③

해설 양배추는 무겁고 잎이 두꺼우며 신선하고 광택이 있고 모양이 갖추어진 것이 좋다.

30 조리장의 설비에 대한 설명 중 **부적합한** 것은?

① 조리장의 내벽은 바닥으로부터 5cm까지 수성 자재로 한다.
② 충분한 내구력이 있는 구조여야 한다.
③ 조리장에는 식품 및 식기류의 세척을 위한 위생적인 세척 시설을 갖춘다.
④ 조리원 전용의 위생적 수세시설을 갖춘다.

정답 ①

해설 조리장 바닥은
- 바닥과 1m까지의 내벽은 물청소가 용이한 내수성 자재 사용
- 미끄럽지 않고 내수성, 산, 염, 유기용액에 강한 자재 사용
- 영구적으로 색상을 유지할 수 있어야 하며 유지비가 저렴하다.

31 고추장에 대한 설명으로 **틀린** 것은?

① 고추장은 곡류, 메줏가루, 소금, 고춧가루, 물을 원료로 제조한다.
② 고추장의 구수한 맛은 단백질이 분해하여 생긴 맛이다.
③ 고추장은 된장보다 단맛이 더 약하다.
④ 고추장의 전분 원료로 찹쌀가루, 보릿가루, 밀가루를 사용한다.

정답 ③

해설 고추장의 재료는 찹쌀가루, 엿기름, 고춧가루, 메줏가루, 소금 등으로 엿기름이 단맛을 낸다.

32 조리 시 일어나는 현상과 그 원인으로 연결이 **틀린** 것은?

① 장조림 고기가 단단하고 잘 찢어지지 않음 – 물에서 먼저 삶은 후 양념간장을 넣어 약한 불로 서서히 조렸기 때문
② 튀긴 도넛에 기름 흡수가 많음 – 낮은 온도에서 튀겼기 때문
③ 오이무침의 색이 누렇게 변함 – 식초를 미리 넣었기 때문
④ 생선을 굽는데 석쇠에 붙어 잘 떨어지지 않음 – 석쇠를 달구지 않았기 때문

정답 ①

해설 장조림 고기가 단단하고 잘 찢어지지 않음 : 물에 양념간장을 먼저 넣고 삶아서 조렸기 때문

33 탈수가 일어나지 않으면서 간이 맞도록 생선을 구우려면 일반적으로 생선 중량 대비 소금의 양은 얼마가 가장 적당한가?

① 0.1% ② 2%
③ 16% ④ 20%

정답 ②

해설 생선 무게의 2~3%의 소금을 뿌려 20분 정도 후에 구이를 하면 좋다.

34 쇠고기 40g을 두부로 대체하고자 할 때 필요한 두부의 양은 약 얼마인가?(단, 100g당 쇠고기 단백질 함량은 20.1g, 두부 단백질 함량은 8.6g으로 계산한다.)

① 70g ② 74g
③ 90g ④ 93g

정답 ④

해설 대체식품량

$$\frac{\text{원래식품의 양} \times \text{원래식품의 식품분석표상의 해당성분수치}}{\text{대체하고자 하는 식품의 식품분석표상의 해당성분수치}}$$

$40 \times 20.1/8.6 = 93.4$

35 약과를 반죽할 때 필요 이상으로 기름과 설탕을 넣으면 어떤 현상이 일어나는가?

① 매끈하고 모양이 좋아진다.
② 튀길 때 둥글게 부푼다.
③ 튀길 때 모양이 풀어진다.

④ 켜가 좋게 생긴다.

정답 ③

36 육류 조리에 대한 설명으로 맞는 것은?

① 육류를 오래 끓이면 질긴 지방조직인 콜라겐이 젤라틴화되어 국물이 맛있게 된다.
② 목심, 양지, 사태는 건열조리에 적당하다.
③ 편육을 만들 때 고기는 처음부터 찬물에서 끓인다.
④ 육류를 찬물에 넣어 끓이면 맛성분 용출이 용이해져 국물 맛이 좋아진다.

정답 ④

해설 목심, 양지, 사태처럼 질긴 고기는 오래오래 삶거나 끓이는 국, 탕, 편육요리 즉 습열조리에 적당하다.

37 단체급식에서 식품의 재고관리에 대한 설명으로 틀린 것은?

① 각 식품에 적당한 재고기간을 파악하여 이용하도록 한다.
② 식품의 특성이나 사용 빈도 등을 고려하여 저장 장소를 정한다.
③ 비상시를 대비하여 가능한 한 많은 재고량을 확보할 필요가 있다.
④ 먼저 구입한 것은 먼저 소비한다.

정답 ③

38 식혜에 대한 설명으로 틀린 것은?

① 전분이 아밀라아제에 의해 가수분해되어 맥아당과 포도당을 생성한다.
② 밥을 지은 후 엿기름을 부어 효소반응이 잘

일어나도록 한다.

③ 80℃의 온도가 유지되어야 효소반응이 잘 일어나 밥알이 뜨기 시작한다.

④ 식혜 물에 뜨기 시작한 밥알은 건져내어 냉수에 헹구어 놓았다가 차게 식힌 식혜에 띄워 낸다.

정답 ③

해설 식혜의 당화온도는 55~60℃가 적당하다.

39 중조를 넣어 콩을 삶을 때 가장 문제가 되는 것은?

① 비타민 B_1의 파괴가 촉진됨

② 콩이 잘 무르지 않음

③ 조리수가 많이 필요함

④ 조리시간이 길어짐

정답 ①

해설 중조를 넣어 콩을 삶으면 빨리 삶아지고 부드러워진 반면 비타민 B군이 파괴된다.

40 고기를 연하게 하기 위해 사용하는 과일에 들어 있는 단백질 분해효소가 아닌 것은?

① 피신(ficin)

② 브로멜린(bromelin)

③ 파파인(papain)

④ 아밀라아제(amylase)

정답 ④

해설 **식물성 단백질 분해효소**
- 무화과 : 피신
- 파인애플 : 브로멜린
- 파파야 : 파파인
- 키위 : 액티니딘
- 배 : 프로테아제

41 찹쌀떡이 멥쌀떡보다 더 늦게 굳는 이유는?

① pH가 낮기 때문에

② 수분함량이 적기 때문에

③ 아밀로오스의 함량이 많기 때문에

④ 아밀로펙틴의 함량이 많기 때문에

정답 ④

42 다음 중 일반적으로 폐기율이 가장 높은 식품은?

① 살코기　　　　② 달걀

③ 생선　　　　　④ 곡류

정답 ③

해설 **폐기율이 가장 높은 식품**
- 갑각류 – 패류 – 생선 – 달걀 등

43 하수오염 조사 방법과 관련이 없는 것은?

① THM의 측정　　② COD의 측정

③ DO의 측정　　　④ BOD의 측정

정답 ①

해설 THM은 물속에 함유된 유기물질로, 폐수를 정수하는 과정에서 살균제로 쓰이는 염소와 반응하여 생성되는 발암성 물질

44 다음 중 가장 강한 살균력을 갖는 것은?

① 적외선　　　　② 자외선

③ 가시광선　　　④ 근적외선

정답 ②

해설 **자외선**
도르노선(건강선) : 2900~3200Å(290~320nm) 일 때 사람에게 유익한 작용

45 호흡기계 감염병이 <u>아닌</u> 것은?

① 폴리오   ② 홍역

③ 백일해   ④ 디프테리아

정답 ①

해설 소화기계 감염병 : 장티푸스, 콜레라, 이질, 파라티 푸스, 소아마비(폴리오), 간염

---

46 채소로부터 감염되는 기생충으로 짝지어진 것은?

① 편충, 동양모양선충   ② 폐흡충, 회충

③ 구충, 선모충   ④ 회충, 무구조충

정답 ①

해설 채소감염 기생충 : 회충, 구충, 편충, 동양모양선충

---

47 인수공통감염병에 속하지 <u>않는</u> 것은?

① 광견병

② 탄저

③ 고병원성조류인플루엔자

④ 백일해

정답 ④

해설 인수공통감염병
- 탄저·비저 : 양·말
- 결핵 : 소
- 살모넬라증·돈단독·선모충·Q열 : 돼지
- 공수병(광견병) : 개
- 페스트 : 쥐
- 야토병 : 다람쥐·쥐·토끼
- 브루셀라 : 소·양·돼지

---

48 아메바에 의해서 발생되는 질병은?

① 장티푸스   ② 콜레라

③ 유행성 간염   ④ 이질

정답 ④

---

49 폐기물 소각 처리 시의 가장 큰 문제점은?

① 악취가 발생되며 수질이 오염된다.

② 다이옥신이 발생한다.

③ 처리방법이 불쾌하다.

④ 지반이 약화되어 균열이 생길 수 있다.

정답 ②

---

50 걸쭉한 농도는 쉽게 식는 것을 막으며 입에 닿는 촉감이 부드러운 국물의 형태는 무엇인가?

① 재료 자체에서 우려내는 국물

② 맑은 국물

③ 전분을 이용한 국물

④ 자라를 이용한 국물

정답 ③

---

51 도미조림을 할 때 열을 가해도 맛의 변화가 별로 없기 때문에 먼저 사용하는 양념은 무엇인가?

① 설탕   ② 소금

③ 간장   ④ 화학조미료

정답 ①

해설 설탕-소금-식초-간장-화학조미료 순서로 사용

---

52 식품위생법의 정의에 따른 "기구"에 해당하지 <u>않는</u> 것은?

① 식품 섭취에 사용되는 기구

② 식품 또는 식품첨가물에 직접 닿는 기구

③ 농산품 채취에 사용되는 기구

④ 식품 운반에 사용되는 기구

정답 ③

해설 기구 : 식품 또는 식품첨가물에 직접 닿는 기계·기구나 그 밖의 물건. 단, 농업과 수산업에서 식품을 채취하는 데 쓰는 기계기구나 그 밖의 물건은 제외한다.

53 식품위생법상 식품위생 수준의 향상을 위하여 필요한 경우 조리사에게 교육을 받을 것을 명할 수 있는 자는?

① 관할시장
② 보건복지부장관
③ 식품의약품안전처장
④ 관할경찰서장

정답 ③

54 식품의 위생과 관련된 곰팡이의 특징이 <u>아닌</u> 것은?

① 건조식품을 잘 변질시킨다.
② 대부분 생육에 산소를 요구하는 절대 호기성 미생물이다.
③ 곰팡이독을 생성하는 것도 있다.
④ 일반적으로 생육 속도가 세균에 비하여 빠르다.

정답 ④

55 일식조리의 특징이 <u>잘못된</u> 것은?

① 4계절을 중요시하는 재료의 선택과 색상을 살려서 조리한다.
② 그릇에 담을 때는 공간미를 살리는 데 중점을 둔다.

③ 양의 조절과 섬세함을 요리에서 느낄 수 있어야 한다.
④ 생선류는 주로 익혀서 조리하기 때문에 특성을 최대한 살린다.

정답 ④

해설 일식 요리의 생선은 주로 날로 먹는 것이 많다.

56 일식 간장 종류 중 부드럽고 농후한 맛과 단맛이 나서 조림류에 많이 사용한 것은?

① 진간장
② 다마리간장
③ 연간장
④ 백간장

정답 ②

해설 다마리간장은 부드럽고 농후한 맛과 단맛이 있다. 조림요리, 끓임 요리에 좋다.

57 바늘과 같이 가늘게 썰기를 무엇이라 하는가?

① 돌려깎기
② 연필깎이
③ 뱀비늘모양썰기
④ 바늘굵기 썰기

정답 ④

해설 바늘굵기 썰기(하리기리) : 바늘과 같이 가늘게 자른 모양

예) 생강채, 김채

58 무침조리의 그릇 선택이 <u>잘못된</u> 것은?

① 계절감을 살려서 기물을 선택한다.
② 상을 돋보이게 화려한 그릇에 담아낸다.
③ 3, 5, 7, 9 등 홀수로 기물을 선택
④ 작은 접시를 주로 사용

정답 ②

해설 화려한 기물은 주요리를 어둡게 만들기 때문에 지양한다.

59 일식 국물조리의 다시마 사용법이 올바른 것은?

① 다시마는 깨끗한 면포로 닦아 준비한다.
② 다시마는 물로 여러 번 씻어 사용한다.
③ 다시마는 맛있는 맛이 없어지니 그대로 사용한다.
④ 다시마 육수에 소금을 넣고 끓인다.

정답 ①

해설 다시마 겉면에 있는 먼지들은 젖은 면포로 닦아 사용한다.

60 일식 자루소바를 만드는 방법이 옳은 것은?

① 국수 반죽을 양쪽으로 당기고 늘려 여러 가닥으로 만드는 국수
② 손으로 만든 반죽을 밀대로 밀어 만든 얇은 반죽을 칼로 썰어 만드는 국수
③ 반죽을 길게 늘려 막대기에 면을 감은 후 가늘게 만든 국수
④ 구멍이 뚫린 틀에 반죽을 넣어 국수를 밀어내고 끓는 물에 삶아서 만드는 방법의 국수

정답 ②

해설 **절면**
- 한국의 칼국수
- 일본의 우동, 소바

일식 기출문제

01 식품에 오염된 미생물이 증식하여 생성한 독소에 의해 유발되는 대표적인 식중독은?

① 살모넬라균 식중독

② 황색 포도상구균 식중독

③ 리스테리아 식중독

④ 장염 비브리오 식중독

정답 ②

해설 독소형 식중독
- 황색 포도상구균 식중독
- 클로스트리디움 보툴리누스균

02 복어와 모시조개 섭취 시 식중독을 유발하는 독성물질을 순서대로 나열한 것은?

① 엔테로톡신(enterotoxin), 사포닌(saponin)

② 테트로도톡신(tetrodotoxin), 베네루핀(venerupin)

③ 테트로도톡신(tetrodotoxin), 듀린(dhurrin)

④ 엔테로톡신(enterotoxin), 아플라톡신(aflatoxin)

정답 ②

03 곰팡이 독소와 독성을 나타내는 곳을 잘못 연결한 것은?

① 아플라톡신(aflatoxin) – 신경독

② 오클라톡신(ochratoxin) – 간장독

③ 시트리닌(citrinin) – 신장독

④ 스테리그마토시스틴(sterigmatocystin) – 간장독

정답 ①

해설 아플라톡신(aflatoxin) : 간장독

04 식품과 독성분의 연결이 틀린 것은?

① 독보리 – 테물린(temuline)

② 섭조개 – 삭시톡신(saxitoxin)

③ 독버섯 – 무스카린(muscarine)

④ 매실 – 베네루핀(venerupin)

정답 ④

해설 매실 : 아미그달린

05 식품의 부패 시 생성되는 물질과 거리가 먼 것은?

① 암모니아(ammonia)

② 트리메틸아민(trimethylamine)

③ 글리코겐(glycogen)

④ 아민(amine)류

정답 ③

해설 글리코겐(glycogen)은 탄수화물이 체내에서 흡수하고 남으면 동물의 간에 글리코겐으로 저장된다.

06 살모넬라균에 의한 식중독의 특징 중 <u>틀린</u> 것은?

① 장독소(enterotoxin)에 의해 발생한다.
② 잠복기는 보통 12~24시간이다.
③ 주요증상은 메스꺼움, 구토, 복통, 발열이다.
④ 원인식품은 대부분 동물성 식품이다.

정답 ①

해설 살모넬라균은 감염형 식중독이다.

07 도마의 사용방법에 관한 설명 중 <u>잘못된</u> 것은?

① 합성세제를 사용하여 43~45℃의 물로 씻는다.
② 염소소독, 열탕소독, 자외선살균 등을 실시한다.
③ 식재료 종류별로 전용의 도마를 사용한다.
④ 세척, 소독 후에는 건조시킬 필요가 없다.

정답 ④

08 과채, 식육 가공 등에 사용하여 식품 중 색소와 결합하여 식품 본래의 색을 유지하게 하는 식품 첨가물은?

① 식용타르색소　　② 천연색소
③ 발색제　　　　　④ 표백제

정답 ③

해설 **발색제**
　• 식품 중에 색소성분과 반응하여 그 색을 고정하거나 나타내게 하는 데 사용한다.
　• 황산 제1, 2철, 아질산나트륨, 질산나트륨

09 수출을 목적으로 하는 식품 또는 식품첨가물의 기준과 규격은 식품위생법의 규정 외에 어떤 기준과 규격에 의할 수 있는가?

① 수입자가 요구하는 기준과 규격
② 국립검역소장이 정하여 고시한 기준과 규격
③ FDA의 기준과 규격
④ 산업통상자원부장관의 별도 허가를 득한 기준과 규격

정답 ①

10 식품접객업소의 조리판매 등에 대한 기준 및 규격에 의한 요리용 칼·도마, 식기류의 미생물 규격은?(단, 사용 중의 것은 제외한다)

① 살모넬라 음성, 대장균 양성
② 살모넬라 음성, 대장균 음성
③ 황색포도상구균 양성, 대장균 음성
④ 황색포도상구균 음성, 대장균 양성

정답 ②

11 인산을 함유하는 복합지방질로서 유화제로 사용되는 것은?

① 레시틴　　　　　② 글리세롤
③ 스테롤　　　　　④ 글리콜

정답 ①

해설 달걀 노른자에 있는 인지질로 마요네즈 가공 시 유화제 역할을 한다.

12 하루 필요 열량이 2700kcal일 때 이 중 14%에 해당하는 열량을 지방에서 얻으려 할 때 필요한 지방의 양은?

① 36g　　　　　　② 42g
③ 81g　　　　　　④ 94g

정답 ②

해설 $2700 \times 0.14 = 378 \div 9 = 42$

13 전분의 호정화를 이용한 식품은?

① 식혜   ② 치즈

③ 맥주   ④ 뻥튀기

정답 ④

해설 **전분의 호정화(덱스트린화)**
전분에 물을 가하지 않고 160℃ 이상으로 가열하면 여러 단계의 가용성 전분을 거쳐 덱스트린(호정)으로 분해된다. 이 현상을 전분의 호정화라 한다.(예 : 누룽지, 팝콘, 빵, 뻥튀기)

14 어묵의 탄력과 가장 관계 깊은 것은?

① 수용성 단백질 – 미오겐

② 염용성 단백질 – 미오신

③ 결합 단백질 – 콜라겐

④ 색소 단백질 – 미오글로빈

정답 ②

해설 **염류에 의한 변성**
섬유상 단백질은 거의 녹지 않으나 염을 첨가하면 용해도 향상된다.
예) 어묵 : 염화나트륨·염화칼슘에 의하여 미오신이 용해되고 이후 다른 형태로 변화한다.

15 달걀 저장 중에 일어나는 변화로 옳은 것은?

① pH 저하   ② 중량 감소

③ 난황계수 증가   ④ 수양난백 감소

정답 ②

해설 **달걀 저장 중 변화**
pH 높아짐, 난황계수 감소, 수양난백 증가, 기공이 커진다.

16 사과를 깎아 방치했을 때 나타나는 갈변현상과 관계없는 것은?

① 산화효소   ② 산소

③ 페놀류   ④ 섬유소

정답 ④

해설 **폴리페놀옥시다아제(polyphenoloxydase)**
폴리페놀 산화효소
예) 사과, 홍차 등 갈변

17 생식기능 유지와 노화방지의 효과가 있고 화학명이 토코페롤(tocopherol)인 비타민은?

① 비타민 A   ② 비타민 C

③ 비타민 D   ④ 비타민 E

정답 ④

해설 불포화지방산에 대한 항산화제로서 역할을 하고 인체 내에서는 노화를 방지한다.
식물성유, 곡물의 배아에 함유

18 다음중 알리신(allicin)이 가장 많이 함유된 식품은?

① 마늘   ② 사과

③ 고추   ④ 무

정답 ①

해설 알리신은 마늘의 매운맛이며 비타민 B_1의 흡수를 촉진한다.

19 다음 중 과일, 채소의 호흡작용을 조절하여 저장하는 방법은?

① 건조법   ② 냉장법

③ 통조림법   ④ 가스저장법

정답 ④

해설 **가스저장(CA저장)** : 숙성을 늦추기 위하여 식품을 이산화탄소나 질소의 기체와 산소가 적은 기체 속에 저장. 냉장과 병행 시 저장기간이 길어짐

20 염지에 의해서 원료육의 미오글로빈으로부터 생성되며 비가열 식육제품인 햄 등의 고정된 육색을 나타내는 것은?

① 니트로소헤모글로빈(nitrosohemoglobin)

② 옥시미오글로빈(oxymyoglobin)

③ 니트로소미오글로빈(nitrosomyoglobin)

④ 메트미오글로빈(metmyoglobin)

정답 ③

해설 육가공품의 발색제 사용으로 식품 중에 색소성분과 반응하여 그 색을 고정하거나 나타내게 하는 데 사용한다.(아질산나트륨, 질산나트륨)

21 다음 당류 중 케톤기를 가진 것은?

① 프룩토오스(fructose)

② 만노오스(mannose)

③ 갈락토오스(galactose)

④ 글루코오스(glucose)

정답 ①

해설 케톤기를 가진 단당류로 오탄당에 리보스, 6탄당에 과당이 해당한다.

22 다음 중 레토르트식품의 가공과 관계없는 것은?

① 통조림　　② 파우치

③ 플라스틱 필름　　④ 고압솥

정답 ①

해설 Retortpouch식품

플라스틱 주머니에 밀봉 가열한 식품 : 통조림·병조림과 같이 저장성을 가진 식품으로 음료·비상식품·병원급식용·식품가공 등에 널리 이용된다. 특징은 통조림과 살균시간의 단축 및 색깔·조직·풍미 및 영양가의 손실이 적은 것이다. 냉장·냉동할 필요가 없으며, 방부제를 첨가할 필요가 없고 포장의 다양성과 가열, 가온 시 시간이 절약된다.

23 단체급식소에서 식수인원 400명의 풋고추조림을 할 때 풋고추의 총 발주량은 약 얼마인가?(단, 풋고추 1인분 30g, 풋고추의 폐기율 6%)

① 12kg　　② 13kg

③ 15kg　　④ 16kg

정답 ②

해설 식품 구매 시 폐기율을 가산한 식품의 발주량

$$총발주량 = (\frac{정미용량 \times 100}{100 - 폐기율}) \times 인원수$$

(30×100)÷94 = 31.91×400 = 12,765g을 kg으로 바꾸면 12765÷1000 = 12.76≒13kg

24 육류의 가열 변화에 의한 설명으로 틀린 것은?

① 생식할 때보다 풍미와 소화성이 향상된다.

② 근섬유와 콜라겐은 45℃에서 수축하기 시작한다.

③ 가열한 고기의 색은 메트미오글로빈이다.

④ 고기의 지방은 근 수축과 수분손실을 적게 한다.

정답 ②

해설 콜라겐 변성온도 60~70℃, 근섬유미오신 40~50℃

25 생선을 씻을 때 주의사항으로 틀린 것은?

① 물에 소금을 10% 정도 타서 씻는다.

② 냉수를 사용한다.

③ 체표면의 점액을 잘 씻도록 한다.

④ 어체에 칼집을 낸 후에는 씻지 않는다.

정답 ①

해설 생선을 1%의 소금물로 세척하면 비린내를 없앨 수 있다.

26 달걀의 열응고성에 대한 설명 중 옳은 것은?

① 식초는 응고를 지연시킨다.

② 소금은 응고온도를 낮추어준다.

③ 설탕은 응고온도를 내려주어 응고물을 연하게 한다.

④ 온도가 높을수록 가열시간이 단축되어 응고물은 연해진다.

정답 ②

해설 식초는 달걀 응고를 촉진시키고 설탕은 응고온도를 높이고, 온도가 높을수록 응고가 빨라진다.

27 자색 양배추, 가지 등 적색채소를 조리할 때 색을 보존하기 위한 가장 바람직한 방법은?

① 뚜껑을 열고 다량의 조리수를 사용한다.

② 뚜껑을 열고 소량의 소리수를 사용한다.

③ 뚜껑을 덮고 다량의 조리수를 사용한다.

④ 뚜껑을 덮고 소량의 조리수를 사용한다.

정답 ④

28 단체급식소에서 식품구입량을 정하여 발주하는 식으로 옳은 것은?

① $\text{발주량} = \dfrac{1\text{인분 순사용량}}{\text{가식률}} \times 100 \times \text{식수}$

② $\text{발주량} = \dfrac{1\text{인분 순사용량}}{\text{가식률}} \times 100$

③ $\text{발주량} = \dfrac{1\text{인분 순사용량}}{\text{폐기율}} \times 100 \times \text{식수}$

④ $\text{발주량} = \dfrac{1\text{인분 순사용량}}{\text{폐기율}} \times 100$

정답 ①

29 냉동보관에 대한 설명으로 틀린 것은?

① 냉동된 닭을 조리할 때 뼈가 검게 변하기 쉽다.

② 떡의 장시간 노화방지를 위해서는 냉동 보관하는 것이 좋다.

③ 급속 냉동 시 얼음 결정이 크게 형성되어 식품의 조직 파괴가 크다.

④ 서서히 동결하면 해동 시 드립(drip)현상을 초래하여 식품의 질을 저하시킨다.

정답 ③

해설 급속냉동 시 얼음결정이 작아 조직 파괴가 적고 냉장고 저온해동을 하면 드립현상이 없어 식품의 질을 손상하지 않는다.

30 녹색채소를 데칠 때 소다를 넣을 경우 나타나는 현상이 아닌 것은?

① 채소의 질감이 유지된다.

② 채소의 색을 푸르게 고정시킨다.

③ 비타민 C가 파괴된다.

④ 채소의 섬유질을 연화시킨다.

정답 ①

해설 녹색 채소를 데칠 때 식소다를 넣으면 선명한 녹색이 되고 빨리 무르지만 비타민 파괴의 단점이 있다.

31 감자의 효소적 갈변 억제 방법이 아닌 것은?

① 아스코르빈산 첨가　　② 아황산 첨가

③ 질소 첨가　　　　　　④ 물에 침지

정답 ③

해설 티로시나아제 효소의 갈변을 막기 위해 식초·설탕물에 담그기, 밀봉해서 공기 차단, 데치기, Fe·Cu로 된 기구 사용을 피한다.

32 조리용 기기의 사용법이 <u>틀린</u> 것은?

① 필러(peeler) : 채소 다지기

② 슬라이서(slicer) : 일정한 두께로 썰기

③ 세미기 : 쌀 세척하기

④ 블렌더(blender) : 액체 교반하기

정답 ①

해설 필러(Peeler) : 박피기. 감자, 당근, 무 껍질을 벗겨주는 기기

33 조리 시 나타나는 현상과 그 원인 색소의 연결이 옳은 것은?

① 산성성분이 많은 물로 지은 밥의 색은 누렇다. – 클로로필계

② 식초를 가한 양배추의 색이 짙은 갈색이다. – 플라보노이드계

③ 커피를 경수로 끓여 그 표면이 갈색이다. – 탄닌계

④ 데친 시금치나물이 누렇게 되었다. – 안토시안계

정답 ③

해설 클로로필 : 열과 산에 녹갈색 페오피틴, 알칼리에 청록색인 클로로필린이 된다.
플라보노이드 : 산성에 백색, 알칼리성에 황색
안토시안 : 산, 중, 알칼리에 적, 자, 청색으로 변한다.

34 고기를 연화시키는 식물성 단백질 분해 효소가 바르게 연결된 것은?

① 파인애플 – 파파인 ② 배 – 프로테아제

③ 키위 – 브로멜린 ④ 파파야 – 액티니딘

정답 ②

해설 파인애플 : 브로멜린

키위 : 액티니딘
파파야 : 파파인

35 엿기름물과 밥을 넣어 식혜를 만드는데 당화온도로 맞는 것은?

① 35~40℃ ② 45~50℃

③ 55~60℃ ④ 65~70℃

정답 ③

해설 식혜 55~60℃에서 당화시킨다.

36 쌀 전분을 빨리 α-화하려고 할 때 조치사항은?

① 아밀로펙틴 함량이 많은 전분을 사용한다.

② 수침시간을 짧게 한다.

③ 가열온도를 높인다.

④ 산성의 물을 사용한다.

정답 ③

해설 전분의 α(호화)는 아밀로펙틴의 경우 아밀로오스보다 호화시간이 길다.
전분입자의 크기가 클수록
가열온도가 높을수록
염류, 알칼리 첨가 시
수침시간이 길수록 호화시간이 짧아진다.

37 유지를 가열할 때 유지 표면에서 엷은 푸른 연기가 나기 시작할 때의 온도는?

① 팽창점 ② 연화점

③ 용해점 ④ 발연점

정답 ④

해설 발연점 : 유지를 가열할 때 푸른 연기가 나기 시작할 때의 온도(아크롤레인 생성)

38 호화와 노화에 대한 설명으로 옳은 것은?

① 쌀과 보리는 물이 없어도 호화가 잘된다.

② 떡의 노화는 냉장고보다 냉동고에서 더 잘 일어난다.

③ 호화된 전분을 80℃ 이상에서 급속건조하면 노화가 촉진된다.

④ 설탕의 첨가는 노화를 지연시킨다.

정답 ④

해설 전분의 노화(전분의 β화)

α화된 전분은 상온에 방치해 두면 점점 β형으로 된다. 이 현상을 노화라 한다.

전분이 노화되기 쉬운 조건

아밀로오스(Amylose)의 함량이 높을수록 수분이 30~60%일 때, 온도가 0~5℃일 때 산성에서 노화가 촉진됨

39 조미료 중 수란을 뜰 때 끓는 물에 넣고 달걀을 넣으면 난백의 응고를 돕고, 작은 생선을 사용할 때 소량 가하면 뼈가 부드러워지며, 기름기 많은 재료에 사용하면 맛이 부드럽고 산뜻해지는 것은?

① 설탕   ② 후추

③ 식초   ④ 소금

정답 ③

40 전분에 효소를 작용시키면 가수분해되어 단맛이 증가하여 조청, 물엿이 만들어지는 과정은?

① 호화   ② 노화

③ 호정화   ④ 당화

정답 ④

41 물을 소화 약재로 하고 일반화재 A급 화재 진화용으로 사용하는 소화기는?

① 물 소화기

② 이산화탄소 소화기

③ 분말 소화기

④ 할론 소화기

정답 ①

해설 물 소화기 : 물을 소화 약재로 하는 소화기. 일반화재(A급) 진화용으로 사용

이산화탄소 소화기 : 이산화탄소를 압축·액화하여 소화 약재로 사용하는 소화기

분말 소화기 : 대부분의 화재에 모두 사용 가능하나, 질식의 우려가 있어 지하 및 일반 가정에는 비치 및 사용이 금지

42 고온작업환경에서 작업할 경우 말초혈관의 순환장애로 혈관신경의 부조절, 심박출량 감소가 생길 수 있는 열중증은?

① 열허탈증   ② 열경련

③ 열쇠약증   ④ 울열증

정답 ①

43 일식조리 완성 후 담기방법이 잘못된 것은?

① 차가운 요리는 찬 그릇에 뜨거운 요리는 따뜻한 그릇에 담는다.

② 그릇에 가득 차게 담지 않고 공간의 미를 살리며 담는다.

③ 생선을 담을 경우 머리는 오른쪽 배가 자기 앞으로 오게 담는다.

④ 색상의 조화와 계절감이 잘 살아날 수 있는 그릇에 담는다.

정답 ③

해설 담았을 때 머리가 왼쪽, 배쪽은 고객의 앞으로 오게 담는다.

44 음식물로 매개될 수 있는 감염병이 아닌 것은?

① 유행성간염   ② 폴리오

③ 일본뇌염   ④ 콜레라

정답 ③

해설 일본뇌염은 경피감염이다.

45 감염경로와 질병과의 연결이 틀린 것은?

① 공기감염 – 공수병

② 비말감염 – 인플루엔자

③ 우유감염 – 결핵

④ 음식물감염 – 폴리오

정답 ①

해설 공수병 바이러스에 감염된 야생동물(너구리, 여우, 박쥐)이나 사육동물(개, 고양이 등)에 물리거나, 감염된 동물의 타액 또는 조직을 다룰 때 눈, 코, 입 또는 상처를 통해 감염되는 것으로 알려져 있다.

46 세균성이질을 앓고 난 아이가 얻는 면역에 대한 설명으로 옳은 것은?

① 인공면역을 획득한다.

② 수동면역을 획득한다.

③ 영구면역을 획득한다.

④ 면역이 거의 획득되지 않는다.

정답 ④

해설 세균성이질은 환자의 배설물을 통해 전파될 수 있다.

47 쥐와 관계가 가장 적은 감염병은?

① 페스트

② 신증후군출혈열(유행성출혈열)

③ 발진티푸스

④ 렙토스피라증

정답 ③

해설 발진티푸스는 이에 물린 자리의 가려움증을 호소하며 긁은 상처가 있으나 딱지는 없는 것이 특징이다.

48 다수인이 밀집한 장소에서 발생하며 화학적 조성이나 물리적 조성의 큰 변화를 일으켜 불쾌감, 두통, 권태, 현기증, 구토 등의 생리적 이상을 일으키는 현상은?

① 빈혈   ② 일산화탄소 중독

③ 분압 현상   ④ 군집독

정답 ④

49 작업장의 조명 불량으로 발생될 수 있는 질환이 아닌 것은?

① 안구진탕증   ② 안정피로

③ 결막염   ④ 근시

정답 ③

해설 안구진탕증 혹은 눈동자 떨림은 무의식적으로 눈이 움직이는 증상을 말한다.

50 하수 오염도 측정 시 생화학적 산소요구량 (BOD)을 결정하는 가장 중요한 인자는?

① 물의 경도   ② 수중의 유기물량

③ 하수량   ④ 수중의 광물질량

정답 ②

생물화학적 산소요구량(BOD)은 일반적으로 유기
물질을 20℃에서 5일간 안정화시키는 데 소비한
산소량을 말한다.

51 무침조리를 하는 방법이 잘못된 것은?

① 엷은 밑간을 해서 조리한 것을 소스에 버
무린다.

② 날것으로 무치는 경우 신선도에 주의한다.

③ 데쳐서 무칠 경우는 차가울 때 버무린다.

④ 주요리보다 두드러지게 담아낸다.

정답 ④

해설 무침은 너무 두드러져서는 안 되며 주요리를 돋보
이게 하는 역할을 다 해야 한다.

52 식품위생법상 식품 등의 위생적 취급에 관한 기준으로 틀린 것은?

① 식품 등의 보관·운반·진열 시에는 식품 등
의 기준 및 규격이 정하고 있는 보존 및
유통기준에 적합하도록 관리하여야 한다.

② 식품 등의 제조·가공·조리에 직접 사용되
는 기계·기구 및 음식기는 세척·살균하는
등 항상 청결하게 유지·관리하여야 하며,
어류·육류·채소류를 취급하는 칼·도마는
공통으로 사용한다.

③ 식품 등의 제조·가공·조리 또는 포장에 직
접 종사하는 자는 위생모를 착용하는 등
개인위생관리를 철저히 하여야 한다.

④ 제조·가공(수입품 포함)하여 최소판매단
위로 포장된 식품 또는 식품첨가물을 영
업허가 또는 신고하지 아니하고 판매의 목
적으로 포장을 뜯어 분할하여 판매하여서
는 아니 된다.

정답 ②

해설 어류·육류·채소류를 취급하는 칼·도마는 구분해
서 사용해야 한다.

53 통조림관의 주성분으로 과일이나 채소류 통조림에 의한 식중독을 일으키는 것은?

① 주석(Sn)　　　② 아연(Zn)

③ 구리(Cu)　　　④ 카드뮴(Cd)

정답 ①

54 식사와 함께 제공하는 마시는 국물로 메뉴가 끝남을 알리는 의미가 있다. 맑은 국물은?

① 도미술찜　　　② 대합맑은국

③ 전골냄비　　　④ 된장국

정답 ④

해설 제일 먼저 제공되는 맑은국 : 식사가 시작되면서
제공
중간에 제공되는 맑은국 : 입가심을 위한 맑은국.
간을 약하게 하며 작은 그릇 사용
마지막에 제공되는 맑은국 : 식사와 함께 제공하
는 마시는 국물. 된장국이 많고 메뉴가 끝남을 알
리는 의미가 있다.

55 초밥의 맛을 내는 배합초를 준비하는 과정이 올바르지 않은 것은?

① 은은한 불에서 식초에 설탕, 소금을 넣어
가면서 천천히 저어준다.

② 설탕, 소금이 녹을 수 있도록 한다.

③ 끓이지 않도록 해야 한다.

④ 설탕이 녹고 윤기나게 팔팔 끓인다.

정답 ④

해설 배합초는 식초와 설탕, 소금을 녹여서 사용하고 끓이면 식초의 신맛이 날아가서 새콤달콤한 맛이 나지 않는다.

56 소화기 사용방법의 순서가 올바른 것은?

ㄱ. 소화기는 화재 발생장소에서 바람을 등지고 자리를 잡는다.
ㄴ. 안전핀을 뺀다.
ㄷ. 호스손잡이를 잡아 누른다.
ㄹ. 가연물을 비로 쓸듯이 좌우로 흔들어가며 방사한다.
ㅁ. 소화되면 손잡이를 놓고 확인한다.

① ㄷ → ㄴ → ㄱ → ㄹ → ㅁ
② ㄱ → ㄴ → ㄷ → ㄹ → ㅁ
③ ㄴ → ㄱ → ㄷ → ㄹ → ㅁ
④ ㄱ → ㄷ → ㄴ → ㄹ → ㅁ

정답 ②

57 구이 담아내는 방법이 틀린 것은?

① 담았을 때 머리가 왼쪽, 배쪽은 고객의 앞으로 오게 담는다.
② 생선살만 구워낼 때는 껍질 쪽이 위를 향하게 담고 곁들임 요리는 앞쪽에 놓는다.
③ 토막낸 생선은 껍질이 아래로 오게 담는다.
④ 구이의 곁들임 요리들은 앞쪽의 오른쪽에 담는다.

정답 ③

해설 토막낸 생선은 껍질을 위로 오게 담는다.

58 일식 초회조리의 특징이 아닌 것은?

① 씹히는 맛, 쫄깃쫄깃한 감촉과 뒷맛이 시원함이 중요하다.

② 입안에 넣었을 때 상쾌하고, 시원하며 향기 나는 산미가 나는 것
③ 코스요리에서 식사가 제공되기 전 가장 마지막에 바로 무쳐낸다.
④ 기초 손질한 식재료의 계절감을 매우 중요시한다.

정답 ①

해설 씹히는 맛, 부드럽게 혀에 닿는 감촉과 뒷맛의 시원함이 중요하다.

59 색상을 살려 간장을 쓰지 않고 소금을 사용하여 단시간에 조린 조림의 종류는 무엇인가?

① 소금조림
② 짠 조림
③ 보통조림
④ 흰 조림

정답 ④

해설 소금조림 : 소금으로 조린 것
짠 조림 : 주로 간장으로 조림
보통조림 : 장국, 설탕, 간장으로 적당히 조미하여 맛의 배합을 생각하며 조린 것

60 칼등이 두껍고 날이 넓은 칼로 주로 어류나 육류의 뼈를 자를 때 사용하는 칼은?

① 데바보쵸
② 사시미보쵸
③ 우나기보쵸
④ 우스바보쵸

정답 ①

해설 사시미보쵸 : 생선회나 재료를 당겨서 절단하기 때문에 칼의 길이가 길다.
우스바보쵸 : 주로 채소를 손질할 때 사용
우나기보쵸 : 장어를 오로시하는 데 편리하다.

01 중금속에 의한 중독과 증상을 바르게 연결한 것은?

① 납중독 – 빈혈 등의 조혈장애

② 수은중독 – 골연화증

③ 카드뮴 중독 – 흑피증, 각화증

④ 비소중독 – 사지마비, 보행장애

정답 ①

해설 수은(Hg) : 미나마타병(중추신경장애, 언어장애, 손의 지각이상, 운동장애, 무기력)

카드뮴(Cd) : 이타이이타이병(골연화증), 칼슘대사장애, 단백뇨

비소(As) : 혈액이 녹고, 신경계통 마비, 전신경련, 식도위축

02 HACCP의 의무적용 대상 식품에 해당하지 <u>않는</u> 것은?

① 빙과류   ② 비가열음료

③ 껌류   ④ 레토르트식품

정답 ③

해설 어묵, 냉동 어류·연체류·조미가공품, 파자·만두·면류, 빙과류, 비가열식품, 레토르트식품, 김치류, 순대 등

03 식품에 다음과 같은 현상이 나타났을 때 품질 저하와 관계가 <u>먼</u> 것은?

① 생선의 휘발성 염기질소량 증가

② 콩단백질의 금속염에 의한 응고현상

③ 쌀의 황색 착색

④ 어두운 곳에서 어육연제품의 인광 발생

정답 ②

해설 콩단백질의 금속염에 의한 응고현상 – 두부가 만들어지는 과정

04 미숙한 매실이나 살구씨에 존재하는 독성분은?

① 라이코린   ② 하이오사이어마인

③ 리신   ④ 아미그달린

정답 ④

해설 청매, 살구씨, 은행알 : 아미그달린(Amygdalin) 편성혐기성

05 내열성이 강한 아포를 형성하며 식품의 부패 식중독을 일으키는 혐기성균은?

① 리스테리아속

② 비브리오속

③ 살모넬라속

④ 클로스트리디움속

정답 ④

해설 포자형성균, 원인독소 : 뉴로톡신(신경독소)균은 120℃에서 20분간 처리해도 파괴되지 않으나, 독소는 80℃에서 30분 안에 파괴된다.

06 황색 포도상구균에 의한 식중독 예방대책으로 적합한 것은?

① 토양의 오염을 방지하고 특히 통조림의 살균을 철저히 해야 한다.

② 쥐나 곤충 및 조류의 접근을 막아야 한다.

③ 어패류를 저온에서 보존하며 생식하지 않는다.

④ 화농성 질환자의 식품 취급을 금지한다.

정답 ④

해설 손이나 몸에 화농이 있는 사람은 식품 취급을 금해야 하며, 조리실을 청결하게 유지

07 껌 기초제로 사용되며 피막제로도 사용되는 식품첨가물은?

① 초산비닐수지

② 에스테르검

③ 폴리이소부틸렌

④ 폴리소르베이트

정답 ①

해설 과일이나 채소의 표면에 피막을 만들어 호흡작용 및 수분 증발을 억제하여 신선도를 유지시키기 위해 사용한다.

종류 : 몰포린지방산염, 초산비닐수지

08 부패가 진행됨에 따라 식품은 특유의 부패취를 내는데 그 성분이 아닌 것은?

① 아민류   ② 아세톤

③ 황화수소   ④ 인돌

정답 ②

해설 아세톤은 에테르와 같은 방향성, 휘발성을 지닌 무색의 액체. 자극성 및 인화성이 있다. 지방, 수지, 고무, 플라스틱 등의 용제로 사용된다.

09 닭고기와 파 등을 양념으로 해서 삶아 달걀을 얹어 내는 덮밥의 종류는 무엇인가?

① 덴돈(天どん)부리

② 가이카돈(開花どん)부리

③ 오야코돈(親子どん)부리

④ 교다이돈(兄弟どん)부리

정답 ③

해설 덴돈부리 : 밥에 덴푸라 등을 얹어 양념에 찍어 먹는 것

가이카돈부리 : 쇠고기 혹은 돼지고기에 양파를 넣고 달걀로 양념하여 밥 위에 얹은 것

교다이돈부리 : 뱀장어와 미꾸라지를 달걀에 섞어 익힌 후, 밥 위에 얹은 것

10 식품위생법상 식품위생의 대상이 되지 않는 것은?

① 식품 및 식품첨가물

② 의약품

③ 식품, 용기 및 포장

④ 식품, 기구

정답 ②

해설 의약품은 식품이 아니다.

11 식품접객업 조리장의 시설기준으로 적합하지 않은 것은?(단, 제과점영업소와 관광호텔업 및 관광공연장업의 조리장의 경우는 제외한다)

① 조리장은 손님이 그 내부를 볼 수 있는 구조로 되어 있어야 한다.

② 조리장 바닥에 배수구가 있는 경우에는 덮개를 설치하여야 한다.

③ 조리장 안에는 조리시설 · 세척시설 · 폐기

물 용기 및 손 씻는 시설을 각각 설치하여
야 한다.

④ 폐기물 용기는 수용성 또는 친수성 재질로
된 것이어야 한다.

정답 ④

---

12 어취의 성분인 트리메틸아민(TMA : Trimetyl
amine)에 대한 설명 중 <u>틀린</u> 것은?

① 불쾌한 어취는 트리메틸아민의 함량과 비
례한다.

② 수용성이므로 물로 씻으면 많이 없어진다.

③ 해수어보다 담수어에서 더 많이 생성된다.

④ 트리메틸아민 옥사이드(trimethylamine oxide)
가 환원되어 생성된다.

정답 ③

해설 담수어의 비린내 성분은 피페리딘이다.

---

13 밀가루 제품의 가공특성에 가장 큰 영향을 미
치는 것은?

① 라이신
② 글로불린
③ 트립토판
④ 글루텐

정답 ④

해설 밀의 경우 밀가루에 물을 가하여 반죽하면 물리적
인 운동에 의해 글루테닌과 글리아딘이 서로 결합
하면서 탄력성 있는 얇은 피막을 형성하게 되는데
이것이 글루텐이다. 글루텐이 밀가루 특유의 쫄깃
하고 찰진 식감을 만들어준다.

---

14 식품의 성분을 일반성분과 특수성분으로 나눌
때 특수성분에 해당하는 것은?

① 탄수화물
② 향기성분
③ 단백질
④ 무기질

정답 ②

해설 일반성분 : 탄수화물, 단백질, 지방, 비타민, 무
기질
특수성분 : 효소, 색깔, 맛, 냄새, 독성성분

---

15 식품의 효소적 갈변에 대한 설명으로 맞는
것은?

① 간장, 된장 등의 제조과정에서 발생한다.

② 블랜칭(Blanching)에 의해 반응이 억제
된다.

③ 기질은 주로 아민류(Amine)와 카르보닐
(Carbonyl) 화합물이다.

④ 아스코르빈산의 산화반응에 의한 갈변
이다.

정답 ②

해설 효소적 갈변 : 폴리페놀산화효소(사과, 홍차), 티로
시나아제(감자의 갈변)
비효소적 갈변 : 아미노카르보닐반응(간장, 된장,
제빵), 캐러멜화반응(설탕의 갈색화), 아스코르빈
산반응(밀감주스의 갈변)

---

16 흰살생선 위에 순무를 갈아서 달걀 흰자가 거
품 낸 것을 섞어 식재료 위에 올려 찌는 방
법은?

① 술찜(사카무시)
② 된장찜(미소무시)
③ 무청찜(가부라무시)
④ 신주찜(신주무시)

정답 ③

해설 술찜 : 도미, 전복, 대합, 닭고기 등에 소금을 뿌린
뒤 술을 부어 찐 것
된장찜 : 된장을 사용해서 냄새를 제거하고 향기
를 더해줘서 풍미를 살린 것
신주찜 : 흰살생선을 이용하여 메밀국수를 삶아
재료 속에 넣거나 감싸서 찜한 것

17 카제인(Casein)이 효소에 의하여 응고되는 성질을 이용한 식품은?

① 아이스크림 ② 치즈

③ 버터 ④ 크림수프

정답 ②

18 환원성이 없는 당은?

① 포도당(Glucose) ② 과당(Fructose)

③ 설탕(Sucrose) ④ 맥아당(Maltose)

정답 ③

19 달걀에 관한 설명으로 틀린 것은?

① 흰자의 단백질은 대부분이 오보뮤신(Ovomucin)으로 머랭을 만들 때 기름을 넣어주면 단단해진다.

② 난황은 인지질인 레시틴(Lecithin), 세팔린(Cephalin)을 많이 함유한다.

③ 신선도가 떨어지면 흰자의 점성이 감소한다.

④ 신선도가 떨어지면 달걀흰자는 알칼리성이 된다.

정답 ①

해설 수양난백(오래된 달걀)일수록 거품이 가장 잘 일어난다. 식초나 레몬즙을 첨가하면 거품이 안정화된다.

20 유화(Emulsion)와 관련이 적은 식품은?

① 버터 ② 생크림

③ 묵 ④ 우유

정답 ③

해설 수중유적형 식품 : 우유, 마요네즈, 아이스크림, 생크림
유중수적형 식품 : 버터, 마가린

21 식품의 산성 및 알칼리성을 결정하는 기준 성분은?

① 필수지방산 존재 여부

② 필수아미노산 존재 여부

③ 구성 탄수화물

④ 구성 무기질

정답 ④

해설 산성식품 : 무기질 중에 P, S, Cl
알칼리성식품 : 무기질 중 Ca, Mg, Cu, Fe 등

22 향신료의 매운맛 성분 연결이 틀린 것은?

① 고추 – 캡사이신(Capsaicin)

② 겨자 – 차비신(Chavicine)

③ 울금(Curry분) – 커큐민(Curcumin)

④ 생강 – 진저롤(Gingerol)

정답 ②

해설 겨자의 매운맛은 시니그린으로 발효온도는 35~40℃가 적정하다.

23 식품을 구매하는 방법 중 경쟁 입찰과 비교하여 수의계약의 장점이 아닌 것은?

① 절차가 간편하다.

② 경쟁이나 입찰이 필요 없다.

③ 싼 가격으로 구매할 수 있다.

④ 경비와 인원을 줄일 수 있다.

정답 ③

해설 수의계약
장점 : 계약절차가 간편하고 전문성과 경험이 풍부한 업체와 신속하게 계약을 체결할 수 있다.
단점 : 업체 선정과정에서 공정성이 떨어질 수 있고 특혜시비를 불러올 수 있는 개연성이 있다.

24 냉장했던 딸기의 색깔을 선명하게 보존할 수 있는 조리법은?

① 서서히 가열한다.

② 짧은 시간에 가열한다.

③ 높은 온도로 가열한다.

④ 전자레인지에서 가열한다.

정답 ①

25 일식구이 조리 중 다레소스를 식재료에 담갔다 굽는 방법은?

① 유인야끼

② 그냥구이(스야끼)

③ 소금구이(시오야키)

④ 간장양념구이(데리야키)

정답 ①

해설 그냥구이 : 아무 양념도 바르지 않고 그냥 불에서 굽는 방법
소금구이 : 식재료에 소금을 뿌려 간을 한 다음 굽는 것
간장양념구이 : 생선에 양념간장을 붓으로 바르면서 굽는 것

26 어패류에 관한 설명 중 틀린 것은?

① 붉은살 생선은 깊은 바다에 서식하며 지방 함량이 5% 이하이다.

② 문어, 꼴뚜기, 오징어는 연체류에 속한다.

③ 연어의 분홍살색은 카로티노이드 색소에 기인한다.

④ 생선은 자가소화에 의하여 품질이 저하된다.

정답 ①

해설 지방 함유량에 따른 생선의 분류
저지방(2% 미만) : 명태, 홍어, 대구, 도미, 가오리, 조기, 복어

중지방(2~8%) : 갈치, 삼치, 잉어, 병어, 우럭, 민어, 도루묵, 전갱이, 멸치, 붕어, 연어, 메기 등
고지방(8% 이상) : 고등어, 꽁치, 삼치 등

27 호화전분이 노화를 일으키기 어려운 조건은?

① 온도가 0~4℃일 때

② 수분 함량이 15% 이하일 때

③ 수분 함량이 30~60%일 때

④ 전분의 아밀로오스 함량이 높을 때

정답 ②

해설 노화 억제방법
• 0℃ 이하로 급속냉동시키거나 60℃ 이상으로 급속히 건조
• 수분함량을 15% 이하로 유지
• 설탕을 다량 첨가

28 신선한 달걀에 대한 설명으로 옳은 것은?

① 깨뜨려 보았을 때 난황계수가 작은 것

② 흔들어 보았을 때 진동소리가 나는 것

③ 표면이 까칠까칠하고 광택이 없는 것

④ 수양난백의 비율이 높은 것

정답 ③

해설 신선란은
• 표면이 거칠고 광택이 없으며, 흔들었을 때 소리가 나지 않는 것이 좋다.
• 난황이 중심부에 위치하고 기실의 크기가 작으며 윤곽이 뚜렷한 것이 좋다.
• 빛을 쬐였을 때 난백부가 밝게 보이는 것이 신선하다.
• 6% 소금물에 담갔을 때 가라앉는 것이 신선한 달걀이다.
• 난황계수가 0.36 이상이어야 한다.

29 곡류의 영양성분을 강화할 때 쓰이는 영양소가 아닌 것은?

① 비타민 B_1　　　　② 비타민 B_2

③ Niacin　　　　④ 비타민 B_{12}

정답 ④

30 못처럼 생겨서 정향이라고도 하며 양고기, 피클, 청어절임, 마리네이드 절임 등에 이용되는 향신료는?

① 클로브　　　　② 코리앤더

③ 캐러웨이　　　　④ 아니스

정답 ①

해설 정향을 클로브라고도 하며 고기의 누린내를 감소시키고 소화를 촉진하며 식욕을 증진시킨다.

31 일식 구이조리하는 방법이 올바른 것은?

① 새우, 조개는 약한 불에서 천천히 구워낸다.

② 민물생선은 천천히 뼈까지 구워낸다.

③ 접시에 담을 때는 보이는 부분은 40% 정도 굽고 반대쪽 밑으로 가는 부분은 약 60%까지 굽는다.

④ 바다생선은 껍질 쪽부터 굽고 민물고기는 살 쪽부터 굽는다.

정답 ②

32 유화의 형태가 나머지 셋과 다른 것은?

① 우유　　　　② 마가린

③ 마요네즈　　　　④ 아이스크림

정답 ②

33 다음은 간장의 재고 대상이다. 간장의 재고가 10병일 때 선입선출법에 의한 간장의 재고자산은 얼마인가?

입고일자	수량	단가
5일	5병	3500
12일	10병	3000
20일	7병	3000
27일	3병	3500

① 25,500원　　　　② 26,000원

③ 31,500원　　　　④ 35,000원

정답 ③

해설 선입선출법(FIFO)은 먼저 구입한 재료를 먼저 사용한 것으로 재고가 10병일 때 나중 구입한 것부터 계산함

27일 3병×3,500 = 10,500

20일 7병×3,000 = 21,000

10,500 + 21,000 = 31,500

34 오징어 12kg을 45,000원에 구입하여 모두 손질한 후의 폐기물이 35%였다면 실사용량의 kg당 단가는 약 얼마인가?

① 1,666원　　　　② 3,205원

③ 5,769원　　　　④ 6,123원

정답 ③

해설 12kg을 손질해서 폐기율이 35%라면 실사용량은

12kg×0.65(1 − 0.35) = 7.8kg

7.8kg일 때 45,000원이므로 kg당 가격은

45,000÷7.8 = 5,769

35 음식을 제공할 때 온도를 고려해야 하는데 다음 중 맛있게 느끼는 식품의 온도가 가장 높은 것은?

① 전골   ② 국

③ 커피   ④ 밥

정답 ①

해설 음식의 적온은 전골 95~98℃, 커피·국 70~75℃, 밥 40~45℃

36 서양요리 조리방법 중 습열조리와 거리가 먼 것은?

① 브로일링(Broiling)

② 스티밍(Steaming)

③ 보일링(Boiling)

④ 시머링(Simmering)

정답 ①

해설 브로일링(Broiling) : 재료를 직화로 굽는 방법

37 육류를 끓여 국물을 만들 때 설명으로 맞는 것은?

① 육류를 오래 끓이면 근육조직인 젤라틴이 콜라겐으로 용출되어 맛있는 국물을 만든다.

② 육류를 찬물에 넣어 끓이면 맛 성분의 용출이 잘되어 맛있는 국물을 만든다.

③ 육류를 끓는 물에 넣고 설탕을 넣어 끓이면 맛 성분의 용출이 잘되어 맛있는 국물을 만든다.

④ 육류를 오래 끓이면 질긴 지방조직인 콜라겐이 젤라틴화되어 맛있는 국물을 만든다.

정답 ②

해설 육류를 오래 끓이면 경단백질인 콜라겐이 젤라틴으로 용출되어 맛있는 국물을 만든다.

38 어패류 조림방법 중 틀린 것은?

① 조개류는 낮은 온도에서 서서히 조리하여야 단백질의 급격한 응고로 인한 수축을 막을 수 있다.

② 생선은 결체조직의 함량이 높으므로 주로 습열조리법을 사용해야 한다.

③ 생선조리 시 식초를 넣으면 생선이 단단해진다.

④ 생선조리에 사용하는 파, 마늘은 비린내 제거에 효과적이다.

정답 ②

해설 생선은 육류에 비해 결체조직 함량이 낮아 회, 조림, 구이조리 등 다양한 조리방법이 있다.

39 메주용으로 대두를 단시간 내에 연하고 색이 곱도록 삶는 방법이 아닌 것은?

① 소금물에 담갔다가 그 물로 삶아준다.

② 콩을 불릴 때 연수를 사용한다.

③ 설탕물을 섞어주면서 삶아준다.

④ $NaHCO_3$ 등 알칼리성 물질을 섞어서 삶아준다.

정답 ③

40 급식시설별 1인 1식 사용수 양이 가장 많은 곳은?

① 학교급식   ② 병원급식

③ 기숙사급식   ④ 사업체급식

정답 ②

병원급식은 환자별로 식이요법식을 하므로 단일 메뉴가 아니라 물 사용량이 많다.

41 실내공기의 오염 지표인 CO₂ (이산화탄소)의 실내(8시간 기준) 서한량은?

① 0.001% ② 0.01%

③ 0.1% ④ 1%

정답 ③

해설 이산화탄소 실내공기 오염지표로 서한량은 0.1% (1000ppm)이다.

42 열작용을 갖는 특징이 있어 일명 열선이라고도 하는 복사선은?

① 자외선 ② 가시광선

③ 적외선 ④ X - 선

정답 ③

해설 자외선 : 비타민 D 생성, 살균, 관절염 치료, 피부암 유발 등
가시광선 : 명암과 색채를 구분할 수 있다.

43 우리나라에서 발생하는 장티푸스의 가장 효과적인 관리 방법은?

① 환경위생 철저

② 공기정화

③ 순화독소(Toxoid) 접종

④ 농약사용 자제

정답 ①

해설 수인성감염병, 소화기계감염병이므로 환경위생 철저

44 쥐의 매개에 의한 질병이 아닌 것은?

① 쯔쯔가무시병 ② 유행성출혈열

③ 페스트 ④ 규폐증

정답 ④

45 공중보건 사업을 하기 위한 최소 단위가 되는 것은?

① 가정 ② 개인

③ 시 · 군 · 구 ④ 국가

정답 ③

46 유리규산의 분진 흡입으로 폐에 만성섬유증식을 유발하는 질병은?

① 규폐증 ② 철폐증

③ 면폐증 ④ 농부폐증

정답 ①

47 수인성 감염병의 유행 특징이 아닌 것은?

① 일반적으로 성별, 연령별 이환율의 차이가 적다.

② 발생지역이 음료수 사용지역과 거의 일치한다.

③ 발병률과 치명률이 높다.

④ 폭발적으로 발생한다.

정답 ③

48 기온 역전 현상의 발생 조건은?

① 상부기온이 하부기온보다 낮을 때

② 상부기온이 하부기온보다 높을 때

③ 상부기온과 하부기온이 같을 때

④ 안개와 매연이 심할 때

정답 ②

49 녹조를 일으키는 부영양화 현상과 가장 밀접한 관계가 있는 것은?

① 황산염   ② 인산염

③ 탄산염   ④ 수산염

정답 ②

해설 부영양화 : 일정한 곳에 갇혀 있는 물에 하수나 공장 폐수 등이 흘러들어 물속의 영양 염류인 질소나 인 등의 양이 늘어나는 수질오염현상

50 채소로 감염되는 기생충이 아닌 것은?

① 편충   ② 회충

③ 동양모양선충   ④ 사상충

정답 ④

해설 모기에 의한 감염 : 말라리아, 일본뇌염, 황열, 사상충증, 뎅기열

51 식품첨가물 중 보존료의 목적을 가장 잘 표현한 것은?

① 산도 조절

② 미생물에 의한 부패 방지

③ 산화에 의한 변패 방지

④ 가공과정에서 파괴되는 영양소 보충

정답 ②

해설 보존료는 식품의 변질 및 부패의 원인이 되는 미생

물의 증식을 억제하는 작용을 하는 물질로 보존성을 높이기 위해 사용한다.

52 25g의 버터(지방 80%, 수분 20%)가 내는 열량은?

① 36kcal   ② 100kcal

③ 180kcal   ④ 225kcal

정답 ③

해설 지방은 1g당 9kcal의 열량을 낸다.

$25g \times 0.8 = 20g \times 9kcal = 180kcal$

53 강력분을 사용하지 않는 것은?

① 케이크   ② 식빵

③ 마카로니   ④ 피자

정답 ①

해설 강력분 : 빵, 마카로니, 피자

중력분 : 만두, 국수

박력분 : 케이크, 튀김, 과자

54 홍조류에 속하는 해조류는?

① 김   ② 청각

③ 미역   ④ 다시마

정답 ①

해설 녹조류 : 파래, 매생이, 청각

갈조류 : 미역, 다시마, 톳, 모자반

홍조류 : 김, 우뭇가사리

55 전선·전기기구 등에 발생하는 전기 화재의 종류는?

① A급   ② B급

③ C급   ④ D급

정답 ③

A급 : 가연성 물질에 발생하는 화재. 연소 후 재가 남는다.

B급 : 가연성 액체와 기체에 발생하는 화재. 연소 후 재가 남지 않는다.

C급 : 전선·전기기구 등에 발생하는 전기 화재

D급 : 가연성 금속 및 금속합금 화재

K급 : 주방화재(동식물성 기름)

56 밥에 배합초를 버무리는 방법이 잘못된 것은?

① 밥이 식으면 배합초를 섞어준다.

② 부채 등을 이용하여 밥에 남아 있는 여분의 수분을 날려 보낸다.

③ 초밥의 온도가 사람 체온(36.5℃) 정도로 식으면 보온밥통에 담아 놓는다.

④ 밥알이 으깨지지 않도록 나무주걱을 세워 자르듯이 섞는다.

정답 ①

해설 밥이 식으면 배합초가 잘 스며들지 않고 밥알이 잘 섞이지 않는다.

57 바다 생선을 구이하는 방법이 올바른 것은?

① 껍질부터 구이한다.

② 살쪽부터 구이한다.

③ 낮은 불에서 천천히 굽는다.

④ 뒤집지 말고 한쪽으로 계속 굽는다.

정답 ②

58 초회조리 식재료의 기초손질이 잘못된 것은?

① 생선, 어패류는 여분의 수분과 비린내를 없애기 위해 소금을 사용

② 채소류는 소금에 주무르든지 소금물에 절여서 사용

③ 불순물이 강한 것은 물이나 식초물에 씻어낸다.

④ 건조된 재료는 잘게 잘라서 사용

정답 ④

해설 건조된 재료는 물에 충분히 불린 후 부드럽게 해서 사용한다.

59 일식 면조리 시 맛있고 좋은 소면은 어떤 것인가?

① 방금 만들어내어 촉촉한 생면

② 약간 오래되어 기름기가 빠져 나온 것

③ 생면을 냉동보관해서 해동한 면

④ 면을 삶아서 뭉쳐서 보관한 면

정답 ②

60 일식 생선 조리 시 양념의 순서로 올바른 것은?

① 청주 → 설탕 → 소금 → 식초 → 간장

② 설탕 → 소금 → 식초 → 간장 → 청주

③ 식초 → 간장 → 청주 → 설탕 → 소금

④ 소금 → 식초 → 간장 → 청주 → 설탕

정답 ①

복어 기출문제

01 미생물을 큰 것부터 나열한 것이다. 그 순서가 옳은 것은?

① 세균 – 바이러스 – 스피로헤타 – 리케차

② 바이러스 – 리케차 – 세균 – 스피로헤타

③ 리케차 – 스피로헤타 – 바이러스 – 세균

④ 스피로헤타 – 세균 – 리케차 – 바이러스

정답 ④

해설 미생물의 크기

곰팡이 〉효모 〉스피로헤타 〉세균 〉리케차 〉바이러스

02 식품의 변질에 대한 설명 중 잘못된 것은?

① 산패는 유지 식품이 산화되어 냄새 발생, 색깔이 변화된 상태

② 부패는 탄수화물, 지방이 미생물 번식으로 먹을 수 없는 상태

③ 변패는 탄수화물, 지방이 미생물 번식으로 먹을 수 없는 상태

④ 성분 변화를 가져와 영양소 파괴, 냄새, 맛 등이 저하되어 먹을 수 없는 상태

정답 ②

해설 부패란 단백질을 주성분으로 하는 식품의 혐기성 세균의 번식에 의해 분해를 일으켜 아미노산이 생성되고 아민(amine)·암모니아(NH_3)·인돌·스키돌·황화수소 등이 만들어지면서 악취를 내고 유해성 물질이 생성되는 현상

03 식중독에 관한 다음 사항 중 **틀리는** 것은?

① 세균성 식중독에는 감염형과 독소형이 있다.

② 자연독에 의한 식중독에는 동물성과 식물성이 있다.

③ 부패 중독이라 함은 세균성 식중독을 말한다.

④ 화학 물질에 의한 식중독은 식품첨가물이나 농약에 의한 식중독을 말한다.

정답 ③

해설 부패는 단백질이 혐기적인 상태에서 변한 것이다.

04 화농성 환자인 조리사가 조리 시 발생하는 식중독은?

① 포도상구균 식중독

② 살모넬라 식중독

③ 웰치균 식중독

④ 보툴리누스 식중독

정답 ①

해설 화농성 질환 등 피부질환이 있는 사람은 식품 취급을 금해야 한다.

05 덜 익은 매실, 살구씨, 복숭아씨 등에 들어 있으며, 인체 장내에서 청산을 생산하는 것은?

① 시큐톡신(cicutoxin)

② 솔라닌(solanine)

③ 아미그달린(amygdalin)

④ 고시폴(gossypol)

정답 ③

해설 시큐톡신(cicutoxin) : 독미나리
솔라닌(solanine) : 감자
고시폴(gossypol) : 목화씨의 독소이다.

06 다음 첨가물 중 사용 목적이 가장 다른 것은?

① 과산화벤조일　　② 과황산암모늄

③ 브롬산칼륨　　④ 아질산나트륨

정답 ④

해설 소맥분 개량제 : 과산화벤조일, 과황산암모늄, 브롬산칼륨
발색제 : 아질산나트륨

07 식중독 발생 시 제일 먼저 보고할 기관은?

① 경찰서장　　② 서울특별시장

③ 보건소장　　④ 시 · 도지사

정답 ④

해설 환자를 진단한 의사는 지체없이 시·도지사에게 보고한다.

08 달걀 프라이를 하기 위해 프라이팬에 달걀을 깨트려 놓았다. 다음 중 가장 신선한 달걀은?

① 난황이 터져 나왔다.

② 물 같은 난백이 많이 넓게 퍼졌다.

③ 난황은 둥글고 주위에 농후난백이 많았다.

④ 작은 혈액 덩어리가 있었다.

정답 ③

해설 난황이 많을수록, 기실이 작을수록, 6% 식염수에 가라앉는 것은 신선한 달걀이다.

09 아포형성균 멸균에 가장 좋은 방법은?

① 고압증기 멸균법　　② 저온 소독법

③ 초고온 순간 살균법　　④ 일광 소독법

정답 ①

해설 고압증기멸균솥(오토클레이브)을 이용하여 121℃(압력 15파운드)에서 15~20분간 살균하는 방법으로서, 멸균효과가 좋아서 미생물뿐 아니라 아포까지 죽일 수 있으며 통조림 등의 살균에 이용된다.

10 결합수의 특성이 아닌 것은?

① 용매로 작용한다.

② 미생물의 번식과 발아에 이용되지 못한다.

③ 100℃ 이상에서 가열하거나 압력을 가해도 쉽게 제거가 안 된다.

④ 0℃에서는 물론 그보다 낮은 온도(-30~ -20℃)에서도 잘 얼지 않는다.

정답 ①

해설 자유수는 용매로 작용한다.

11 다음 채소류 중 일반적으로 꽃 부분을 식용으로 하는 것과 가장 거리가 먼 것은?

① 브로콜리(broccoli)

② 콜리플라워(cauliflower)

③ 비트(beets)

④ 아티초크(artichoke)

정답 ③

해설 비트는 뿌리식물이다.

12 식이섬유(dietary fiber)를 구성하는 성분에 대한 설명이 잘못된 것은?

① 식품의 세포벽을 구성하는 성분으로 식이 섬유는 모두 단단한 질감을 가지며, 모두 물에는 용해되지 않는다.

② 인체 내 소화효소로 가수분해되지 않는 탄수화물로서 열량원으로 이용되지 못한다.

③ 소화되지 않는 식물성 경질 다당류도 포함된다.

④ 소화되지 않는 동물성 점액질 다당류도 포함된다.

정답 ①

13 요오드가 높은 지방은 어떤 지방산의 함량이 높은가?

① 팔미트산(palmitic acid)

② 스테아르산(stearic acid)

③ 라우르산(lauric acid)

④ 리놀렌산(linolenic acid)

정답 ④

해설 요오드가는 유지의 불포화지방산의 양을 비교하는 값으로 유지 100g에 결합되는 요오드의 g수를 표시하며, 요오드가가 크면 불포화지방산의 함량이 높다.

14 식품과 그에 함유된 단백질이 옳게 연결되어 있지 않은 것은?

① 달걀흰자 – 알부민　　② 밀 – 글루테닌

③ 대두 – 글리시닌　　④ 우유 – 제인

정답 ④

해설 옥수수 단백질 : 제인, 우유 단백질 : 카제인

15 다음은 단백질의 영양적 의의를 설명한 것이다. 그 내용 중 틀린 것은?

① 체내의 단백질은 손톱·피부·소화관 표면에서의 세포의 괴사 등으로 소모 파괴된다.

② 단백질은 각종 효소와 호르몬의 주요성분이다.

③ 단백질은 산 또는 알칼리와 결합할 수 있으므로 체액을 중성으로 유지한다.

④ 체내의 단백질 양이 부족하면 당질과 지방에 의해서 보충 이용된다.

정답 ④

16 각 비타민과 함유식품의 연결이 부적당한 것은?

① 비타민 A : 달걀노른자, 간, 버터

② 비타민 B_2 : 다시마, 미역, 김

③ 니아신 : 간, 효모, 육류

④ 비타민 C : 귤, 오이, 시금치

정답 ②

해설 해조류는 무기질, Ca, Fe 등이 많다.

17 비타민의 열에 대한 안정도를 나타낸 순서가 옳은 것은?

① A ＞ D ＞ C ＞ E ＞ B

② E ＞ D ＞ A ＞ B ＞ C

③ A ＞ B ＞ C ＞ D ＞ E

④ E ＞ B ＞ D ＞ C ＞ A

정답 ②

18 우유가 동물성 식품인데도 불구하고 알칼리성 식품에 속하는 것은 무슨 원소 때문인가?

① 칼슘　　　　② 황
③ 산소　　　　④ 탄소

정답 ①

19 아린 맛은 다음 중 어느 것인가?

① 쓴맛과 떫은맛의 혼합체
② 쓴맛과 짠맛의 혼합체
③ 단맛과 쓴맛의 혼합체
④ 떫은맛과 신맛의 혼합체

정답 ①

20 녹색 채소를 짧은 시간 조리하였을 때 색이 더욱 선명해지는 원인은?

① 조직에서 공기가 제거되었기 때문에
② 가열에 의하여 조직의 변화가 일어나지 않았기 때문에
③ 끓는 물에 의하여 엽록소가 고정되었기 때문에
④ 엽록소 내에 포함된 단백질의 완충작용을 하지 않았기 때문에

정답 ①

21 간장이나 된장의 착색은 다음 어느 반응에서 기인하는가?

① 아미노카르보닐(amino carbonyl)반응
② 캐러멜(caramel)화 반응
③ 아스코르브산(ascorbic acid)의 산화반응
④ 페놀(phenol)의 산화반응

정답 ①

해설 비효소적 갈변이다.

22 식품을 가공·저장하는 목적이 아닌 것은?

① 식품의 이용기간을 연장함으로써 식품의 손실을 방지한다.
② 식품의 변질로 인한 위생상의 위해를 방지한다.
③ 식품첨가물의 이용도를 높인다.
④ 식품의 풍미를 보존·증진시킨다.

정답 ③

23 현미의 도정률을 증가시킴에 따른 변화 중 옳지 않은 것은?

① 단백질의 손실이 커진다.
② 탄수화물의 양이 증가한다.
③ 총열량이 증가된다.
④ 소화율이 낮아진다.

정답 ④

해설 현미를 도정할수록 섬유질, 단백질, 지방 등이 소실된다.

24 밀가루에 지방을 많이 넣고 구웠을 때 연하고 부드러워지는 것은?

① 향기 부가　　　② 유화 현상
③ 연화 작용　　　④ 갈변 작용

정답 ③

25 잼이나 젤리를 만들 때 응고성을 목적으로 사용하는 원료는?

① 전분(Starch)
② 셀룰로오스(cellulose)

③ 리그닌(lignin)

④ 펙틴(pectin)

정답 ④

해설 잼, 젤리의 3요소는 설탕, 펙틴, 산이다.
펙틴은 구조 형성과 겔을 형성한다.

26 다음 중 유제품 가공이 <u>아닌</u> 것은?

① 버터, 마가린　　　② 연유, 아이스크림

③ 분유, 치즈　　　　④ 칼피스, 요구르트

정답 ①

해설 식물성 기름을 가공한 마가린은 경화유이다.

27 탄력이 강한 어묵의 원료로 가장 적당한 것은?

① 미오신 함량이 적은 흰 살 어묵

② 미오신 함량이 많은 흰 살 어묵

③ 미오신 함량이 적은 붉은 살 어묵

④ 미오신 함량이 많은 붉은 살 어묵

정답 ②

해설 어묵은 미오신이 소금에 녹는 성질을 이용해 만든다.

28 다음 중 조리목적으로 옳은 것은?

① 위생적으로 안전하게 하고 소화를 용이하게 한다.

② 조리 시 식품첨가물을 많이 사용하여 저장성을 높인다.

③ 맛에는 상관없이 외관상으로 식욕을 자극하게 한다.

④ 농약 등 화학성분의 잔류를 없애기 위해 높은 온도에서 조리한다.

정답 ①

29 전분의 호정화란?

① 당류를 고온에서 물에 넣고 계속 가열함으로써 생성되는 물질

② 전분에 물을 첨가시켜 가열하면 60~70℃에서 팽창한다.

③ 전분에 물을 가하지 않고 160℃ 이상으로 가열하면 여러 단계의 가용성 전분을 거쳐 변하는 물질

④ 당이 소화 효소에 의해 분해된 물질

정답 ③

해설 호정화된 식품 : 미숫가루, 뻥튀기, 팝콘 등

30 날콩은 소화가 잘 안 되는데 어떤 성분 때문인가?

① 소인　　　　　　② 사포닌

③ 안티트립신　　　④ 글리시닌

정답 ③

해설 안티트립신은 가열하면 트립신으로 불활성화된다.

31 채소를 조리하는 목적으로 다음 중 <u>틀린</u> 것은?

① 섬유소를 유연하게 한다.

② 탄수화물과 단백질을 보다 소화하기 쉽도록 하려는 데 있다.

③ 맛을 내게 하고 좋지 못한 맛을 제거하게 한다.

④ 색깔을 보존하기 위하여 한다.

정답 ④

해설 조리과정의 색이 탈색될 수도 있다.

32 튀김용 기름으로 적당한 조건은?

① 발연점이 높은 것이 좋다.

② 융점이 높은 것이 좋다.

③ 동물성 기름이 좋다.

④ 유리지방산이 많이 함유된 것이 좋다.

정답 ①

해설 발연점은 기름을 가열했을 때 연기 나는 시점이고, 300℃ 이상의 고열로 가열하면 글리세롤이 분해되어 검푸른 연기를 내는데, 이것을 아크롤레인(acrolein)이라 하여 점막을 해치고 식욕을 잃게 한다.

33 다음 육류 중에서 비타민 B_1 함량이 가장 많은 것은 어느 것인가?

① 쇠고기　　　　② 돼지고기

③ 양고기　　　　④ 오리고기

정답 ②

해설 돼지고기에는 비타민 B_1이 다른 육류에 비해 6~10배나 많이 들어 있다.

34 냉동식품을 해동시키는 가장 좋은 방법은?

① 언 채로 찬물에 담가 해동 후 조리한다.

② 끓는 물에 넣어 얼음을 녹여서 조리한다.

③ 냉장고에서 저온 해동한다.

④ 60~70% 물에 담갔다가 조리한다.

정답 ③

35 신선도가 저하된 식품은?

① 우유의 pH가 3.0 정도로 낮다.

② 당근의 고유한 색이 진하다.

③ 햄을 손으로 눌렀더니 탄력이 있고 점질물이 없다.

④ 쇠고기를 손가락으로 눌렀더니 자국이 생겼다가 곧 없어졌다.

정답 ①

해설 신선한 우유의 pH는 6.60이다.

36 아침 식단은 다음 표와 같다. 가장 많은 영양소는?

> 콩자반, 생선구이, 김구이, 쇠고기, 된장찌개

① 당질　　　　　② 단백질

③ 지질　　　　　④ 칼슘

정답 ②

37 다음은 조리장의 위치에 대한 설명이다. 틀린 것은?

① 급수 또는 급수시설이 가능한 곳에 위치하여야 한다.

② 자연 환기 또는 인공 환기시설이 가능한 곳에 위치하여야 한다.

③ 화장실과 가까운 곳에 위치시키는 것이 좋다.

④ 비상시 출입문과 통로를 사용하는 데 지장이 없는 곳에 위치하여야 한다.

정답 ③

38 다음 중 계량법이 잘못된 것은?

① 황설탕은 꼭꼭 눌러 잰다.

② 물을 계량 시 meniscus컵의 양끝과 눈금이 동일하게 맞도록 한다.

③ 백설탕과 지방은 나누어진 계량컵으로 사용하는 것이 좋다.

④ 밀가루는 측정 직전에 체로 쳐서 누르지 않

고 계량한다.

정답 ②

해설 meniscus컵으로 용량을 잴 때는 컵의 눈금과 액체 표면의 아랫부분을 눈의 높이와 맞추어 읽는다.

39 다음 자료에 의하여 직접원가를 산출하면 얼마인가?

직접 재료비	₩150,000	간접 재료비	₩50,000
직접 노무비	₩120,000	간접 노무비	₩20,000
직접경비	₩5,000	간접경비	₩100,000

① ₩170,000 ② ₩275,000

③ ₩320,000 ④ ₩370,000

정답 ②

해설 직접원가 = 직접재료비 + 직접노무비 + 직접경비

40 건강의 정의를 가장 잘 나타낸 것은?

① 질병이 없으며 허약하지 않은 상태

② 육체적·정신적 및 사회적 안녕의 완전한 상태

③ 식욕이 좋으며 심신이 안락한 상태

④ 육체적으로 고통이 없고 정신적으로 편안한 상태

정답 ②

41 다수인이 밀집한 실내공기가 물리·화학적 조성의 변화로 불쾌감, 두통, 권태, 현기증 등을 일으키는 것은?

① 진균독 ② 산소중독

③ 군집독 ④ 자연독

정답 ③

42 병원체의 침입구가 호흡기인 질병으로 짝지어진 것은?

① 수두 – 유행성 간염

② 홍역 – 장티푸스

③ 백일해 – 폐렴

④ 이질 – 디프테리아

정답 ③

43 조리관계자의 손이나 조리기구 등을 소독하는데 적당한 약품은?

① 역성비누 ② 크레졸비누

③ 석탄산 ④ 에틴올

정답 ①

해설 손소독은 10%, 조리기구는 0.01~0.1% 사용

44 야쿠미를 만들 때 필요한 재료는?

① 마늘, 대파, 실파

② 실파, 무즙, 간장

③ 실파, 레몬, 고춧가루 물들인 무즙

④ 고춧가루 물들인 무즙, 실파, 다진 마늘

정답 ③

해설 야쿠미는 음식에 곁들여 그 풍미를 증가시키고 입맛을 돋우기 위한 채소나 향신료이다.

45 복어나 생선 비린내를 제거하는 방법으로 옳지 않은 것은?

① 물로 씻는다.

② 젖은 면포로 싸 놓는다.

③ 레몬즙, 식초, 유자즙을 첨가한다.

④ 간장과 된장을 첨가한다.

정답 ②

46 복어의 영양성분에 대한 설명으로 맞는 것은?

① 고단백, 저지방 식품이다.

② 저칼로리 탄수화물 식품이다.

③ 무기질 비타민이 부족하다.

④ 콜라겐 함량이 적다.

정답 ①

해설 콜라겐 함량이 높고, 복어 조리에 미나리와 콩나물을 함께 넣으면 해독작용과 복어의 성분이 상승한다.

47 찬밥에 전분기를 뺀 다음 채소를 넣고 끓이는 죽은?

① 조우스이   ② 조우니

③ 오카유   ④ 삼바이즈

정답 ①

해설 재료에 따라 채소죽, 전복죽, 굴죽, 버섯죽, 알죽 등으로 다양하게 만들 수 있다.

48 복어의 가식 부위가 아닌 것은?

① 안구   ② 껍질

③ 혀   ④ 머리

정답 ①

해설 독이 많은 부위는 난소, 간, 내장, 안구 등이다.

49 복어를 식용하지 않았는데 중독이 됐을 때 그 이유는 무엇인가?

① 복어를 먹은 사람의 손을 잡았을 때

② 오염된 복어를 손질한 도마를 세척하지 않고 조리한 음식을 먹었을 때

③ 복어를 손질한 칼, 도마 등 조리기구를 깨끗이 세척하고 조리한 음식을 먹었을 때

④ 날씨가 흐린 날 복어를 먹었을 때

정답 ②

해설 교차오염이 일어날 수 있다.

50 복어독소인 테트로도톡신(tetrodotoxin)의 일반적인 성질에 해당되지 않는 것은?

① 열에 대하여 안정하다.

② 물에 녹지 않는다.

③ 약염기성 물질이다.

④ 알칼리에 안정하다.

정답 ①

해설 독성분은 끓여도 파괴되지 않는다.

51 다음 중 복어의 독성이 가장 높은 시기로 맞는 것은?

① 겨울 동면 시   ② 산란기 직전

③ 해빙한 봄   ④ 산란기 직후

정답 ②

52 복어 식중독과 관련된 설명 중 바른 것은?

① 일반적으로 복어의 껍질부위에 맹독 또는 강독이 있어 복어중독의 가장 큰 원인이 되고 있다.

② 일반적으로 검은 계통의 껍질에는 독이 없으나 다갈색 또는 암갈색 계통의 껍질에는 독소가 많다.

③ 일반적으로 밀복은 무독종으로 식용에 가장 많이 이용된다.

④ 테트로도톡신의 독성 특징은 복어의 종류,

장기 부위별, 계절에 따라 차이가 없다.

정답 ②

---

53 복어 중독의 치료 및 예방에서 옳지 <u>않은</u> 것은?

① 내장이 부착되어 있는 것은 식용을 하지 않는다.

② 위생적으로 저온에 저장된 것을 사용한다.

③ 자격 있는 전문조리사가 조리한 것을 먹도록 한다.

④ 치료는 먼저 구토, 위세척 등으로 체내의 독소를 제거한다.

정답 ②

---

54 작업장에서 개인복장 착용이 <u>잘못된</u> 것은?

① 손톱은 항상 짧고 청결하게 한다.

② 명찰은 왼쪽 가슴 정중앙에 잘 보이도록 부착한다.

③ 안전화는 방수가 되며 미끄러지지 않는 주방 전용 작업화를 신는다.

④ 유니폼 하의는 여름에 더울 때는 반바지를 입어도 된다.

정답 ④

해설 더운 여름에 반팔, 반바지, 슬리퍼 등을 착용하면 안 된다.

---

55 다음 중 조리에 종사할 수 있는 사람은?

① B형간염　　② 화농성 질환자

③ 비감염성 결핵　　④ A형간염

정답 ③

---

56 다음 중 중간숙주가 없는 것을 고르시오.

① 구충　　② 간흡충

③ 선모충　　④ 톡소플라스마

정답 ①

---

57 인간이 한평생 매일 섭취하더라도 장해가 인정되지 않는다고 생각되는 화학물질의 1일 섭취량을 의미하고 농약이나, 식품첨가물에 사용하는 평가 방법은 무엇인가?

① 만성독성시험　　② 급성 독성시험

③ 아급성 독성시험　　④ 1일 섭취허용량

정답 ④

---

58 포도주, 사과주 등 과실주 발효과정 중 생성되며 중독 시 구토, 복통, 설사를 유발하며 다량 섭취 시 실명을 할 수 있는 유해물질은 무엇인가?

① 아크릴아마이드

② 메틸알코올

③ 멜라민

④ 다환방향족 탄화수소

정답 ②

---

59 HACCP 대상 식품이 <u>아닌</u> 것은?

① 피자류 · 만두류 · 면류

② 순대

③ 배추김치

④ 고추장

정답 ④

60 작업장의 교차오염을 일으킬 수 요인이 <u>아</u> <u>닌</u> 것은?

① 세척할 때는 채소류 → 육류 → 어류 → 가 금류 순으로 처리한다.

② 생식품과 조리된 식품의 취급 장소 미구 분 시

③ 칼, 도마 혼용 사용 시

④ 손 세척 부적절 시

정답 ①

복어 기출문제

01 식품위생에서 소독을 가장 잘 설명한 것은?

① 오염된 물질을 없애는 것

② 물리 또는 화학적 방법으로 병원미생물을 사멸 또는 병원력을 약화시키는 것

③ 모든 미생물을 사멸 또는 발육을 저지시키는 것

④ 모든 미생물을 전부 사멸시키는 것

정답 ②

02 다음 중 감염형 식중독에 속하지 않는 것은?

① 보툴리누스 식중독

② 살모넬라 식중독

③ 장염 비브리오 식중독

④ 병원성 대장균 식중독

정답 ①

해설 독소형 식중독에는 포도상구균, 보툴리누스 식중독이 있다.

03 장염 비브리오 식중독균(V.parahaemolyticus)의 성상으로 틀리는 것은?

① 그람 음성간균이다.

② 3~4%의 소금농도에서 잘 발육한다.

③ 특정조건에서 사람의 혈구를 응혈시킨다.

④ 아포와 협막이 없고 급격한 발열이 난다.

정답 ④

해설 증상 : 위장의 통증과 설사가 주된 증상, 약간의 발열(37~39℃)

04 다음 미생물 중 알레르기(allergy)성 식중독의 원인이 되는 히스타민(histamine)과 관계 깊은 것은?

① staphyloccus aureus(포도상구균)

② bacillus cereus(바실러스균)

③ clostridium botulinum(보툴리누스균)

④ proteus morganii(모르가니균)

정답 ④

05 복어 중독에 대한 설명이다. 틀린 것은?

① 복어의 난소, 간에 독성분이 가장 많다.

② 테트로도톡신이 주요 독성분이다.

③ 유독성분이라도 100℃에서 가열하면 파괴된다.

④ 식사 후 30분~5시간 후 호흡곤란, 위장장애가 나타난다.

정답 ③

해설 복어독은 끓여도 파괴되지 않으니 독성분이 있는 부위를 철저하게 제거해야 한다.

06 부패 미생물의 발육을 저지하는 정균 작용 및 살균 작용에 연관된 효소 작용을 억제하는 물질은?

① 방부제
② 소독제
③ 살균제
④ 유화제

정답 ①

해설 부패한 물질을 대사기질로 하여 미생물이 발육하는 것을 지속적으로 억제하는 효과가 있는 약제

07 식품첨가물의 사용 목적과 거리가 먼 것은?

① 식품의 상품가치 향상
② 영양 강화
③ 보존성 향상
④ 질병의 예방 및 치료

정답 ④

08 다음 식품첨가물 중 수용성 산화방지제는 어느 것인가?

① 부틸 히드록시 아니졸(BHA)
② 몰식자산 프로필(propyl gallate)
③ 디부틸 히드록시(BHT)
④ 에리소르브산(erythorbic acid)

정답 ④

해설 지용성 산화방지제 : BHA·BHT·몰식자산프로필

09 부패된 어류에 나타나는 현상은?

① 육질에 탄력이 있다.
② 물에 담그면 위로 뜬다.
③ 비늘에 광택이 있고 점액이 별로 없다.
④ 아가미 색깔이 선홍색이다.

정답 ②

10 결합수에 관한 특성이 아닌 것은?

① 보통의 물보다 밀도가 크다.
② 미생물의 번식과 발아에 이용된다.
③ 비점과 융점이 낮다.
④ 용질에 대해서 용매로서 작용할 수 없다.

정답 ②

해설 자유수 : 용매로 작용, 건조로 쉽게 분리 제거 가능, 0℃ 이하에서 쉽게 동결, 비점과 융점이 높음, 미생물의 번식과 발아에 이용된다.

11 다음 당들 중 단맛이 큰 순서로 나열되어 있는 것은?

① 자당 〉 과당 〉 맥아당 〉 젖당
② 맥아당 〉 젖당 〉 자당 〉 과당
③ 과당 〉 자당 〉 맥아당 〉 젖당
④ 젖당 〉 맥아당 〉 과당 〉 자당

정답 ③

해설 과당 〉 전화당 〉 설탕 〉 맥아당 〉 유당

12 다음 강화식품에 대한 설명 중 틀린 것은?

① 밀가루 강화는 parboiled법과 제분 중 비타민을 첨가하는 방법이다.
② 된장 및 간장의 강화는 칼슘과 비타민 등을 첨가한 것이다.
③ 우유 강화는 부족한 철, 비타민 D 등을 첨가한 것이다.
④ 소금 강화는 요오드나트륨과 염화나트륨을 첨가한 것이다.

정답 ④

13 다음 설명 중 <u>잘못된</u> 것은?

① 요오드가가 크면 불포화 지방산의 함량이 많다.

② 유지의 산패도를 나타내는 것으로 산가와 과산화물가가 있다.

③ 산가는 유리 지방산의 함량 정도를 알 수 있다.

④ 검화가가 높을수록 고급 지방산이 많음을 알 수 있다.

정답 ④

해설 검화(비누화 : saponification)
유지가 수산화나트륨(NaOH)에 의해 가수분해되어 지방산의 Na염(비누)을 생성하는 현상으로 저급지방산이 많을수록 비누화가 잘된다.

14 산성 식품과 알칼리성 식품에 대한 설명이 <u>틀린</u> 것은?

① 과채류나 채소는 Ca · Fe · Mg · K 등을 많이 함유하고 있어 알칼리성 식품이다.

② 곡류나 육류는 P · S · Cl 등을 많이 함유하고 있어 산성 식품이다.

③ 단백질은 S를 적게 함유하고 있어 알칼리성 식품이다.

④ 지방은 P를 많이 함유하고 있어 산성 식품이다.

정답 ③

15 단팥죽을 만들 때 약간의 소금을 넣었더니 맛이 더 달게 느껴졌다. 이 현상을 무엇이라고 하는가?

① 맛의 상쇄   ② 맛의 대비

③ 맛의 변조   ④ 맛의 억제

정답 ②

16 식품의 색소 중 엽록소의 특징에 대한 설명이 <u>잘못된</u> 것은?

① 엽록소는 불안정하기 때문에 조리 가공할 때 보존이 어렵다.

② 엽록소는 산성 용액에서 녹갈색의 페오피틴이 된다.

③ 녹색채소를 가열 조리할 때 중조를 넣으면 녹색이 보존되지만 비타민이 파괴된다.

④ 엽록소는 식물 뿌리의 줄기세포 속에 클로로플라스트에 지방과 결합하여 존재한다.

정답 ④

해설 엽록소는 식물의 잎과 줄기세포 속 클로로플라스트에 단백질과 결합하여 존재한다.

17 변질에 관한 다음 설명 중 옳지 <u>않은</u> 것은?

① 식초를 만들 목적으로 막걸리에 미생물을 작용시킨 것

② 유지식품이 산화되어 냄새 · 색택이 변화된 상태

③ 단백질 식품이 세균에 의해 분해되어 먹을 수 없는 상태

④ 영양성분 변화 · 영양소의 파괴 · 냄새 · 맛 등의 저하로 먹을 수 없는 상태

정답 ①

해설 식초의 발효과정이다.

18 식품이 부패 시 생성되는 물질이 <u>아닌</u> 것은?

① 암모니아(ammonia)

② 트리메틸아민(trimethylamine)

③ 글리코겐(glycogen)

④ 아민(amine)

정답 ③

해설 글리코겐(glycogen) : 동물성 전분을 말하는 것으로서, 간이나 근육에 포함되어 있고, 굴·조개·오징어·효모 등에도 다량 함유되어 있다. 가수분해되면 포도당(glucose)을 만든다.

19 식품의 가열 살균에 있어서 효과가 크면서도 식품의 변화를 가장 최소로 할 수 있는 방법은?

① 저온 단시간 살균

② 저온 장시간 살균

③ 고온 단시간 살균

④ 고온 장시간 살균

정답 ③

해설 우유와 같은 액상식품을 연속적으로 높은 온도에서 짧은 시간 동안에 가열하여 영양소의 파괴를 최소화하면서 세균을 죽이는 방법

20 쌀의 도정도가 높을수록 함량 비율이 커지는 성분은?

① 비타민   ② 무기질

③ 당질   ④ 지방

정답 ③

해설 현미는 호분층과 배아에 단백질·지질·비타민이 많이 분포되어 있다. 현미를 도정하면 배유부에 전분만 남는다.

21 다음은 두부의 제조 시 사용되는 응고제이다. 응고제가 아닌 것은?

① $CaSO_4$ ② $CaCl_2$

③ $CaCO_3$ ④ $MaCl_2$

정답 ③

22 사후강직 시 열이 생기는 이유는?

① 암모니아 생성에 의한 반응열이다.

② 근육의 호흡열 때문이다.

③ 단백질 응고에 의한 근육수축열이다.

④ 글리코겐의 해당작용으로 반응열이 나타난다.

정답 ④

23 육가공품에 이용되는 훈연의 효과를 설명한 것 중 <u>부적당한</u> 것은?

① 훈연육은 알칼리성이 되어 보존성이 증가된다.

② 제품의 색이나 기호적인 풍미를 좋게 한다.

③ 산화방지제의 작용을 갖는 연기성분은 페놀, 포름알데히드 등이다.

④ 지방의 산화방지, 미생물의 번식을 방지하여 보존성을 향상시킨다.

정답 ①

24 β - 전분에 물을 넣고 가열에 의해 α - 전분으로 되는 현상을 무엇이라 하는가?

① 호화 현상   ② 호정화 현상

③ 산화 현상   ④ 노화 현상

정답 ①

25 다음 중 중조수를 넣어 콩을 삶을 때 가장 문제가 되는 것은?

① 비타민 B$_1$의 파괴가 촉진됨
② 콩이 잘 무르지 않음
③ 조리수가 많이 필요함
④ 조리시간이 길어짐

정답 ①

26 푸른 채소를 데칠 때 비타민 C(아스코르브산)의 손실을 막고 색을 선명하게 유지하기 위한 채소 조리법은?

① 약간의 중조를 넣고 데친다.
② 약간의 소금을 넣고 데친다.
③ 물의 양을 적게 하여 데친다.
④ 약간의 설탕을 넣고 데친다.

정답 ②

27 기름의 발연 온도를 높게 하는 경우는?

① 튀김그릇의 표면적이 좁을 때
② 유리 지방산이 많을 때
③ 기름에 이물질이 많이 있을 때
④ 여러 번 반복하여 사용하였을 때

정답 ①

28 다음 중 기름의 산패를 촉진하는 경우는?

① 시원한 곳에 보관한다.
② 갈색 병에 보관한다.
③ 뚜껑을 꼭 막는다.
④ 바람이 잘 통하고 밝은 창가에 두고 사용한다.

정답 ④

29 쇠고기 중 운동을 많이 한 부분으로 고기가 질겨서 탕에 주로 사용하는 부위는?

① 안심 · 등심   ② 우둔살 · 살치살
③ 장정육 · 사태   ④ 머리 · 홍두깨살

정답 ③

30 돼지고기 편육을 할 때 올바르게 삶는 방법은?

① 한 번 삶아서 찬물에 식혔다가 다시 삶는다.
② 물이 끓으면 고기를 넣어서 삶는다.
③ 찬물에 고기를 넣어 처음부터 가열한다.
④ 냄새를 없애기 위한 생강을 돼지고기와 같이 넣어야 효력이 있다.

정답 ②

31 다음 조리 작업 중 비타민 C의 손실이 제일 큰 경우는?

① 무생채에 오이를 넣어 무쳤다.
② 무생채에 고춧가루를 넣어 무쳤다.
③ 무채를 썰어 15분가량 공기 중에 방치해 두었다.
④ 무생채에 당근을 넣어 약 1시간 후에 무쳤다.

정답 ④

해설 당근에는 비타민 C 파괴효소인 아스코르비나아제가 들어 있다.

32 우유를 데울 때 가장 좋은 방법은?

① 이중냄비에 넣고 젓지 않고 데운다.
② 냄비에 담고 끓기 시작할 때까지 강한 불에서 데운다.
③ 이중냄비에 넣고 저으면서 데운다.
④ 냄비에 담고 약한 불에서 젓지 않고 데운다.

정답 ③

33 다음 중 조리용 기기 사용이 잘못된 것은?

① 필러(peeler) : 감자, 당근의 껍질 벗기기
② 슬라이서(slicer) : 고기 · 햄 등을 가는 기계
③ 세미기 : 쌀을 세척하는 기구
④ 믹서 : 재료의 혼합

정답 ②

해설 슬라이서(slicer)는 고기·햄 등을 얇게 자르는 기계

34 다음 설명 중 조리의 목적이 아닌 것은?

① 음식을 맛있게 조리하는 과정에서 식품이 지닌 영양소의 손실을 없도록 하는 것
② 소화하기 쉬운 형태로 만들어주는 것
③ 식품의 양을 많이 불려서 식량을 절약하게 하는 것이 좋다.
④ 조리로써 식품이 지닌 색이나 질감을 기호에 맞도록 조절하는 것

정답 ③

35 다음은 재료의 소비단가를 정하는 방법들이다. 이들 중에서 매입한 날짜가 빠른 것부터 먼저 출고되는 것으로 간주하여 소비단가를 결정하는 방법은?

① 선입선출법   ② 후입선출법

③ 이동평균법   ④ 총평균법

정답 ①

36 무기질과 그 기능의 연결이 바르지 못한 것은?

① Ca : 혈액응고, 체액의 중성유지
② Fe : 세포의 핵, 핵산, 핵단백질의 구성
③ Na : 혈액과 체액의 삼투압 조절
④ K : 신경흥분의 억제

정답 ②

37 다음 중에서 대체식품이 될 수 없는 것은?

① 생선 : 동태, 꽁치
② 닭고기 : 꿩고기, 칠면조
③ 빵 : 메밀국수, 라면
④ 두부 : 우유 및 유제품

정답 ④

해설 영양 면에서 주된 영양소가 공통으로 함유된 것을 의미하며 식단 작성 시 필요하다.

38 다음 중 조리목적으로 옳은 것은?

① 위생적으로 안전하게 하고 소화를 용이하게 한다.
② 조리 시 식품첨가제를 많이 사용하여 저장성을 높인다.
③ 맛에는 상관없이 외관상으로 식욕을 자극하게 한다.
④ 농약 등 화학성분의 잔류를 없애기 위해 높은 온도에서 조리한다.

정답 ①

해설 조리의 목적
① 식품의 외관을 좋게 하며 맛있게 하기 위하여 행한다.

② 소화를 용이하게 하며 식품의 영양효율을 높이기 위하여 행한다.

③ 위생상 안전한 음식으로 만들기 위하여 행한다.

④ 저장성을 높이기 위하여 행한다.

39 다음 중 찹쌀밥의 노화지연에 가장 관계가 깊은 것은?

① 아밀로오스   ② 아밀로펙틴

③ 글리코겐   ④ 글루코오스

정답 ②

40 다음은 조리에 있어서 후춧가루의 작용에 관해서 설명한 것이다. **틀리는** 것은?

① 생선 비린내 제거

② 식욕 증진

③ 생선의 근육형태 및 변화방지

④ 육류의 누린내 제거

정답 ③

41 국물요리를 하기 위해 다시물을 올바르게 하는 법을 고르시오.

① 뜨거운 물에 다시마와 가쓰오부시를 넣고 오래오래 끓인다.

② 다시마는 젖은 면포로 닦아 찬물에서부터 끓인다.

③ 다시마를 흐르는 물에 깨끗이 씻어 끓고 있는 물에 넣는다.

④ 다시마와 가쓰오부시를 찬물에 담근 후 사용한다.

정답 ②

42 복어 독이 없어 식용할 수 있는 부위별로 짝지은 것을 고르시오.

① 간, 껍질, 살

② 혀, 껍질, 살

③ 신장, 배꼽, 머리

④ 지느러미, 심장, 방광

정답 ②

43 복어살을 회 뜨기 위해 가장 좋은 전처리법은?

① 따뜻한 물에 담그기

② 알코올에 담그기

③ 연한 설탕물에 담그기

④ 연한 소금물에 담그기

정답 ④

해설 연한 소물에 담가 핏물을 제거하고 물기를 제거한 뒤 회를 뜬다.

44 복어 튀김에 찍어 먹는 소스는?

① 고로모   ② 야쿠미

③ 덴다시   ④ 폰즈

정답 ③

해설 고로모는 튀김옷, 야쿠미는 향신료, 폰즈는 조미료를 넣어 맛을 낸 식초의 일종

45 죽 만들 때 육수로 필요한 재료가 **아닌** 것은?

① 복어뼈   ② 복어 속껍질

③ 다시마   ④ 물

정답 ②

해설 복어 속껍질은 데쳐서 껍질 초무침에 넣는다.

46 죽(조우스이) 만들 때 재료 준비로 옳은 것은?

① 찬밥을 흐르는 물로 전분기를 충분히 뺀다.

② 당근, 표고는 곱게 다져 참기름에 볶아 죽을 끓인다.

③ 쌀은 통 쌀이 없도록 싸라기가 되도록 빻는다.

④ 떡을 준비한다.

정답 ①

해설 죽 종류에는 오카유와 조우스이가 있다.
- 조우스이는 밥을 씻어 해물이나 채소를 넣어 다시로 끓인 것으로, 쌀을 절약하려는 목적에서 시작되었으나 후에 여러 가지 재료를 넣어 만들어 먹게 되었다.
- 밥알의 형체가 남아 있다면, 재료에 따라서 채소죽, 전복죽, 굴죽, 버섯죽, 알죽 등 다양하게 만들 수 있다.

47 야쿠미 재료준비로 옳은 것은?

① 무는 강판에 갈아 소금에 절인다.

② 폰즈에 실파를 송송 썰어 넣는다.

③ 다시마 육수를 사용한다.

④ 실파는 송송 썰어 흐르는 물에 헹구어준다.

정답 ④

해설 야쿠미 재료는 무, 실파, 레몬, 생강 등이 있다.

48 복어죽 끓일 때 간은 무엇으로 하는가?

① 소금과 참기름

② 소금 또는 국간장

③ 소금과 후춧가루

④ 진간장 또는 참깨

정답 ②

49 복 껍질 초회 양념으로 부적당한 것은?

① 무   ② 가쓰오부시

③ 실파   ④ 고춧가루

정답 ②

해설 폰즈와 야쿠미, 유자, 미나리 등이 필요하다.

50 양갱 제조에서 팥소를 굳히는 작용을 하는 것은?

① 젤라틴   ② 갈분

③ 한천   ④ 밀가루

정답 ③

해설 한천은 양갱 제조와 미생물 배지로 사용한다.

51 보통 백미로 밥을 지으려 할 때 쌀과 물의 분량이 바른 것은?

① 쌀 중량의 1.5배, 부피의 1.2배

② 쌀 중량의 3배, 부피의 1.5배

③ 쌀 부피의 3배, 중량의 1.2배

④ 쌀 부피의 2배, 중량의 1.5배

정답 ①

52 복어의 독성분인 테트로도톡신(tetrodoto-xin)이 가장 많은 부위는?

① 근육   ② 피부

③ 난소   ④ 혈액

정답 ③

53 다음 중에서 오염물질과 그것으로 인한 질환과의 관계가 <u>잘못되어</u> 있는 것은?

① 수은(Hg) – 미나마타병

② 카드뮴(Cd) – 이타이이타이병

③ 납(pb) – 혈액독

④ 피시비(PCB) – 미강유중독(유증)

정답 ③

해설 납 중독증상 : 연연·말초신경염·신경계장애

54 육류의 감별방법으로 <u>틀린</u> 것은?

① 색이 선명하고 습기가 있는 것

② 쇠고기는 선홍색, 돼지고기는 담홍색인 것

③ 표면에 점액성 물질이 있는 것

④ 고기를 저며 비춰 보았을 때 반점이 없는 것

정답 ③

55 다음 수분활성도에 관한 설명 중 <u>잘못된</u> 것은?

① 수분활성도란 식품의 수분함량과 동일한 것이다.

② 식품의 수분활성도에 따라 미생물의 생육이 달라진다.

③ 식품의 수분활성도는 1보다 작다.

④ 곰팡이의 생육 및 번식이 가능한 수분활성도는 0.70~0.95 정도이다.

정답 ①

해설 수분활성도 : 어떤 임의의 온도에서 식품이 나타내는 수증기압(P)을 그 온도에서 순수한 물의 최대수중기압(Po)으로 나눈 것이다.

$$(Aw = \frac{p}{p_0} \langle 1)$$

56 다음 중 관계가 먼 것끼리 연결된 것은?

① 비타민 B_1 : 각기병

② 비타민 B_2 : 구각염

③ 나이아신 : 각막건조증

④ 비타민 C : 괴혈병

정답 ③

해설 비타민 A 부족증 : 각막건조증, 야맹증, 안염 등

57 맛을 가장 예민하게 느끼는 일반적 온도는?

① 20℃ ② 30℃

③ 50℃ ④ 70℃

정답 ②

58 다음의 식품 저장법 중 삼투압을 이용한 것은?

① 당장법, 염장법

② 당장법, CA저장법

③ 훈연법, 산 저장법

④ 산 저장법, 냉동법

정답 ①

해설 삼투압 : 용액은 항상 같은 농도가 되려는 성질이 있으며, 농도가 낮은 쪽의 액체가 높은 쪽으로 빠져나오는 현상을 말한다. 수분이 반투막을 빠져나오는 힘을 말하며 생선이나 채소 등의 세포막은 반투막이므로 소금을 뿌려두면 식품 속의 수분이 소금 쪽으로 이동하게 되고 소금은 식품 내로 침투하게 되는 것을 말한다.

59 다음 자료에 의하여 총원가를 산출하면 얼마인가?

직접 재료비	₩180,000	간접 재료비	₩50,000
직접 노무비	₩100,000	간접 노무비	₩30,000
직접경비	₩10,000	간접경비	₩100,000
판매 관리비	₩ 120,000		

① ₩290,000 ② ₩410,000
③ ₩470,000 ④ ₩590,000

정답 ④

해설 직접원가 = 직접재료비 + 직접원가 + 직접경비
제조원가 = 직접원가 + 간접제조비
총원가 = 제조원가 + 판매관리비
판매원가 = 이익 + 총원가

60 복어요리에 사용하는 채소 중에 독을 제거하고 향기도 내는 것은 무엇인가?

① 미나리 ② 시금치
③ 콩나물 ④ 오이

정답 ①

일식·복어조리기능사
실기

II 일식·복어조리기능사 실기

| 실기 시험 안내 |

- **관련부처** : 식품의약품안전처
- **시행기관** : 한국산업인력공단
- **응시자격** : 필기시험 합격자, 필기시험 면제 대상자
- **시험과목** : 일식·복어 재료관리, 음식조리 및 위생관리
- **합격기준** : 100점 만점에 60점 이상 취득 시
- **응시방법** : 큐넷(http://q-net.or.kr) 인터넷 접수
- **응시료** : 일식 30,800원 / 복어 35,100원

* 상시시험 원서접수는 한국산업인력공단에서 공고한 접수기간에만 접수가 가능하며, 선착순 방식으로 접수기간 종료 전에 마감될 수도 있음

| 개인위생상태 및 안전관리 세부기준 안내 |

순번	구분	세부기준
1	위생복	• 상의 : 흰색, 긴팔 • 하의 : 색상 무관, 긴바지 • 안전사고 방지를 위하여 반바지, 짧은 치마, 폭넓은 바지 등 작업에 방해가 되는 모양이 아닐 것
2	위생모	• 흰색 • 일반 조리장에서 통용되는 위생모
3	앞치마	• 흰색 • 무릎 아래까지 덮이는 길이
4	위생화 또는 작업화	• 색상 무관 • 위생화, 작업화, 발등이 덮이는 깨끗한 운동화 • 미끄러짐 및 화상의 위험이 있는 슬리퍼류, 작업에 방해가 되는 굽이 높은 구두, 속 굽 있는 운동화가 아닐 것

순번	구분	세부기준
5	장신구	• 착용 금지 • 시계, 반지, 귀걸이, 목걸이, 팔찌 등 이물, 교차오염 등의 식품위생 위해 장신구는 착용하지 않을 것
6	두발	• 단정하고 청결할 것 • 머리카락이 길 경우, 머리카락이 흘러내리지 않도록 단정히 묶거나 머리망 착용할 것
7	손톱	• 길지 않고 청결해야 하며 매니큐어, 인조손톱부착을 하지 않을 것

※ 위생복, 위생모, 앞치마 미착용 시 채점대상에서 제외됩니다.

※ 개인위생, 조리도구 등 시험장 내 모든 개인물품에는 기관 및 성명 등의 표시가 없어야 합니다.

■ 안전관리 세부기준

1. 조리장비 · 도구의 사용 전 이상 유무 점검

2. 칼 사용(손 빔) 안전 및 개인 안전사고 시 응급조치 실시

3. 튀김기름 적재장소 처리 등

| 일식 실기 출제기준 |

주요항목	세부항목	세세항목
1. 일식 위생관리	1. 개인위생 관리하기	1. 위생관리기준에 따라 위생복, 위생모, 위생화 등을 착용할 수 있다. 2. 두발, 손톱, 손 등 신체청결을 유지하고 작업수행 시 위생습관을 준수할 수 있다. 3. 근무 중의 흡연, 음주, 취식 등에 대한 작업장 근무수칙을 준수할 수 있다. 4. 위생관련법규에 따라 질병, 건강검진 등 건강상태를 관리하고 보고할 수 있다.
	2. 식품위생 관리하기	1. 식품의 유통기한 · 품질 기준을 확인하여 위생적인 선택을 할 수 있다. 2. 채소 · 과일의 농약 사용여부와 유해성을 인식하고 세척할 수 있다. 3. 식품의 위생적 취급기준을 준수할 수 있다. 4. 식품의 반입부터 저장, 조리과정에서 유독성, 유해물질의 혼입을 방지할 수 있다.

주요항목	세부항목	세세항목
	3. 주방위생 관리 하기	1. 주방 내에서 교차오염 방지를 위해 조리생산 단계별 작업공간을 구분 하여 사용할 수 있다. 2. 주방위생에 있어 위해요소를 파악하고, 예방할 수 있다. 3. 주방, 시설 및 도구의 세척, 살균, 해충ㆍ해서 방제작업을 정기적으로 수행할 수 있다. 4. 시설 및 도구의 노후상태나 위생상태를 점검하고 관리할 수 있다. 5. 식품이 조리되어 섭취되는 전 과정의 주방 위생 상태를 점검하고 관 리할 수 있다. 6. HACCP적용업장의 경우 HACCP관리기준에 의해 관리할 수 있다.
2. 일식 안전관리	1. 개인안전 관리 하기	1. 안전관리 지침서에 따라 개인 안전관리 점검표를 작성할 수 있다. 2. 개인안전사고 예방을 위해 도구 및 장비의 정리정돈을 상시 할 수 있다. 3. 주방에서 발생하는 개인 안전사고의 유형을 숙지시키고 예방을 위한 안전수칙을 교육할 수 있다. 4. 주방 내 필요한 구급품이 적정 수량 비치되었는지 확인하고 개인 안전 보호 장비를 정확하게 착용하여 작업할 수 있다. 5. 개인이 사용하는 칼에 대해 사용안전, 이동안전, 보관안전을 수행할 수 있다. 6. 개인의 화상사고, 낙상사고, 근육팽창과 골절사고, 절단사고, 전기기구 에 의한 전기 쇼크 사고, 화재사고와 같은 사고 예방을 위해 주의사항 을 숙지하고 실천할 수 있다. 7. 개인 안전사고 발생 시 신속 정확한 응급조치를 실시하고 재발 방지 조 치를 실행할 수 있다.
	2. 장비도구 안전 작업하기	1. 조리장비ㆍ도구에 대한 종류별 사용방법에 대해 주의사항을 숙지할 수 있다. 2. 조리장비ㆍ도구를 사용 전 이상 유무를 점검할 수 있다. 3. 안전 장비류 취급 시 주의사항을 숙지하고 실천할 수 있다. 4. 조리장비ㆍ도구를 사용 후 전원을 차단하고 안전수칙을 지키며 분해 하여 청소할 수 있다. 5. 무리한 조리장비ㆍ도구 취급은 금하고 사용 후 일정한 장소에 보관하 고 점검할 수 있다. 6. 모든 조리장비ㆍ도구는 반드시 목적 이외의 용도로 사용하지 않고 규 격품을 사용할 수 있다.
	3. 작업환경 안전 관리하기	1. 작업환경 안전관리 시 작업환경 안전관리 지침서를 작성할 수 있다. 2. 작업환경 안전관리 시 작업장 주변 정리 정돈 등을 관리 점검할 수 있다. 3. 작업환경 안전관리 시 제품을 제조하는 작업장 및 매장의 온ㆍ습도관 리를 통하여 안전사고요소 등을 제거할 수 있다. 4. 작업장 내의 적정한 수준의 조명과 환기, 이물질, 미끄럼 및 오염을 방 지할 수 있다.

주요항목	세부항목	세세항목
		5. 작업환경에서 필요한 안전관리시설 및 안전용품을 파악하고 관리할 수 있다. 6. 작업환경에서 화재의 원인이 될 수 있는 곳을 자주 점검하고 화재진압기를 배치하고 사용할 수 있다. 7. 작업환경에서의 유해, 위험, 화학물질을 처리기준에 따라 관리할 수 있다. 8. 법적으로 선임된 안전관리책임자가 정기적으로 안전교육을 실시하고 이에 참여할 수 있다.
3. 일식 기초 조리 실무	1. 기본 칼기술 습득하기	1. 칼의 종류와 사용용도를 이해한다. 2. 기본 썰기 방법을 습득할 수 있다. 3. 조리목적에 맞게 식재료를 썰 수 있다. 4. 칼을 연마하고 관리할 수 있다.
	2. 기본 기능 습득하기	1. 일식 기본양념에 대한 지식을 이해하고 습득할 수 있다. 2. 일식 곁들임에 대한 지식을 이해하고 습득할 수 있다. 3. 일식 기본 맛국물조리에 대한 지식을 이해하고 습득할 수 있다. 4. 일식 기본 재료에 대한 지식을 이해하고 습득할 수 있다.
	3. 기본 조리방법 습득하기	1. 일식 조리도구의 종류 및 용도에 대하여 이해하고 습득할 수 있다. 2. 계량방법을 습득할 수 있다. 3. 일식 기본 조리법에 대한 지식을 이해하고 습득할 수 있다. 4. 조리 업무 전과 후의 상태를 점검할 수 있다.
4. 일식 무침조리	1. 무침재료 준비하기	1. 식재료를 기초 손질할 수 있다. 2. 무침양념을 준비할 수 있다. 3. 곁들임 재료를 준비할 수 있다.
	2. 무침조리하기	1. 식재료를 전처리할 수 있다. 2. 무침양념을 사용할 수 있다. 3. 식재료와 무침양념을 용도에 맞게 무쳐낼 수 있다.
	3. 무침 담기	1. 용도에 맞는 기물을 선택할 수 있다. 2. 제공 직전에 무쳐낼 수 있다. 3. 색상에 맞게 담아낼 수 있다.
5. 일식 국물조리	1. 국물재료 준비하기	1. 주재료를 손질하고 다듬을 수 있다. 2. 부재료를 손질할 수 있다. 3. 향미재료를 손질할 수 있다.
	2. 국물 우려내기	1. 물의 온도에 따라 국물재료 넣는 시점을 조절할 수 있다. 2. 국물재료의 종류에 따라 불의 세기를 조절할 수 있다. 3. 국물재료의 종류에 따라 우려내는 시간을 조절할 수 있다.

주요항목	세부항목	세세항목
	3. 국물요리 조리 하기	1. 맛국물을 조리할 수 있다. 2. 주재료와 부재료를 조리할 수 있다. 3. 향미재료를 첨가하여 국물요리를 완성할 수 있다.
6. 일식 조림조리	1. 조림재료 준비 하기	1. 생선, 어패류, 육류를 재료의 특성에 맞게 손질할 수 있다. 2. 두부, 채소, 버섯류를 재료의 특성에 맞게 손질할 수 있다. 3. 메뉴에 따라 양념장을 준비할 수 있다.
	2. 조림조리하기	1. 재료에 따라 조림양념을 만들 수 있다. 2. 식재료의 종류에 따라 불의 세기와 시간을 조절할 수 있다. 3. 재료의 색상과 윤기가 살아나도록 조릴 수 있다.
	3. 조림 담기	1. 조림의 특성에 따라 기물을 선택할 수 있다. 2. 재료의 형태를 유지할 수 있다. 3. 곁들임을 첨가하여 담아낼 수 있다.
7. 일식 면류조리	1. 면 재료 준비 하기	1. 면류의 식재료를 용도에 맞게 손질할 수 있다. 2. 면 요리에 맞는 부재료와 양념을 준비할 수 있다. 3. 면 요리의 구성에 맞는 기물을 준비할 수 있다.
	2. 면 조리하기	1. 면 요리의 종류에 맞게 맛국물을 준비할 수 있다. 2. 부재료는 양념하거나 익혀서 준비할 수 있다. 3. 면을 용도에 맞게 삶아서 준비할 수 있다.
	3. 면 담기	1. 면 요리의 종류에 따라 그릇을 선택할 수 있다. 2. 양념을 담아낼 수 있다. 3. 맛국물을 담아낼 수 있다.
8. 일식 밥류조리	1. 밥 짓기하기	1. 쌀을 씻어 불릴 수 있다. 2. 조리법(밥, 죽)에 맞게 물을 조절할 수 있다. 3. 밥을 지어 뜸들이기를 할 수 있다.
	2. 녹차 밥 조리 하기	1. 녹차 맛국물을 낼 수 있다. 2. 메뉴에 맞게 기물선택을 할 수 있다. 3. 밥에 맛국물을 넣고 고명을 선택할 수 있다.
	3. 덮밥류 조리 하기	1. 맛국물을 만들 수 있다. 2. 맛국물에 튀기거나 익힌 재료를 넣고 조리할 수 있다. 3. 밥 위에 조리된 재료를 놓고 고명을 곁들일 수 있다.
9. 일식 초회조리	1. 초회재료 준비 하기	1. 식재료를 기초손질할 수 있다. 2. 혼합초 재료를 준비할 수 있다. 3. 곁들임 양념을 준비할 수 있다.
	2. 초회조리하기	1. 식재료를 전처리할 수 있다. 2. 혼합초를 만들 수 있다. 3. 식재료와 혼합초의 비율을 용도에 맞게 조리할 수 있다.

주요항목	세부항목	세세항목
10. 일식 찜조리	1. 찜재료 준비하기	1. 달걀, 어패류 등 재료의 특성에 맞게 손질할 수 있다. 2. 메뉴에 따라 양념장을 준비할 수 있다. 3. 메뉴에 맞게 기물선택을 할 수 있다.
	2. 찜조리하기	1. 재료에 따라 양념을 만들 수 있다. 2. 식재료의 종류에 따라 불의 세기와 시간을 조절할 수 있다. 3. 재료에 따라 찜조리를 할 수 있다.
	3. 찜 담기	1. 찜 요리의 종류에 따라 그릇을 선택할 수 있다. 2. 재료의 형태를 유지할 수 있다. 3. 곁들임을 첨가하여 담아낼 수 있다.
11. 일식 롤 초밥 조리	1. 롤 초밥재료 준비하기	1. 초밥용 밥을 준비할 수 있다. 2. 롤 초밥의 용도에 맞는 재료를 준비할 수 있다. 3. 고추냉이(가루, 생)와 부재료를 준비할 수 있다.
	2. 롤 양념초 조리 하기	1. 초밥용 배합초의 재료를 준비할 수 있다. 2. 초밥용 배합초를 조리할 수 있다. 3. 용도에 맞게 다양한 배합초를 준비된 밥에 뿌릴 수 있다.
	3. 롤 초밥 조리 하기	1. 롤초밥의 모양과 양을 조절할 수 있다. 2. 신속한 동작으로 만들 수 있다. 3. 용도에 맞게 다양한 롤 초밥을 만들 수 있다.
	4. 롤 초밥 담기	1. 롤 초밥의 종류와 양에 따른 기물을 선택할 수 있다. 2. 롤 초밥을 구성에 맞게 담을 수 있다. 3. 롤 초밥에 곁들임을 첨가할 수 있다.
12. 일식 구이조리	1. 구이재료 준비 하기	1. 식재료를 용도에 맞게 손질할 수 있다. 2. 식재료에 맞는 양념을 준비할 수 있다. 3. 구이용도에 맞는 기물을 준비할 수 있다.
	2. 구이 조리하기	1. 식재료의 특성에 따라 구이방법을 선택할 수 있다. 2. 불의 강약을 조절하여 구워낼 수 있다. 3. 재료의 형태가 부서지지 않도록 구울 수 있다.
	3. 구이 담기	1. 모양과 형태에 맞게 담아낼 수 있다. 2. 양념을 준비하여 담아낼 수 있다. 3. 구이종류의 특성에 따라 곁들임을 함께 낼 수 있다.

| 일식 실기 수험자 지참준비물 |

번호	재료명	규격	단위	수량	비고
1	가위	조리용	EA	1	
2	강판	조리용	EA	1	
3	계량스푼	사이즈별	SET	1	
4	계량컵	200ml	EA	1	
5	공기	소	EA	1	
6	국대접	소	EA	1	
7	김발	20cm 정도	EA	1	
8	냄비	조리용	EA	1	시험장에도 준비되어 있음
9	달걀말이프라이팬	사각	EA	1	
10	도마	흰색 또는 나무도마	EA	1	시험장에도 준비되어 있음
11	랩, 호일	조리용	EA	1	
12	상비의약품	손가락골무, 밴드 등	EA	1	
13	석쇠	조리용	EA	1	시험장에도 준비되어 있음
14	소창 또는 면포	30×30cm 정도	장	1	
15	쇠꼬치(쇠꼬챙이)	생선구이용	EA	1	
16	쇠조리(혹은 체)	조리용	EA	1	시험장에도 준비되어 있음
17	숟가락	스테인리스제	EA	1	
18	앞치마	백색(남, 여 공용)	EA	1	위생복장을 갖추지 않으면 채점대상에서 제외됨
19	위생모 또는 머리수건	백색	EA	1	위생복장을 갖추지 않으면 채점대상에서 제외됨
20	위생복	상의-백색/긴팔 하의-긴바지(색상무관)	벌	1	위생복장을 갖추지 않으면 채점대상에서 제외됨
21	위생타월	면	매	1	
22	이쑤시개	–	EA	1	
23	젓가락	나무젓가락 또는 쇠젓가락	EA	1	
24	종이컵	–	EA	1	
25	칼	조리용 칼, 칼집 포함	EA	1	눈금표시칼 사용 불가
26	키친페이퍼	–	EA	1	
27	프라이팬	소형	EA	1	시험장에도 준비되어 있음

※ 지참준비물의 수량은 최소 필요수량으로 수험자가 필요시 추가지참 가능합니다.

| 복어 실기 출제기준 |

주요항목	세부항목	세세항목
1. 복어 위생관리	1. 개인위생 관리하기	1. 위생관리기준에 따라 조리복, 조리모, 앞치마, 조리안전화 등을 착용할 수 있다. 2. 두발, 손톱, 손 등 신체청결을 유지하고 작업수행 시 위생습관을 준수할 수 있다. 3. 근무 중의 흡연, 음주, 취식 등에 대한 작업장 근무수칙을 준수할 수 있다. 4. 위생관련법규에 따라 질병, 건강검진 등 건강상태를 관리하고 보고할 수 있다.
	2. 식품위생 관리하기	1. 식품의 유통기한·품질 기준을 확인하여 위생적인 선택을 할 수 있다. 2. 채소·과일의 농약 사용여부와 유해성을 인식하고 세척할 수 있다. 3. 식품의 위생적 취급기준을 준수할 수 있다. 4. 식품의 반입부터 저장, 조리과정에서 유독성, 유해물질의 혼입을 방지할 수 있다.
	3. 주방위생 관리하기	1. 주방 내에서 교차오염 방지를 위해 조리생산 단계별 작업공간을 구분하여 사용할 수 있다. 2. 주방위생에 있어 위해요소를 파악하고, 예방할 수 있다. 3. 주방, 시설 및 도구의 세척, 살균, 해충·해서 방제작업을 정기적으로 수행할 수 있다. 4. 시설 및 도구의 노후상태나 위생 상태를 점검하고 관리할 수 있다. 5. 식품이 조리되어 섭취되는 전 과정의 주방 위생 상태를 점검하고 관리할 수 있다. 6. HACCP 적용 업장의 경우 HACCP 관리기준에 의해 관리할 수 있다.
2. 복어 기초 조리 실무	1. 기본 칼기술 습득하기	1. 칼의 종류와 사용용도를 이해한다. 2. 기본 썰기 방법을 습득할 수 있다. 3. 조리목적에 맞게 식재료를 썰 수 있다. 4. 칼을 연마하고 관리할 수 있다.
	2. 기본 기능 습득하기	1. 복어 기본양념에 대한 지식을 이해하고 습득할 수 있다. 2. 복어 곁들임에 대한 지식을 이해하고 습득할 수 있다. 3. 복어 기본 맛국물조리에 대한 지식을 이해하고 습득할 수 있다. 4. 복어 기본 재료에 대한 지식을 이해하고 습득할 수 있다.
	3. 기본 조리방법 습득하기	1. 복어 조리도구의 종류 및 용도에 대하여 이해하고 습득할 수 있다. 2. 계량방법을 습득할 수 있다. 3. 복어 기본 조리법에 대한 지식을 이해하고 습득할 수 있다. 4. 조리 업무 전과 후의 상태를 점검할 수 있다.
3. 복어 안전관리	1. 개인 안전관리하기	1. 안전관리 지침서에 따라 개인 안전관리 점검표를 작성할 수 있다. 2. 개인안전사고 예방을 위해 도구 및 장비의 정리정돈을 상시 할 수 있다.

주요항목	세부항목	세세항목
		3. 주방에서 발생하는 개인 안전사고의 유형을 숙지시키고 예방을 위한 안전수칙을 교육할 수 있다.
		4. 주방 내 필요한 구급품이 적정 수량 비치되었는지 확인하고 개인 안전 보호 장비를 정확하게 착용하여 작업하는지 확인할 수 있다.
		5. 개인의 화상사고, 낙상사고, 근육팽창과 골절사고, 절단사고, 전기기구에 인한 전기 쇼크사고, 화재사고와 같은 사고 예방을 위해 주의사항을 숙지하고 실천할 수 있다.
		6. 개인 안전사고 발생 시 신속 정확한 응급조치를 실시하고 재발 방지 조치를 실행할 수 있다.
	2. 장비·도구 안전작업하기	1. 조리장비·도구에 대한 종류별 사용방법에 대해 주의사항을 숙지할 수 있다.
		2. 조리장비·도구를 사용 전 이상 유무를 점검할 수 있다.
		3. 안전 장비류 취급 시 주의사항을 숙지하고 실천할 수 있다.
		4. 조리장비·도구를 사용 후 전원을 차단하고 안전수칙을 지키며 분해하여 청소할 수 있다.
		5. 무리한 조리장비·도구 취급은 금하고 사용 후 일정한 장소에 보관하고 점검할 수 있다.
		6. 모든 조리장비·도구는 반드시 목적 이외의 용도로 사용하지 않고 규격품을 사용할 수 있다.
	3. 작업환경 안전 관리하기	1. 작업환경 안전관리 시 작업환경 안전관리 지침서를 작성할 수 있다.
		2. 작업환경 안전관리 시 작업장주변 정리 정돈 등을 관리 점검할 수 있다.
4. 복어 재료관리 하기	1. 저장 관리하기	1. 식재료 품목특성을 파악하여 냉동 저장 관리할 수 있다.
		2. 식재료 품목특성을 파악하여 냉장 저장 관리할 수 있다.
		3. 식재료 및 주방소모품은 품목특성을 파악하여 창고 저장 관리할 수 있다.
		4. 저장고의 온도, 습도, 통풍 등을 관리하고 정리정돈을 할 수 있다.
	2. 재고 관리하기	1. 물품의 재고 수량을 확인할 수 있다.
		2. 재료의 제조일자와 유통기한을 확인하고 상비량과 사용 시기를 조절할 수 있다.
		3. 재료 유실방지 및 보안 관리를 할 수 있다.
	3. 선입선출하기	1. 조리된 재료의 제조일자에 따라 이름표를 붙이고 선·후로 적재하여 신선상태와 숙성 상태를 관리할 수 있다.
		2. 물품의 입고된 순서와 유통기한에 따라 선·후로 정리할 수 있다.
		3. 선입된 재료 순서에 따라 선출할 수 있다.
5. 복어 부재료 손질하기	1. 채소 손질하기	1. 채소를 용도별로 구분할 수 있다.
		2. 채소를 용도별로 손질할 수 있다.
		3. 채소를 신선하게 보관할 수 있다.

주요항목	세부항목	세세항목
	2. 복떡 굽기	1. 복떡을 용도에 맞게 전처리할 수 있다. 2. 복떡을 쇠꼬챙이에 꿸 수 있다. 3. 복떡을 타지 않게 구울 수 있다.
6. 복어 양념장 준비	1. 초간장 만들기	1. 초간장 제조에 필요한 재료를 준비할 수 있다. 2. 재료를 비율에 맞게 혼합하여 초간장을 만들 수 있다. 3. 초간장을 용도에 맞게 숙성시킬 수 있다.
	2. 양념 만들기	1. 양념 제조에 필요한 재료를 준비할 수 있다. 2. 양념 구성 재료를 용도에 맞게 손질할 수 있다. 3. 양념 구성 재료를 이용하여 양념을 만들 수 있다.
	3. 조리별 양념장 만들기	1. 조리별 양념장 제조에 필요한 재료를 준비할 수 있다. 2. 조리별 양념장 재료를 용도에 맞게 손질할 수 있다. 3. 재료를 이용하여 조리별 양념장을 만들 수 있다.
7. 복어 껍질초회 조리하기	1. 복어껍질 준비 하기	1. 복어껍질의 가시를 완전히 제거할 수 있다. 2. 손질된 복어껍질을 데치고 건조시킬 수 있다. 3. 건조된 복어껍질을 초회용으로 채썰 수 있다.
	2. 복어초회 양념 만들기	1. 재료의 비율에 맞게 초간장을 만들 수 있다. 2. 양념재료를 이용하여 양념을 만들 수 있다. 3. 초간장과 양념으로 초회 양념을 만들 수 있다.
	3. 복어껍질 무치기	1. 재료의 배합 비율을 용도에 맞게 조절할 수 있다. 2. 채썬 복어껍질을 초회 양념으로 무칠 수 있다. 3. 복어 껍질초회를 제시된 모양으로 담아낼 수 있다.
8. 복어 죽조리 하기	1. 복어 맛국물 준비하기	1. 맛국물을 내기 위한 전처리 작업을 준비할 수 있다. 2. 다시마로 맛국물을 내기 위해 준비할 수 있다. 3. 복어뼈로 맛국물을 내기 위해 준비할 수 있다.
	2. 복어 죽재료 준비하기	1. 밥을 물에 씻어 복어 죽 용도로 준비할 수 있다. 2. 쌀을 씻어 불려서 복어 죽 용도로 준비할 수 있다. 3. 부재료를 복어 죽용으로 준비할 수 있다.
	3. 복어 죽 끓여서 완성하기	1. 불린 쌀과 복어살 등으로 복어 죽을 만들 수 있다. 2. 씻은 밥과 복어살 등으로 복어 죽을 만들 수 있다. 3. 복어 죽의 종류별 차이점을 설명할 수 있다.
9. 복어 회 국화 모양조리하기	1. 복어살 전처리 작업하기	1. 복어살이 뼈에 붙어있지 않게 분리할 수 있다. 2. 복어살에 붙은 엷은 막을 제거할 수 있다. 3. 제거한 복어살을 회 장식에 사용할 수 있다. 4. 복어살의 어취와 수분을 제거할 수 있다.
	2. 복어 회뜨기	1. 복어살을 일정한 폭과 길이로 자를 수 있다. 2 복어 회의 끝부분을 삼각 접기할 수 있다. 3 복어 회를 국화모양으로 만들 수 있다.

| 복어 실기 수험자 지참준비물 |

번호	재료명	규격	단위	수량	비고
1	위생복	상의—백색/긴팔 하의—긴바지(색상 무관)	벌	1	위생복장(위생복, 위생모, 앞치마)을 착용하지 않을 경우 채점 대상에서 제외(실격)됩니다.
2	위생모 또는 머리수건	백색	EA	1	
3	앞치마	백색(남, 여 공용)	EA	1	
4	계량스푼	사이즈별	SET	1	
5	냄비	조리용	EA	1	시험장에도 준비되어 있음
6	랩, 호일	조리용	EA	1	
7	젓가락	나무젓가락 또는 쇠젓가락	EA	1	
8	칼	조리용칼, 칼집 포함	EA	1	눈금표시칼 사용 불가
9	가위	조리용	EA	1	
10	계량컵	200ml	EA	1	
11	공기	소	EA	1	
12	국대접	소	EA	1	
13	비닐팩	–	EA	1	
14	소창 또는 면포	30×30cm 정도	장	1	
15	숟가락	스테인리스제	EA	1	
16	도마	흰색 또는 나무도마	EA	1	시험장에도 준비되어 있음
17	위생행주		EA	1	
18	흑색볼펜		EA	1	필수
19	상비의약품	손가락골무, 밴드 등	EA	1	

※ 지참준비물의 수량은 최소 필요수량으로 수험자가 필요시 추가지참 가능합니다.

※ 칼, 계량스푼 등에 눈금표시가 있을 경우 지참 불가합니다.

| 공통 수검자 유의사항 |

1) 만드는 순서에 유의하며, 위생과 숙련된 기능평가를 위하여 조리작업 시 맛을 보지 않습니다.

2) 지정된 수험자 지참준비물 이외의 조리기구나 재료를 시험장 내에 지참할 수 없습니다.

3) 지급재료는 시험 전 확인하여 이상이 있을 경우 시험위원으로부터 조치를 받고 시험 중에는 재료의 교환 및 추가지급은 하지 않습니다.

4) 요구사항의 규격은 "정도"의 의미를 포함하며, 지급된 재료의 크기에 따라 가감하여 채점합니다.

5) 위생복, 위생모, 앞치마를 착용하여야 하며, 시험장비 · 조리도구 취급 등 안전에 유의합니다.

6) 다음 사항에 대해서는 **채점대상에서 제외**하니 특히 유의하시기 바랍니다.

　가) 기권 – 수험자 본인이 시험 도중 시험에 대한 포기 의사를 표현하는 경우

　나) 실격 – (1) 가스레인지 화구를 2개 이상(2개 포함) 사용한 경우

　　　　　　　(2) 불을 사용하여 만든 조리작품이 작품특성에 벗어나는 정도로 타거나 익지 않은 경우

　　　　　　　(3) 위생복, 위생모, 앞치마를 착용하지 않은 경우

　　　　　　　(4) 시험 중 시설 · 장비(칼, 가스레인지 등) 사용 시 시험위원 및 타 수험자의 시험 진행에 위해를 일으킬 것으로 시험위원 전원이 합의하여 판단한 경우

　다) 미완성 – (1) 시험시간 내에 과제 두 가지를 제출하지 못한 경우

　　　　　　　 (2) 문제의 요구사항대로 과제의 수량이 만들어지지 않은 경우

　라) 오작 – (1) 구이를 조림 등으로 조리하여 완성품을 요구사항과 다르게 만든 경우

　　　　　　　(2) 해당과제의 지급재료 이외의 재료를 사용하거나 석쇠 등 요구사항의 조리도구를 사용하지 않은 경우

　마) 요구사항에 표시된 실격, 미완성, 오작에 해당하는 경우

7) 항목별 배점은 위생상태 및 안전관리 5점, 조리기술 30점, 작품의 평가 15점입니다.

8) 시험시작 전 가벼운 몸 풀기(스트레칭) 동작으로 긴장을 풀고 시험을 시작합니다.

갑오징어명란무침(이카노사쿠라아에)

20분

지급재료 목록

1	갑오징어몸살	70g
2	명란젓	40g
3	무순	10g
4	청차조기잎(시소)	1장
5	청주	30ml
6	소금	2g

조리순서

재료 세척 ➔ 갑오징어 손질 후 채썰어 데치기 ➔ 명란젓 풀기 ➔ 데친 오징어, 명란으로 무치기 ➔ 담아내기

조리방법

1 무순과 청차조기잎은 찬물에 담근다.

2 갑오징어는 껍질을 벗기고 안쪽의 막을 제거한 후 포를 뜬 다음 두께 0.3cm 정도로 채썰어 미지근한 물에 청주를 넣고 데친다.

3 명란젓은 껍질을 제거하고 청주로 풀어준다.

4 데친 오징어와 풀어 놓은 명란젓은 소금 간을 하여 버무린다.

5 제출그릇에 청차조기잎을 펴고 무침을 담은 후 무순을 앞쪽으로 올려 낸다.

Point & Tip

- 갑오징어를 데치는 물의 온도가 높지 않은지 확인은 필수
- 명란젓은 알만 사용할 것

MEMO

된장국(미소시루)

🕐 **20**분

🌱 **주어진 재료를 사용하여 다음과 같이 된장국을 만드시오.**
요구사항

1 다시마와 가다랑어포(가쓰오부시)로 가다랑어국물(가쓰오다시)을 만드시오.

2 1×1×1cm로 썬 두부와 미역은 데쳐 사용하시오.

3 된장을 풀어 한소끔 끓여내시오.

조리순서

재료 세척 ➡ 미역 불리기 ➡ 육수 내기 ➡ 재료 썰기 ➡ 두부, 미역 데치기 ➡ 다시물에 된장 풀어 끓이기 ➡ 제출그릇에 두부, 미역 담기 ➡ 국물 붓기 ➡ 산초, 실파 뿌리기

조리방법

1 건미역을 찬물에 담가놓는다.

2 다시마를 젖은 면포로 닦아 찬물에 넣어 서서히 끓인다.

3 물이 끓어오르면 다시마를 건져내고 가다랑어포를 넣고 5분 정도 담근 후 면포에 걸러낸다.

4 1×1×1cm로 썬 두부는 끓는 물에 데치고 불린 미역도 데쳐서 1×1cm로 썬다.

5 실파는 송송 썰어 찬물에 씻어낸다.

6 냄비에 다시물을 붓고 된장을 풀어 청주를 넣고 거품을 건어내면서 한소끔만 끓인다.

7 제출그릇에 두부, 미역을 담고 된장국물을 부은 다음 실파와 산초가루를 뿌린다.

지급재료 목록

1	일본된장	40g
2	판두부	20g
3	실파	20g
4	건미역	5g
5	건다시마	1장
6	가다랑어포	5g
7	청주	20ml
8	산초가루	1g

Point & Tip

♣ 된장국은 오래 끓이지 않고 짜지 않게 해야 한다.

MEMO

대합맑은국 (하마구리노스이모노)

 요구사항

주어진 재료를 사용하여 다음과 같이 대합맑은국을 만드시오.

1 조개 상태를 확인한 후 해감하여 사용하시오.

2 다시마와 백합조개를 넣어 끓으면 다시마를 건져내시오.

—— 조리순서 ——

재료 세척 ➡ 대합 해감 ➡ 대합 삶기 ➡ 육수 끓이기 ➡ 제출그릇에 대합, 육수 붓기 ➡ 오리발, 쑥갓 올리기

—— 조리방법 ——

1 대합은 소금물에 담가 해감하고 쑥갓은 찬물에 담근다.

2 냄비에 물을 붓고 대합과 다시마를 넣어 대합의 입이 벌어질 때 바로 건져서 한쪽 껍질을 제거하고 제출그릇에 담는다.

3 대합국물에 청주, 소금, 간장을 넣고 살짝 끓여 대합이 담긴 그릇에 붓는다.

4 레몬 껍질로 오리발 모양을 만든다.

5 완성그릇에 쑥갓 잎과 오리발을 올린다.

—— 지급재료 목록 ——

1	백합조개	2개
2	쑥갓	10g
3	레몬	1/4개
4	건다시마	1장
5	청주	5ml
6	소금	10g
7	국간장	5ml

Point & Tip

▼ 국물은 맑고 깨끗하게 면포로 걸러준다.

▼ 대합을 오래 끓이면 살이 단단해진다.

▼ 조개의 살 쪽에 이물질을 제거한다.

MEMO

도미머리맑은국(다이노아타마노스이모노)

30분

요구사항

주어진 재료를 사용하여 다음과 같이 **도미머리맑은국**을 만드시오.

1 도미머리 부분을 반으로 갈라 50~60g 정도 크기로 사용하시오.(단, 도미는 머리만 사용하여야 하고, 도미 몸통(살) 사용할 경우 오작 처리)

2 소금을 뿌려 놓았다가 끓는 물에 데쳐 손질하시오.

3 다시마와 도미머리를 넣어 은근하게 국물을 만들어 간하시오.

4 대파의 흰 부분은 가늘게 채(시라가네기)썰어 사용하시오.

5 간을 하여 각 곁들일 재료를 넣어 국물을 부어 완성하시오.

조리순서

재료 세척 ➡ 도미 손질, 소금 뿌리기 ➡ 채소 손질 ➡ 도미 데치기 ➡ 도미 국물내기 ➡ 국물만 끓이기 ➡ 제출그릇에 도미머리, 국물, 장식

조리방법

1 전처리할 물을 올려놓는다.

2 도미는 비늘, 지느러미, 내장 제거 후 머리를 반으로 갈라 소금을 뿌렸다가 끓는 물에 데쳐서 이물질을 제거한다.

3 대파는 채썰어 찬물에 담그고 죽순은 편썰어 데친다.

4 데친 도미머리와 다시마를 넣고 끓이다가 다시마와 도미머리를 건져내고 국물을 면포에 걸러낸다.

5 육수에 청주, 소금, 간장을 넣고 살짝 끓인다.

6 제출그릇에 도미머리, 육수를 붓고 파채, 죽순, 레몬오리발을 올리고 완성한다.

지급재료 목록

1	도미	1마리
2	대파	1토막
3	죽순	30g
4	레몬	1/4개
5	건다시마	1장
6	청주	5ml
7	소금	20g
8	국간장	5ml

Point & Tip

🍴 도미머리를 자를 때 면포로 머리를 잡고 손질하면 안전하다.

🍴 도미머리를 자른 후 불순물을 잘 제거해야 국물이 맑게 나온다.

MEMO

도미조림(다이노아라타키)

30분

요구사항

주어진 재료를 사용하여 다음과 같이 도미조림을 만드시오.

1 손질한 도미를 5~6cm로 자르고 머리는 반으로 갈라 소금을 뿌리시오.

2 머리와 꼬리는 데친 후 불순물을 제거하시오.

3 냄비에 안쳐 양념하여 조리하시오.

4 완성 후 접시에 담고 생강채(하리쇼가)와 채소를 앞쪽에 담아내시오.

— 조리순서 —

재료 세척 ➡ 다시물 내기 ➡ 도미 손질, 소금 뿌리기 ➡ 채소 손질 ➡ 도미 데치기 ➡ 조림국물에 도미 윤기나게 조리기 ➡ 담아내기

— 조리방법 —

1 냄비에 물과 다시마를 넣고 다시물을 준비한다.

2 전처리할 물을 올려놓는다.

3 도미는 비늘, 지느러미, 내장을 제거하고 머리, 몸통, 꼬리로 자른 뒤 머리는 반으로 갈라 불순물을 제거하고 소금을 뿌려 두고 몸통과 꼬리는 칼집을 넣어 소금을 뿌려둔다.

4 우엉은 길이 5cm, 굵기 0.8cm 정도의 나무젓가락 모양으로 썬다.

5 생강은 하리쇼가하여 찬물에 담그고 꽈리고추는 꼭지를 떼고 칼집을 넣어 끓는 물에 소금을 넣고 데쳐 찬물에 헹궈놓는다.

6 끓는 물에 손질한 도미를 데치고 찬물에 헹구면서 불순물을 제거한다.

7 냄비에 우엉을 깔고 도미, 다시물, 청주, 맛술, 진간장, 설탕을 넣어 조리면서 국물을 자주 끼얹는다.

8 도미가 색이 나고 윤기가 보이면 꽈리고추를 넣고 간을 들인다.

9 제출그릇에 조린 도미를 담고 하리쇼가와 우엉, 꽈리고추를 앞쪽에 담아낸다.

Point & Tip

🍴 센 불 – 중불 – 약불로 조절해 가면서 윤기나게 조린다.

🍴 도미가 부서지지 않도록 국물을 끼얹어가며 조린다.

MEMO

우동볶음(야키우동)

30분

주어진 재료를 사용하여 다음과 같이 **우동볶음(야키우동)**을 만드시오.

요구사항

1 새우는 껍질과 내장을 제거하고 사용하시오.

2 오징어는 솔방울 무늬로 칼집을 넣어 1×4cm 정도 크기로 썰어서 데쳐 사용하시오.

3 우동은 데쳐서 사용하시오.

4 가다랑어포(하나가쓰오)를 고명으로 얹으시오.

— 조리순서 —

재료 세척 ➡ 재료 손질 ➡ 우동면, 해산물 데치기 ➡ 재료 볶기
➡ 담아내기 ➡ 가다랑어포 올리기

— 조리방법 —

1 숙주는 거두절미하고 양파, 당근, 피망, 표고버섯은 채썬다.

2 새우는 내장을 제거하고, 갑오징어 몸살은 껍질을 제거하고
솔방울무늬로 칼집을 넣어서 4×1cm 정도의 크기로 썰어
물에 소금을 넣고 데쳐서 새우는 껍질을 제거한다.

3 우동면은 끓는 물에 데쳐 찬물에 헹군 후 물기를 제거한다.

4 팬에 식용유를 두르고 양파, 당근, 표고버섯, 새우, 오징어,
숙주, 청피망을 볶은 후 우동면을 넣고 진간장, 청주, 맛술,
소금으로 맛을 낸 뒤 참기름을 넣고 버무려 완성한다.

5 제출그릇에 담고 가다랑어포를 얹는다.

— 지급재료 목록 —

1	우동	150g
2	작은 새우	3마리
3	갑오징어 몸살	50g
4	양파	1/8개
5	숙주	80g
6	생표고버섯	1개
7	당근	50g
8	청피망	1/2개
9	가다랑어포	10g
10	청주	30ml
11	맛술	15ml
12	진간장	15ml
13	식용유	15ml
14	참기름	5ml
15	소금	5g

Point & Tip

❗ 면을 삶은 후 식용유로 코팅하면 달라붙지 않아 좋다.

❗ 면은 퍼지지 않고 소스의 색이 잘 배어 있어야 한다.

MEMO

메밀국수(자루소바)

30분

요구사항

주어진 재료를 사용하여 다음과 같이 **메밀국수(자루소바)**를 만드시오.

1 소바다시를 만들어 얼음으로 차게 식히시오.

2 메밀국수는 삶아 얼음으로 차게 식혀서 사용하시오.

3 메밀국수는 접시에 김발을 펴서 그 위에 올려내시오.

4 김은 가늘게 채썰어(하리노리) 메밀국수에 얹어 내시오.

5 메밀국수, 양념(야쿠미), 소바다시를 각각 따로 담아내시오.

재료 세척 ➡ 소바다시 끓인 후 식히기 ➡ 야쿠미 만들기 ➡ 국수 삶기 ➡ 국수사리 김발 위에 담기 ➡ 국수, 야쿠미, 다시 제출

— 조리방법 —

1 다시마는 젖은 면포로 닦아 찬물에 넣어 끓어오르면 불을 끄고 가다랑어포를 넣어 5분 후 면포에 걸러낸다.

2 다시국물에 간장, 설탕, 청주, 맛술을 넣고 잠깐 끓인 소바다시는 얼음물에 차게 식힌다.

3 와사비는 물에 개어 모양내고, 김은 구워 곱게 채썬다.

4 실파는 송송 썰어 찬물에 씻고, 무는 곱게 갈아 흐르는 물에 씻어 물기를 짜놓는다.

5 메밀국수는 끓는 물에 넣어 삶다가 찬물을 2~3번 넣어 가면서 삶아 흐르는 물에 전분기를 제거한 다음 얼음물에 식힌 후 사리를 만들어 김발 위에 담는다.

6 접시에 김발을 놓고 국수를 담은 뒤 국수 위에 김채를 올린다.

7 메밀국수, 소바다시, 야쿠미를 각각 담아 제출한다.

— 지급재료 목록 —

1	메밀국수	150g
2	무	60g
3	실파	40g
4	김	1/2장
5	고추냉이	10g
6	가다랑어포	10g
7	건다시마	1장
8	진간장	50ml
9	흰 설탕	25g
10	청주	15ml
11	맛술	10ml
12	각얼음	200g

Point & Tip

🥄 국수는 물이 끓을 때 센 불에서 투명하게 삶아야 한다.

🥄 국수를 처음부터 저으면 면이 끊어질 수 있으니 유의한다.

🥄 야쿠미는 양념이다.

MEMO

소고기덮밥(규우니쿠노돈부리)

30분

주어진 재료를 사용하여 다음과 같이 **소고기덮밥**을 만드시오.

요구사항

1 덮밥용 양념간장(돈부리다시)을 만들어 사용하시오.

2 고기, 채소, 달걀은 재료 특성에 맞게 조리하여 준비한 밥 위에 올려놓으시오.

3 김을 구워 칼로 잘게 썰어(하리노리) 사용하시오.

재료 세척 ➡ 다시물 내기 ➡ 고기 물에 담그기 ➡ 재료 썰기 ➡ 돈부리다시에 고기, 채소 익히기 ➡ 달걀 풀기 ➡ 밥 위에 올리기 ➡ 김채 올리기

—— 조리방법 ——

1 다시마는 젖은 면포로 닦아 찬물에 넣고 끓어오르면 불을 끄고 가다랑어포를 넣어 5분 후 면포에 걸러낸다.

2 양파, 팽이버섯은 4cm 정도로 채, 실파는 어슷하게 썰고 김은 구워서 가늘게 채썬다.

3 소고기는 핏물을 제거한 후 편으로 썰고 달걀은 소금을 넣고 풀어 놓는다.

4 다시물, 간장, 설탕, 맛술을 넣어 덮밥다시를 만든다.

5 팬에 덮밥다시를 붓고 고기가 익으면 거품을 걷어내면서 양파, 실파, 팽이버섯을 넣고 달걀물을 펼치듯 끼얹는다.

6 밥 위에 덮밥재료를 밥이 보이지 않게 담고 채썬 김을 올린다.

지급재료 목록

1	밥	120g
2	소고기	60g
3	양파	1/3개
4	실파	20g
5	팽이버섯	10g
6	달걀	1개
7	김	1/4장
8	건다시마	1장
9	가다랑어포	10g
10	진간장	15ml
11	흰 설탕	10g
12	맛술	15ml
13	소금	2g

Point & Tip

- 돈부리는 그릇에 밥을 담고 밥 위에 반찬이 되는 요리를 올려놓은 것이다.
- 달걀을 70%만 익히고 국물양에 유의한다.

MEMO

문어초회 (다코노스노모노)

20분

요구사항

주어진 재료를 사용하여 다음과 같이 **문어초회**를 만드시오.

1 가다랑어국물을 만들어 양념초간장(도사즈)을 만드시오.

2 문어는 삶아 4~5cm 길이로 물결모양썰기(하조기리)를 하시오.

3 미역은 손질하여 4~5cm 정도 크기로 사용하시오.

4 오이는 둥글게 썰거나 줄무늬(자바라)썰기 하여 사용하시오.

5 문어초회 접시에 오이와 문어를 담고 양념초간장(도사즈)을 끼얹어 레몬으로 장식하시오.

— 조리순서 —

재료 세척 ➡ 다시물 내기 ➡ 오이자바라 절이기 ➡ 양념 만들기 ➡ 문어 삶아서 썰기 ➡ 미역 데쳐서 말기 ➡ 장식하여 담기

— 조리방법 —

1 다시마는 젖은 면포로 닦아 찬물에 넣어 끓어오르면 불을 끄고 가다랑어포를 넣어 5분 후 면포에 걸러낸다.

2 미역은 찬물에 불리고, 오이는 껍질의 가시를 제거한 후 한쪽에 2/3 정도 깊이의 칼집을 넣고 앞쪽으로 돌려서 다시 2/3 정도 깊이의 칼집을 넣어 소금물에 절여 놓는다.

3 삼바이즈를 다시물, 식초, 설탕, 간장으로 만든다.

4 문어는 끓는 물에 식초와 간장을 넣어 삶은 후 식혀서 4~5cm 정도 크기의 잔물결모양이 되도록 썰어 놓는다.

5 미역은 끓는 물에 소금을 넣고 살짝 데쳐서 겹쳐 돌돌 말아주고 4cm 길이로 자른다.

6 절여진 오이는 2cm 길이로 3개 정도 자른다.

7 제출그릇에 오이, 미역은 뒤쪽에 문어는 앞쪽에 놓고 레몬 장식과 삼바이즈를 끼얹는다.

— 지급재료 목록 —

1	문어다리	1개
2	건미역	5g
3	오이	1/2개
4	레몬	1/4개
5	건다시마	1장
6	가다랑어포	5g
7	진간장	20ml
8	흰 설탕	10g
9	식초	30ml
10	소금	10g

Point & Tip

🍴 문어가 질기지 않게 삶고 식은 후에 썬다.
🍴 오이자바라는 소금에 절여졌는지 확인한다.

MEMO

해삼초회(나마코노스노모노)

20분

주어진 재료를 사용하여 다음과 같은 해삼초회를 만드시오.

1 오이를 둥글게 썰거나 줄무늬(자바라)썰기하여 사용하시오.

2 미역을 손질하여 4~5cm 정도로 써시오.

3 해삼은 내장과 모래가 없도록 손질하고 힘줄(스지)을 제거하시오.

4 빨간 무즙(아카오로시)과 실파를 준비하시오.

5 초간장(폰즈)을 끼얹어 내시오.

— 조리순서 —

재료 세척 ➡ 다시물 내기 ➡ 오이자바라 절이기 ➡ 해삼 손질 ➡ 야쿠미 만들기 ➡ 미역 데쳐서 말기 ➡ 자바라, 미역, 해삼 담기 ➡ 폰즈, 야쿠미 담기

— 조리방법 —

1 다시마는 젖은 면포로 닦아 찬물에 넣고 끓어오르면 불을 끄고 가다랑어포를 넣어 5분 후 면포에 걸러낸다.

2 미역은 찬물에 불리고 오이는 껍질의 가시를 제거하고 한쪽에 2/3 정도 깊이의 칼집을 넣고 앞쪽으로 돌려서 다시 2/3 정도 깊이의 칼집을 넣어 소금물에 절여 놓는다.

3 해삼은 배를 갈라 내장, 힘줄을 제거하고 입과 항문을 잘라낸 다음 소금으로 비벼 씻어 물에 헹군 후, 먹기 좋게 썰어 놓는다.

4 무는 강판에 갈아서 물에 씻은 후, 물기를 제거하고 고운 고춧가루로 버무려 모양을 만들고 실파는 송송 썰어 찬물에 헹군다.

5 미역은 끓는 물에 소금을 넣고 살짝 데쳐서 돌돌 말아준 후 4cm 길이로 자른다.

6 절여진 오이는 2cm 길이로 3개 정도 자른다.

7 삼바이즈를 다시물, 간장, 식초로 만든다.

8 제출그릇에 오이, 미역은 뒤쪽에 해삼은 앞쪽에 놓고 레몬, 빨간 무즙, 송송 썬 실파를 담고 삼바이즈를 끼얹는다.

— 지급재료 목록 —

1	해삼	100g
2	건미역	5g
3	오이	1/2개
4	실파	20g
5	무	20g
6	레몬	1/4개
7	건다시마	1장
8	가다랑어포	10g
9	식초	15ml
10	진간장	15ml
11	소금	5g
12	고춧가루	5g

Point & Tip

📍 해삼의 내장 쪽은 소금으로 문질러 씻는다.

📍 미역은 오래 데치지 않는다.

MEMO

달걀찜(자완무시)

30분

주어진 재료를 사용하여 다음과 같이 **달걀찜**을 만드시오.

요구사항

1 찜 속재료는 각각 썰어 간 하시오.

2 나중에 넣을 것과 처음에 넣을 것을 구분하시오.

3 가다랑어포로 다시(국물)를 만들어 식혀서 달걀과 섞으시오.

—— 조리순서 ——

재료 세척 ➡ 다시물 내기 ➡ 재료 썰어 데치기 ➡ 달걀 풀기 ➡ 그릇에 재료와 달걀 담기 ➡ 중탕으로 찜하기 ➡ 오리발, 쑥갓 장식

—— 조리방법 ——

1 다시마는 젖은 면포로 닦아 찬물에 넣고 끓어오르면 불을 끄고 가다랑어포를 넣어 5분 후 면포에 걸러낸다.

2 찜 속재료는 사방 1cm 크기로 썰어 놓는다.

3 닭고기살은 간장, 술로, 흰살생선은 소금, 술로 밑간하여 끓는 물에 데친다.

4 새우는 내장을 제거하고, 어묵, 죽순, 표고, 은행은 데치고, 밤은 구워서 검댕이를 씻어내어 3등분한다.

5 달걀은 다시물, 소금, 맛술을 넣고 잘 저은 후 체에 내린다.

6 찜그릇에 속재료를 넣고 달걀물을 부어 약불에서 15분 찌고 완성되면 쑥갓잎과 레몬오리발을 올려 뜸을 들여 제출한다.

—— 지급재료 목록 ——

1	달걀	1개
2	잔새우	1마리
3	어묵	15g
4	닭고기살	20g
5	흰살생선	20g
6	생표고버섯	1/2개
7	밤	1/2개
8	은행	2개
9	죽순	10g
10	쑥갓	10g
11	레몬	1/4개
12	건다시마	1장
13	가다랑어포	10g
14	진간장	10ml
15	청주	10ml
16	맛술	10ml
17	소금	5g
18	이쑤시개	1개

Point & Tip

🍴 찜할 때 불이 세면 겉면이 거칠게 된다.
🍴 달걀의 2배 정도 다시물을 넣으면 부드럽게 된다.

MEMO

도미술찜(다이노사카무시)

30분

요구사항

주어진 재료를 사용하여 다음과 같이 **도미술찜**을 만드시오.

1 머리는 반으로 자르고, 몸통은 세장뜨기 하시오.
2 손질한 도미살을 5~6cm 정도 자르고 소금을 뿌려, 머리와 꼬리는 데친 후 불순물을 제거하시오.
3 청주를 섞은 다시(국물)에 쪄내시오.
4 당근은 매화꽃, 무는 은행잎 모양으로 만들어 익혀내시오.
5 초간장(폰즈)과 양념(야쿠미)을 만들어 내시오.

── 조리순서 ──

재료 세척 ➡ 다시물 내기 ➡ 도미 손질 ➡ 소금 뿌리기 ➡ 채
소 손질·데치기 ➡ 도미 데치기 ➡ 양념 준비 ➡ 장식하여 찌
기 ➡ 폰즈, 야쿠미와 제출

── 조리방법 ──

1 쑥갓은 찬물에 담그고, 다시마는 젖은 면포로 닦아 찬물에
   넣고 끓어오르면 불을 끈다.

2 도미는 비늘, 내장을 제거하고 머리는 반 자르고, 몸통은 세
   장 뜨기, 꼬리는 통으로 잘라 칼집을 넣고 소금을 뿌려둔다.

3 끓는 물에 소금을 넣고 무는 은행잎, 당근은 매화꽃, 표고버
   섯은 별모양, 배추, 죽순, 쑥갓 줄기를 데친다.

4 소금 뿌린 도미를 세척하여 끓는 물에 데친 후 찬물에서 깨
   끗이 세척한다.

5 무는 강판에 갈아 찬물에 헹군 후 물기를 짜서 고운 고춧가
   루 물을 들이고 실파는 송송 썰어 물에 씻어주고, 레몬은 반
   달로 썰어 야쿠미를 만든다.

6 다시물, 간장, 식초로 폰즈를 만든다.

7 데친 배추를 김발 위에 놓고 데친 쑥갓 줄기를 올려 돌돌
   말아 썬다.

8 제출그릇에 배추말이, 무, 당근, 두부, 죽순, 표고버섯, 도미
   를 담고 다시물, 청주, 소금을 넣어 중탕으로 찐 후 쑥갓잎을
   올려 낸다. 폰즈와 야쿠미를 곁들인다.

Point & Tip

🍴 도미가 부서지지 않게 손질하고 불순물을 잘 제거한다.

🍴 배추말이, 표고버섯의 물을 많이 제거해야 한다.

── 지급재료 목록 ──

1	도미	1마리
2	배추	50g
3	당근	60g
4	무	50g
5	판두부	50g
6	생표고버섯	1개
7	죽순	20g
8	쑥갓	20g
9	레몬	1/4개
10	실파	20g
11	건다시마	1장
12	진간장	30ml
13	식초	30ml
14	청주	30ml
15	소금	5g
16	고춧가루	2g

MEMO

김초밥(노리마키스시)

25분

요구사항

주어진 재료를 사용하여 다음과 같이 **김초밥**을 만드시오.

1 박고지, 달걀말이, 오이 등 김초밥 속재료를 만드시오.

2 초밥초를 만들어 밥에 간하여 식히시오.

3 김초밥은 일정한 두께와 크기로 8등분하여 담으시오.

4 간장을 곁들여 제출하시오.

── 조리순서 ──────────────

재료 세척 ➔ 박고지 불리기 ➔ 배합초에 밥 버무리기 ➔ 초생
강 만들기 ➔ 오이 절이기 ➔ 달걀말이 ➔ 박고지 데쳐서 조리
기 ➔ 김초밥 말기 ➔ 김초밥 썰어 담아내기

── 조리방법 ──────────────

1 청차조기잎은 찬물에, 박고지는 뜨거운 물에 담가둔다.

2 식초, 설탕, 소금으로 배합초를 만들어 밥이 따뜻할 때 골고
루 섞어 면포로 덮어 놓는다.

3 생강은 얇게 편썰어 끓는 물에 데쳐서 배합초에 담근다.

4 오이는 길게 썰어 소금에 살짝 절이고 달걀은 풀어서 소금,
설탕을 넣고 말이하여 김발로 말아 놓는다.

5 불린 박고지는 끓는 물에 데친 후 물, 간장, 설탕, 맛술로 조
림장을 만들어 윤기나게 조린다.

6 김을 구워서 김발 위에 올리고 밥을 김의 2/3만 펴고 초밥
중앙에 오보로 놓고, 절인 오이, 달걀말이, 박고지를 넣고 밥
의 끝과 끝이 맞닿게 한번에 만 다음 8개를 자른다.

7 제출그릇에 청차조기잎을 놓고 김초밥을 중앙에, 오른쪽 앞
쪽에 초생강을 담고 간장을 곁들인다.

지급재료 목록

1	김	1장
2	밥	200g
3	달걀	2개
4	박고지	10g
5	오이	1/4개
6	통생강	30g
7	오보로	10g
8	청차조기잎	1장
9	진간장	20ml
10	흰 설탕	50g
11	식초	70ml
12	소금	20g
13	맛술	10ml
14	식용유	10ml

Point & Tip

🍴 박고지를 불릴 때 뜨거운 물과 설탕을 넣고 뚜껑을 닫는다.

🍴 달걀말이는 달걀이 익기 전에 돌돌 말아 풀리지 않게 한다.

🍴 생선오보로는 흰살생선을 쪄서 건조한 후 색을 낸 것이다.

MEMO

생선초밥(니기리스시)

40분

주어진 재료를 사용하여 다음과 같이 **생선초밥**을 만드시오.

요구사항

1 각 생선류와 채소를 초밥용으로 손질하시오.

2 초밥초(스시스)를 만들어 밥에 간하여 식히시오.

3 곁들일 초생강을 만드시오.

4 쥔초밥(니기리스시)을 만드시오.

5 생선초밥은 8개를 만들어 제출하시오.

6 간장을 곁들여 내시오.

재료 세척 ➡ 배합초에 밥 버무리기 ➡ 초생강 만들기 ➡ 와사비풀기 ➡ 생선 자르기 ➡ 밥 쥐기 ➡ 담아내기

— 조리방법 —

1 생선은 연한 소금물로 씻어 면포에 올려두고, 청차조기잎은 찬물에 담가둔다.

2 식초, 설탕, 소금으로 배합초를 만들어 밥이 따뜻할 때 골고루 섞어 면포로 덮어놓는다.

3 생강은 얇게 편썰어 끓는 물에 데쳐서 배합초에 담근다.

4 와사비는 찬물에 풀어 개어 놓는다.

5 문어는 간장, 식초물에 삶아 물결모양으로 잘라 놓는다.

6 새우는 내장을 꺼내고 대꼬챙이를 끼워 삶아서 식힌 다음 머리를 떼어내고 껍질을 벗겨 배 쪽에서 펼친다.

7 광어살, 학꽁치, 도미살은 껍질을 제거하고 학꽁치는 껍질 쪽에 칼집을 넣고 포를 뜬다.

8 참치살은 도톰하게 자른다.

9 손에 배합초를 묻히고 1인분씩 밥을 쥐고 생선에 와사비를 발라 뭉쳐놓은 밥 위에 올린다.

10 제출그릇에 청차조기잎을 펴고 초밥 8개, 초생강을 담고 간장을 곁들인다.

— 지급재료 목록 —

1	참치살	30g
2	광어살	50g
3	새우	1마리
4	학꽁치	1/2마리
5	도미살	30g
6	문어	50g
7	밥	200g
8	통생강	30g
9	청차조기잎	1장
10	고추냉이	20g
11	진간장	20ml
12	흰 설탕	50g
13	식초	70ml
14	소금	20g
15	대꼬챙이	1개

Point & Tip

🔸 배합초를 많이 넣어 밥이 질지 않게 한다.

🔸 초밥의 크기가 일정하게 손에 쥔다.

🔸 배합초에 버무릴 밥은 사람 체온과 비슷한 온도가 적당하고 버무릴 때 부채질을 해가면서 한다.

MEMO

참치김초밥(뎃카마키)

20분

주어진 재료를 사용하여 다음과 같이 **참치김초밥**을 만드시오.

요구사항

1 김을 반장으로 자르고, 눅눅하거나 구워지지 않은 김은 구워 사용하시오.

2 고추냉이와 초생강을 만드시오.

3 초밥 2줄은 일정한 크기로 12개 잘라 내시오.

4 간장을 곁들여 내시오.

── 조리순서 ──

재료 세척 ➡ 배합초에 밥 버무리기 ➡ 초생강 만들기 ➡ 참치 자르기 ➡ 와사비 풀기 ➡ 김 굽기 ➡ 초밥 말기 ➡ 썰어 담기

── 조리방법 ──

1 참치는 해동시켜 면포에 싸두고, 청차조기잎은 찬물에 담가둔다.

2 식초, 설탕, 소금으로 배합초를 만들어 밥이 따뜻할 때 골고루 섞어 면포로 덮어 놓는다.

3 생강은 얇게 편썰어 끓는 물에 데쳐서 단촛물에 담근다.

4 해동된 참치는 길이에 맞게 자른다.

5 와사비는 찬물에 풀어 개어 놓고 김은 구워서 짧은 쪽으로 반 자른다.

6 김발 위에 구운 김을 올리고 밥을 펴서 와사비, 참치를 넣어 사각으로 만다.

7 초밥 2줄을 말아 12쪽으로 썰어낸다.

8 제출그릇에 청차조기잎을 펴고 초밥 12개를 가지런히 담고, 초생강을 오른쪽 앞쪽으로 담으며, 간장을 곁들인다.

── 지급재료 목록 ──

1	참치살	100g
2	김	1장
3	밥	120g
4	통생강	20g
5	청차조기잎	1장
6	고추냉이	15g
7	진간장	10ml
8	흰 설탕	50g
9	식초	70ml
10	소금	20g

Point & Tip

🥄 김 위에 밥을 2/3만 올려서 밥이 김 밖으로 나오지 않게 한다.

🥄 칼을 젖은 면포로 닦아가면서 김밥을 썬다.

MEMO

삼치소금구이 (사와라노시오야키)

30분

주어진 재료를 사용하여 다음과 같이 **삼치소금구이**를 만드시오.

요구사항

1 삼치는 세장 뜨기한 후 소금을 뿌려 10~20분 후 씻고 쇠꼬챙이에 끼워 구워내시오.
  (단, 석쇠를 사용할 경우 감점 처리)

2 채소는 각각 초담금 및 조림을 하시오.

3 구이 그릇에 삼치소금구이와 곁들임을 담아 완성하시오.

4 길이 10cm 정도로 2조각을 제출하시오.

조리순서

재료 세척 ➡ 삼치 손질 ➡ 소금 뿌리기 ➡ 무 절이기 ➡ 우엉
조리기 ➡ 삼치 굽기 ➡ 장식하여 담아내기

조리방법

1 깻잎은 물에 담그고, 다시마는 젖은 면포로 닦아 찬물에 넣
고 끓어오르면 불을 끈다.

2 삼치는 껍질 쪽에 칼집을 넣고 3장 뜨기하여 소금을 듬뿍
뿌려 놓는다.

3 무는 3cm 정도로 썰어 가로, 세로로 잘게 칼집을 넣어 물,
식초, 설탕, 소금에 절인다.

4 우엉은 껍질을 벗겨내고 젓가락 모양으로 썰고, 냄비에 식용
유를 넣어 볶으면서 청주를 넣어 알코올을 날려주고 다시물,
간장, 설탕, 맛술을 넣어 윤기나게 조린다.

5 삼치는 소금을 씻어내고 꼬챙이에 끼워 타지 않게 구워낸다.

6 조린 우엉 끝에는 깨를 묻히고, 무절임은 손으로 펼친 후 레
몬껍질을 잘게 다져 올린다.

7 제출그릇에 깻잎을 펴고 삼치구이, 우엉조림, 무절임, 레몬
을 담아 낸다.

지급재료 목록

1	삼치	1/2마리
2	무	50g
3	우엉	60g
4	레몬	1/4개
5	깻잎	1장
6	건다시마	1장
7	진간장	30ml
8	흰 설탕	30g
9	식초	30ml
10	소금	30g
11	청주	15ml
12	맛술	10ml
13	흰 참깨	2g
14	식용유	10ml
15	쇠꼬챙이	3개

Point & Tip

- 삼치 껍질에 칼집을 깊게 넣으면 구이할 때 부서질 수
있다.
- 꼬챙이에 식용유를 바른 후 껍질과 살 사이에 끼워야 안
정감이 있다.
- 삼치를 구운 후 꼬챙이를 뺄 때는 꼬챙이를 돌려가면서
빼낸다.

MEMO

소고기간장구이(규우니쿠노데리야키)

20분

요구사항

주어진 재료를 사용하여 다음과 같이 **소고기간장구이**를 만드시오.

1 양념간장(다레)과 생강채(하리쇼가)를 준비하시오.

2 소고기를 두께 1.5cm, 길이 3cm로 자르시오.

3 프라이팬에 구이를 한 다음 양념간장(다레)을 발라 완성하시오.

── 조리순서 ──

재료 세척 ➡ 다시물 내기 ➡ 고기 손질 ➡ 하리쇼가 물에 담그기 ➡ 소스 만들기 ➡ 고기 굽기 ➡ 썰어서 장식하여 담기

── 조리방법 ──

1 다시마는 젖은 면포로 닦아 찬물에 넣고 끓어오르면 불을 끈다.

2 소고기는 핏물과 힘줄을 제거하고 오그라들지 않게 잔 칼집을 넣어 소금, 후추로 밑간을 한다.

3 생강은 곱게 채썰어 물에 담가 매운맛을 없앤다.

4 다시물, 간장, 설탕, 청주, 맛술을 넣고 양념간장이 반이 되게 조린다.

5 팬을 달군 후 기름을 두르고 밑간한 소고기를 앞뒤로 익히고 데리야키 소스를 발라가면서 굽는다.

6 구운 소고기를 길이 3cm, 두께 1.5cm로 자른다.

7 제출그릇에 깻잎을 올리고 소고기를 중앙에 가지런히 담은 후 데리야키 소스를 덧바르고 산초가루를 뿌린 다음 오른쪽 앞쪽에 생강채를 담아 낸다.

── 지급재료 목록 ──

1	소고기	160g
2	통생강	30g
3	깻잎	1장
4	건다시마	1장
5	진간장	50ml
6	흰 설탕	30g
7	청주	50ml
8	맛술	50ml
9	소금	20g
10	검은 후춧가루	5g
11	산초가루	3g
12	식용유	100ml

Point & Tip

🍴 힘줄 부근에는 칼집을 많이 넣는다.

🍴 핏물이 흐르지 않게 익히며, 윤기가 흐르게 완성한다.

MEMO

전복버터구이(이와비노파다야키)

25분

재료 세척 ➡ 채소 썰기 ➡ 전복 분리 ➡ 내장 데치기 ➡ 재료
볶기 ➡ 장식하여 담아내기

지급재료 목록

1	전복	150g
2	양파	1/2개
3	청피망	1/2개
4	은행	5개
5	청차조기잎	1장
6	버터	20g
7	청주	20ml
8	소금	15g
9	검은 후춧가루	2g
10	식용유	30ml

조리방법

1 청차조기잎은 물에 담그고 양파와 청피망은 전복 크기로
썬다.

2 냄비에 물을 올린다.

3 전복은 소금으로 문질러 씻어 표면의 이물질을 제거하고 껍
질과 몸통으로 분리한 후 이빨을 제거하고, 전복살은 칼집
을 넣어 저며썰고 내장의 모래주머니를 제거하고 데친다.

4 은행은 팬에 기름을 두르고 볶아 껍질을 제거한다.

5 팬에 식용유를 두르고 양파, 전복, 청피망을 볶은 다음 버
터, 전복내장을 넣어 볶으면서 은행을 넣고 소금, 후추, 청
주로 간을 한다.

6 제출그릇에 청차조기잎을 깔고 볶은 전복과 채소를 담아
낸다.

Point & Tip

🍃 전복 껍질이 얇은 쪽(열린 쪽)으로 계량스푼을 이용하여
살을 분리한다.

🍃 버터가 뭉치지 않도록 주의한다.

MEMO

달걀말이(다시마키타마고)

25분

주어진 재료를 사용하여 다음과 같이 달걀말이를 만드시오.

요구사항

1 달걀과 가다랑어국물(가쓰오다시), 소금, 설탕, 맛술(미림)을 섞은 후 체에 걸러 사용하시오.

2 젓가락을 사용하여 달걀말이를 한 후 김발을 이용하여 사각모양을 만드시오.

　(단, 달걀을 말 때 주걱이나 손을 사용할 경우 감점 처리)

3 길이 8cm, 높이 2.5cm, 두께 1cm 정도로 썰어 8개를 만들고, 완성되었을 때 틈새가 없도록 하시오.

4 달걀말이(다시마키)와 간장무즙을 접시에 보기 좋게 담아내시오.

─── 조리순서 ───

재료 세척 ➡ 다시물 내기 ➡ 달걀 풀어 체 내리기 ➡ 달걀말이 하기 ➡ 달걀말이 김발로 감싸기 ➡ 무즙 만들기 ➡ 식은 후 썰기 ➡ 장식과 담아내기

─── 조리방법 ───

1 다시마는 젖은 면포로 닦아 찬물에 넣고 끓어오르면 불을 끄고 가다랑어포를 넣어 5분 후에 면포에 걸러낸다.

2 달걀을 풀고 다시물, 소금, 설탕, 맛술을 섞어서 체에 내린다.

3 달걀말이팬을 달군 후 식용유를 바르고 달걀물을 부어가면서 젓가락으로 말이를 한 후 김발로 사각모양을 잡는다.

4 무를 강판에 갈아 찬물에 헹군 후 진간장을 첨가하여 간장 무즙을 완성한다.

5 달걀말이가 식으면 길이 8cm, 높이 2.5cm, 두께 1cm 정도로 8개를 썰어 청차조기잎을 깔고 가지런히 담고 간장무즙을 곁들인다.

─── 지급재료 목록 ───

1	달걀	6개
2	무	100g
3	건다시마	1장
4	가다랑어포	10g
5	청차조기잎	2장
6	진간장	30ml
7	흰 설탕	20g
8	소금	10g
9	맛술	20ml
10	식용유	50ml

Point & Tip

• 말이할 때 기름양과 불의 온도에 유의한다.
• 온도가 높으면 녹변현상이 날 수 있다.
• 다시물은 충분히 식혀서 사용한다.
• 젓가락과 손목의 스냅만으로 말이를 한다.

MEMO

복어조리기능사 실기

56분

 위생과 안전에 유의하고, 지급된 재료 및 시설을 이용하여 아래 작업을 완성하시오.
(1과제 : 복어부위감별 1분, 2과제 : 조리작업 55분)

요구사항 **[1과제]** 제시된 복어 부위별 사진을 보고 1분 이내에 부위별 명칭을 답안지의 네모칸 안에 작성하여 제출하시오.

[2과제] 소제와 제독작업을 철저히 하여 복어회, 복어껍질초회, 복어죽을 만드시오.

1 복어의 겉껍질과 속껍질을 분리하여 손질하고 가시는 제거하시오.

2 회는 얇게 포를 떠 국화꽃 모양으로 돌려 담고, 지느러미 · 껍질 · 미나리를 곁들이고, 초간장(폰즈)과 양념(야쿠미)을 따로 담아내시오.

3 복어껍질초회는 폰즈, 미나리, 실파 · 빨간 무즙(모미지오로시)을 사용하여 무쳐내시오.

4 껍질, 미나리 등은 4cm 정도 길이로 썰어 사용하시오.

5 죽은 밥을 씻어 사용하고, 살은 가늘게 채썰거나 뼈에 붙은 살을 발라내어 사용하고, 당근 · 표고버섯은 다지고, 뼈와 다시마로 다시를 만들고, 달걀은 완성 전에 넣어 섞어주고, 채썬 김을 얹어 완성하시오.

복어부위감별

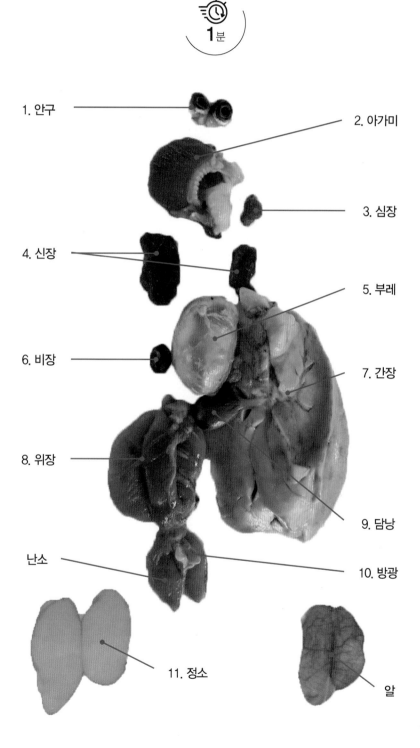

1분

1. 안구
2. 아가미
3. 심장
4. 신장
5. 부레
6. 비장
7. 간장
8. 위장
9. 담낭
난소
10. 방광
11. 정소
알

복어껍질초회

주어진 재료를 사용하여 다음과 같이 **복어껍질초회**를 만드시오.

요구사항

1 복어껍질초회는 폰즈, 미나리, 실파·빨간 무즙(모미지오로시)을 사용하여 무쳐내시오.

2 껍질, 미나리 등은 4cm 정도 길이로 썰어 사용하시오.

껍질 데쳐놓기 ➡ 미나리 · 실파 썰기 ➡ 빨간 무즙 만들기 ➡
폰즈 만들기 ➡ 껍질 채썰기 ➡ 버무리기 ➡ 담기

—— 조리방법 ——

1 가시를 제거한 복어 껍질은 끓는 물에 데쳐 찬물에 식혀 면
   포에 싸놓는다.

2 미나리는 4cm 정도의 길이로 썬다.

3 실파는 송송 썰어 찬물에 헹구어 수분을 제거한다.

4 무는 강판에 갈아 매운맛을 뺀 다음 고춧가루 물을 들여 빨
   간 무즙을 만든다.

5 간장 1T, 다시물 1T, 식초 1T를 섞어 폰즈를 만든다.

6 복어 껍질은 4cm로 썰어 놓는다.

7 채썬 복어껍질, 미나리, 실파, 빨간 무즙을 섞고 폰즈로 간을
   하여 고루 버무린다.

8 제출그릇에 담고 레몬 껍질을 채썰어 올린다.

—— 지급재료 목록 ——

1	복어 껍질
2	복어살
3	미나리
4	실파
5	무
6	고춧가루
7	레몬
8	다시마
9	간장
10	식초
11	소금

Point & Tip

🍴 껍질 안의 속껍질을 완벽하게 벗겨야 도마에 잘 밀착되어
   가시가 잘 벗겨진다.

🍴 젖은 면포에 껍질을 감싸놓으면 말리지 않아 채썰기가
   수월하다.

MEMO

복어죽(조우스이)

주어진 재료를 사용하여 다음과 같이 **복어죽**을 만드시오.

1 죽은 밥을 씻어 사용하고, 살은 가늘게 채썰거나 뼈에 붙은 살을 발라내어 사용하고, 당근·표고버섯은 다지고, 뼈와 다시마로 다시를 만들고, 달걀은 완성 전에 넣어 섞어주고, 채썬 김을 얹어 완성하시오.

뼈 다시물 내기 ➡ 당근, 표고 다지기 ➡ 밥 전분기 없애기 ➡
김구워 채썰기 ➡ 달걀 풀어 놓기 ➡ 죽 완성하기 ➡ 담기 ➡
죽 위에 김 올리기

── 조리방법 ────────────────

1 다시마와 데친 복어뼈를 넣고 복어죽 다시를 만든 다음 면
포에 걸러놓고 뼈에 붙어 있는 살을 발라놓는다.(회를 뜨고
남은 살은 채썰어 사용하기도 한다.)

2 당근과 표고는 다져놓는다.

3 밥은 흐르는 물로 충분히 헹구어 전분기(찰기)를 없애준다.

4 김은 구워 곱게 채썰어 놓는다.

5 달걀은 전량 풀어놓는다.

6 냄비에 면포에 걸러놓은 뼈 다시물을 넣고 끓으면 전분기
제거한 밥을 넣는다.

7 ⑥이 끓으면 다져놓은 당근과 표고, 채썰어 놓은 살을 넣
고 끓인다.

8 죽이 끓어 오르면 거품을 제거하고 소금 간을 하고 달걀을
풀어 고루 섞어주며 바로 불을 끈다.

9 그릇에 죽을 담고 채썬 김을 얹는다.

── 지급재료 목록 ─────

1	밥
2	복어살
3	복어뼈
4	당근
5	표고버섯
6	달걀
7	김
8	다시마
9	소금

Point & Tip

🍶 김 보관을 위해 비닐 팩을 준비해도 좋다.

🍶 죽을 오래 끓이면 끈기가 나니 물을 많이 넣지 않도록
한다.

MEMO

복어회국화모양

🌸 주어진 재료를 사용하여 다음과 같이 **복어회국화모양**을 만드시오.
요구사항
1 복어의 겉껍질과 속껍질을 분하여 손질하고 가시는 제거하시오.

2 회는 얇게 포를 떠 국화꽃 모양으로 돌려 담고, 지느러미·껍질·미나리를 곁들이고, 초간장(폰즈)과
양념(야쿠미)을 따로 담아내시오.

—— 조리순서 ——

재료 확인·세척 ➡ 육수 내기 ➡ 지느러미 제거 ➡ 입(주둥이) 분리 ➡ 입 점질물 제거 ➡ 껍질 제거 ➡ 머리·내장 분리 ➡ 눈알 제거 ➡ 배꼽 제거 ➡ 몸통 씻기 ➡ 3장 뜨기 ➡ 복어살 막 제거 ➡ 횟감 옅은 소금물에 담그기 ➡ 껍질 벗기기 ➡ 껍질, 막 데치기 ➡ 양념 만들기 ➡ 회 떠서 접시에 담기 ➡ 회 접시에 장식하기

—— 조리방법 ——

1 복어 표면에 이물질을 깨끗이 씻어서 물기를 닦는다.

2 냄비에 물을 붓고 다시마를 넣어 다시물을 만든다.

3 지느러미를 제거하고 옆지느러미는 소금으로 문질러 씻은 다음 긴 부분 한 가닥을 갈라 나비 더듬이를 만든다.

4 코 밑으로 칼을 넣어 혀가 잘리지 않도록 입(주둥이)을 자르고, 자른 주둥이는 윗니 사이에 칼을 넣어 자른 다음 주둥이 안에 있는 점액질을 소금으로 문질러 깨끗이 씻어 물에 담가 놓는다.

5 눈 아래 칼집을 넣고 몸통 옆에 칼을 눕혀 살에 흠이 가지 않도록 가른 다음 등 쪽과 배 쪽 껍질을 잡아당겨 껍질을 분리한 후 물에 담가 놓는다.

6 아가미와 머리뼈 사이에 첫 번째 칼집을 넣고 몸통과 머리 사이가 직각이 되게 잘라서 갈비뼈가 분리되도록 칼금을 넣는다.

7 머리 앞부분에 칼집을 넣고 누르며 아가미와 갈비뼈를 움켜쥐고 잡아당겨 몸통과 내장을 분리하고 식용부위는 연한 소금물에 담가둔다.

8 눈알을 제거하고, 머리를 자른 다음 뼈는 반을 갈라 골수와 이물질을 깨끗이 제거해서 연한 소금물에 담근다.

9 배꼽을 분리 세척 후 물에 담가 놓고 배꼽 뗀 자리와 뼈 부분을 깨끗이 씻어준다.

10 살을 3장 뜨기하여 하얀 막부분을 분리한 다음 연한 소금물에 잠시 담가놓았다가 깨끗한 면포에 싸놓는다.

11 껍질 안쪽의 막을 제거한 후 도마에 밀착시킨 다음 가시를 제거한다.

12 끓는 물에 장식용 살과 껍질을 데쳐 찬물에 헹군 후 면포에 싸서 물기를 제거해 채썰어 놓는다.

13 미나리는 5cm 정도로 자르고, 실파는 송송 썰어 찬물에 헹구어 매운맛을 제거해 놓고, 레몬은 반달모양으로 썬다.

14 무는 강판에 갈아 찬물에 헹군 다음 물기를 제거하고 고춧가루 물을 들여놓는다.

15 간장 1T, 다시물 1T, 식초 1T으로 폰즈와 야쿠미(무, 실파, 레몬)를 만든다.

16 도마에 살을 밀착한 다음 칼을 눕혀 가볍게 당겨 일정한 두께의 회를 뜬다.

17 첫 회는 12시 방향에 놓고 시계 반대방향으로 돌려가면서 국화꽃 모양의 회를 담아준다.

18 국화꽃 모양의 회 접시에 말린 옆지느러미와 데친 살을 이용하여 나비모양 장식과 채썬 껍질과 미나리로 장식한다.

19 복어회, 야쿠미, 폰즈를 함께 제출한다.

III

부록

조리용어

■ **조리도구용어**

- **가나구시** : 구이를 하는 쇠꼬챙이
- **데바보쵸** : 주로 뼈를 바르거나 절단할 때 사용하며, 육류나 어패류를 자르거나 포 뜰 때도 사용
- **사시미보초** : 가늘고 긴 형태의 칼로 사시미 칼로 사용
- **스시와꾸** : 초밥틀
- **스키야키나베** : 전골냄비
- **오히쓰** : 나무밥통
- **우스바보초** : 주로 채소를 써는 데 사용
- **이시나베** : 돌냄비

■ **식재료 썰기용어**

- **가쓰리라무키** : 무, 당근 등을 상하 둘레의 길이가 같은 크기의 원기둥 모양으로 깎은 다음 이것을 돌려가면서 껍질을 벗기듯이 얇게 깎아 채로 자르기. 겡이라 함
- **나나메기리(어슷하게 썰기)** : 대파, 우엉, 당근, 땅두릅 등을 적당한 두께로 옆으로 어슷하게 대각선으로 자르기. 조림요리에 이용
- **멘토리(각돌려깎기)** : 무, 감자 등 모가 난 것을 돌려깎기
- **미진기리(곱게 다지기)** : 마늘, 생강, 파슬리 등을 채썰기한 것을 다시 아주 곱게 다진 것. 찜요리, 무침요리, 맑은 국물요리, 양념 등에 사용
- **사사가키** : 칼 앞날로 얇고 길게 연필을 깎듯이 돌리면서 깎기

- **자바라큐리** : 오이를 비스듬히 절반만 잘고 어슷하게 칼집을 넣은 뒤 뒤집어 반대쪽도 칼
  집을 잘게 넣어 자름(초회에 이용)
- **하리기리** : 바늘과 같이 가늘게 자른 모양으로 주로 생강이나 구운 김 등을 자르는 방법
  (맑은국, 초회, 무침요리 이용)

■ **조리법 용어**

- **니고리시루** : 탁한 국물
- **돈부리** : 그릇에 밥을 담고 밥 위에 반찬이 되는 요리를 올려놓은 요리
- **마키** : 김에 초밥을 만 요리
- **미소시루** : 된장국
- **스마시지루** : 맑은 국물
- **스이모노** : 맑은 국물요리
- **조우스이** : 다시물이나 물에 밥을 넣고 끓인 죽(샤부샤부 등 전골을 먹고 난 후 국물에 밥
  을 넣어 끓인 죽)

■ **식재료(조미료) 용어**

- **1번 다시** : 곤부다시에 가다랑어포를 넣어 만든 육수
- **가쓰오부시** : 가다랑어를 훈연하고, 건조시켜 대패로 얇게 포뜬 것
- **고이구치쇼우** : 진한 간장
- **곤부다시** : 물과 다시마를 넣어 끓기 전에 다시마를 건져 만든 육수
- **다마리쇼우** : 다마리 간장
- **덴다시** : 가쓰오다시, 간장, 청주, 설탕을 혼합한 튀김 소스
- **모둠튀김 야쿠미** : 실파, 무즙 위에 간 생강 얹기, 레몬을 곁들인 양념
- **모미지오로시** : 무를 강판에 갈아 고춧가루와 섞어 놓은 빨간 무즙
- **배합초** : 식초, 설탕, 소금을 혼합하여 초밥용에 사용
- **소바** : 메밀국수
- **시로미소** : 백된장

- **시로쇼우** : 백간장

- **시치미** : 일곱 가지 맛이란 뜻으로 고춧가루, 양귀비씨, 참깨, 산초가루, 후춧가루, 파래, 생강, 겨자, 진피 등 각종 부재료를 더하는 것으로 풍미를 더해주고 매운맛이 나는 조미료로 생산자나 생산지역마다 들어가는 재료나 비율이 다르고 다양함

- **아사쓰키** : 실파

- **아와세미소** : 혼합된장

- **아카미소** : 적된장

- **야쿠미** : 실파, 빨간 무즙, 레몬을 곁들인 양념

- **오보로** : 김초밥에 쓰이는 생선가루

- **우메보시** : 매실장아찌

- **우스구치쇼우** : 연한 간장

- **폰즈** : 다시물, 간장, 식초를 동량으로 혼합한 초간장

◆ 참고문헌

- NCS 학습모듈 – 일식 위생관리 1301010430_16v3
　　　　　　　　일식 안전관리 1301010431_16v3
　　　　　　　　일식 구매관리 1301010433_16v3
　　　　　　　　일식 재료관리 1301010434_16v3
　　　　　　　　일식 기초조리 실무 1301010435_16v3
　　　　　　　　일식 무침조리 1301010403_16v3
　　　　　　　　일식 국물조리 1301010404_16v3
　　　　　　　　일식 조림조리 1301010406_16v3
　　　　　　　　일식 면류조리 1301010411_16v3
　　　　　　　　일식 밥류조리 1301010412_16v3
　　　　　　　　일식 초회조리 1301010402_16v3
　　　　　　　　일식 찜조리 1301010407_16v3
　　　　　　　　일식 롤 초밥조리 1301010439_16v3
　　　　　　　　일식 구이조리 1301010410_16v3
　　　　　　　　복어 부재료 손질 LM1301010418_16v2
　　　　　　　　복어 양념장 준비 LM1301010419_16v2
　　　　　　　　복어 껍질초회조리 LM1301010421_16v2
　　　　　　　　복어 튀김조리 LM1301010424_16v2
　　　　　　　　복어 죽조리 LM1301010428_16v2
　　　　　　　　복어 회 국화모양조리 LM1301010450_16v2

- 김용문, 박기오, 권오천, 황성원, 최성웅(2012). 주방관리론. 광문각
- 구본호(2011). 기초일본요리. 백산출판사
- 성기협 외(2010). 최신일본요리. 백산출판사
- 안유성(2016). 일본요리. 백산출판사
- 박병학(2006). 일본음식의 산책. 형설출판사

- 국가법령정보센터, http://www.law.go.kr
- 식품의약품안전처, http://www.mfds.go.kr
- 한국산업인력공단, 큐넷, http://www.q-net.or.kr

저자 소개

허이재

- 현) 예미요리직업전문학원 대표
- 현) 광주대학교 식품영양학과 겸임교수
- 순천대학교 이학박사
- 국가공인 조리기능장
- 대한명인 제17-500호

저서
- 고급한국음식의 味
- 식품가공기능사 이론
- 꽃처럼 드리고 싶은 우리떡 우리한과
- 광주 · 전남 향토음식

조병숙

- 현) 홍성요리학원 대표
- 현) 혜전대학교 조리외식계열 외래교수
- 현) 사단법인 한국음식문화진흥원 연구이사
- 순천대학교 조리과학과 박사 수료
- 국가공인 조리기능장

김은주

- 현) 전주요리제과제빵학원 대표
- 현) 이금기 한국홍보대사
- 전주대학교 전통식품산업학과 석사 수료
- 전주교통방송 〈주말을 부탁해〉 고정출연
- 전주 홈플러스, 롯데마트 문화센터 출강

저자와의
합의하에
인지첩부
생략

일식·복어조리기능사

2020년 3월 25일 초판 1쇄 인쇄
2020년 3월 30일 초판 1쇄 발행

지은이 허이재 · 조병숙 · 김은주
펴낸이 진욱상
펴낸곳 (주)백산출판사
교 정 성인숙
본문디자인 이문희
표지디자인 오정은

등 록 2017년 5월 29일 제406-2017-000058호
주 소 경기도 파주시 회동길 370(백산빌딩 3층)
전 화 02-914-1621(代)
팩 스 031-955-9911
이메일 edit@ibaeksan.kr
홈페이지 www.ibaeksan.kr

ISBN 979-11-6567-062-7 13590
값 24,000원